首届全国机械行业职业教育精品教材
国家骨干高职院校建设项目成果
电气自动化技术专业

PLC控制系统的设计与应用

主　编　崔兴艳
副主编　刘万村　张　宇
参　编　庞文燕　宫　洵
主　审　李　军　唐雪飞

机 械 工 业 出 版 社

本书是国家骨干高职院校重点专业电气自动化技术专业的 CDIO 系列教材之一。本书结合实际工程项目安排相关知识点和技能点，重视对学生职业能力的培养，内容主要有三相交流异步电动机单向运行的 PLC 控制、三相交流异步电动机正反转运行的 PLC 控制、三相交流异步电动机Y-△减压起动的 PLC 控制、自动仓储的 PLC 控制、恒压供水与监控系统的 PLC 控制、电梯 PLC 控制系统的设计及电气控制系统的安装与调试综合项目。本书项目设置结合工程实际，内容系统、简洁，图文并茂，实用性较强。

本书可作为高职高专院校电气自动化技术、机电一体化技术及相关专业的教材，也可作为社会在职人员岗位技能培训和工程技术人员的参考用书。

为方便教学，本书配有电子课件、模拟试卷及解答等，凡选用本书作为教材的学校，均可来电索取。咨询电话：010-88379375；电子邮箱：wangzongf@ 163. com。

图书在版编目(CIP)数据

PLC 控制系统的设计与应用/崔兴艳主编. —北京：机械工业出版社，2015. 3(2021. 8 重印)

国家骨干高职院校建设项目成果. 电气自动化技术专业

ISBN 978-7-111-49406-5

Ⅰ.①P… Ⅱ.①崔… Ⅲ.①plc 技术—高等职业教育—教材 Ⅳ.①TM571. 6

中国版本图书馆 CIP 数据核字(2015)第 034926 号

机械工业出版社(北京市百万庄大街 22 号 邮政编码 100037)

策划编辑：王宗锋 责任编辑：王宗锋 韩 静

版式设计：霍永明 责任校对：肖 琳

封面设计：鞠 杨 责任印制：张 博

涿州市般润文化传播有限公司印刷

2021 年 8 月第 1 版第 3 次印刷

184mm×260mm · 15. 5 印张 · 381 千字

标准书号：ISBN 978-7-111-49406-5

定价：49. 80 元

电话服务 网络服务

客服电话：010-88361066 机 工 官 网：www.cmpbook.com

010-88379833 机 工 官 博：weibo.com/cmp1952

010-68326294 金 书 网：www.golden-book.com

封底无防伪标均为盗版 机工教育服务网：www.cmpedu.com

哈尔滨职业技术学院电气自动化技术专业教材
编审委员会

编写说明

为更好地适应我国走新型工业化道路，实现经济发展方式转变、产业结构优化升级，建设人力资源强国发展战略的需要，国家教育部、财政部继续推进“国家示范性高等职业院校建设计划”实施工作，2010年开始遴选了100所左右国家骨干高职建设院校，创新办学体制机制，增强办学活力；以提高质量为核心，深化教育教学改革，优化专业结构，加强师资队伍建设，完善质量保障体系，提高人才培养质量和办学水平；深化内部管理运行机制改革，增强高职院校服务区域经济社会发展的能力。

哈尔滨职业技术学院于2010年11月被教育部、财政部确定为国家骨干高职院校建设单位，创新办学体制机制，在推进校企合作办学、合作育人、合作就业、合作发展的进程中，以专业建设为核心，以课程改革为抓手，以教学条件建设为支撑，全面提升办学水平。电气自动化技术专业及专业群是国家骨干高职院校央财支持的重点专业，本专业借鉴世界先进的CDIO工程教育理念，与哈尔滨博实自动化设备有限公司等企业合作，创新“订单培养、德技并重”的人才培养模式。在人才培养的整个过程中，注重培养学生的职业道德、专业核心技术和岗位核心技能，使学生在掌握扎实的理论知识和熟练的岗位技能的同时，具备良好的人文素养和职业素质，高超的系统工程技术能力，尤其是项目的构思、设计、实现和运行能力，以及较强的自学能力、组织沟通能力和协调能力。本专业通过毕业生跟踪调查，确定专业职业岗位(群)。通过调研，深入分析专业岗位(群)，提炼出本专业的职业岗位核心能力，明确岗位对毕业生的知识、能力、素质具体需求，形成电气自动化技术专业人才培养质量要求和《电气自动化技术专业岗位调研报告》。围绕电气自动化技术专业电气技术、工业控制器技术、自动化系统集成技术三个核心技术，结合注重培养学生具有良好的可持续发展能力，与CDIO工程理念对接，创新构建注重专业核心技术和岗位核心技能培养的项目导向课程体系，以“机床电气设备及升级改造”、“单片机控制技术”、“电机与变频器安装和维护”、“PLC控制系统的设计与应用”、“工业现场控制系统的设计与调试”、“供配电技术”、“自动化生产线安装与调试”7门核心课程改革为龙头带动专业核心课程建设。

CDIO工程教育理念是近年来国际工程教育改革的最新成果，它以产品研发到运行的生命周期为载体，让学生以主动的、实践的、课程之间有机联系的方式学习工程的理论、技术与经验。CDIO工程教育在高职院校开展得较少，适用于CDIO项目式课程教学的高职教材更少。本专业在试点班级进行核心课程改革实施运行，课程实行“做中学”、“学中做”、“教、学、做一体化”的教学模式，根据课程教学目标及课程标准要求安排若干个三级项目。学生每3~4人构成一个团队，在项目实施的过程中，学生以团队内合作、团队间协作加竞争的方式进行自主探究式学习，教师仅起指导作用，促使学生完成构思、设计、实现和运行(CDIO)的全过程。每一组在项目完成后都要向全班作汇报，老师、同学要根据其完成情况进行评价。本专业在核心课程改革试点总结的基础上，凝练课程改革成果，校企合作开发了《机床电气设备及升级改造》、《单片机控制技术》、《电机与变频器安装和维护》、《PLC控制系统的设计与应用》、《工业现场控制系统的设计与调试》、《供配电技术》、《自动化生

产线安装与调试》7 部 CDIO 项目式系列教材。为了更好地满足 CDIO 项目式课程教学的需要，本系列教材均以生产实际项目为典型案例进行编写。项目实施过程按照构思、设计、实现、运行(CDIO)4 个基本环节进行，注重核心技术和岗位技能的培养，重点突出对学生职业技能的培养，使学生具有良好的人文素养、职业素质、就业能力以及具备可持续发展能力，满足社会与企业对高端技能型人才的需要，最大限度地实现学校与企业的零距离对接。

哈尔滨职业技术学院电气自动化技术专业教材编审委员会

前 言

本书是哈尔滨职业技术学院与西门子(中国)有限公司共同开发的基于CDIO工程教育理念，面向“双师型”教师和行业、企业技术人员，服务于自动化和机电类专业学生职业能力培养的项目化教材。本书按照高职院校技能型人才培养要求、依据“学生主体、工学结合、项目导向”的开发思路编写，以电气自动化技术和机电一体化技术职业岗位需求为导向，引进国际CDIO工程教育理念，融入了职业资格考试和职业技能大赛的内容，旨在解决高职高专电气自动化技术及相关专业学生对PLC控制技术的需求与当前传统教材间的矛盾，重在培养学生将PLC控制技术应用于工程实践的职业能力，体现了高职院校技能型人才培养的特色。

本书以来源于工程实践的真实项目为载体，整合、序化教学内容，选择七个典型工程项目进行编写，将抽象、枯燥的指令、知识及编程方法融入完成项目的过程中。项目按照CDIO(构思、设计、实现、运行)步骤实施，适用于“教、学、做”一体化教学。

本书项目设置由浅入深，由易到难，循序渐进，打破了传统的知识课程体系。以西门子(中国)有限公司的S7-200 PLC为基础，把PLC的相关知识融入不同项目中，强化了理论知识与工程实践的融合对接。每个项目都安排了操作性、实践性强的工作内容，让学生在“教、学、做”合一的体验中轻松地学习相关知识和技能，调动了学生自主学习的积极性，提高了教学效果。

本书由哈尔滨职业技术学院崔兴艳任主编，刘万村、张宇任副主编，参加编写的还有庞文燕、官洵。其中项目一、项目六、附录及参考文献由崔兴艳、官洵编写，项目三、项目五由刘万村编写，项目二、项目四由张宇编写，项目七由庞文燕编写。全书由崔兴艳统稿，由北京交通运输职业学院李军教授和西门子(中国)自动化有限公司高级工程师唐雪飞任主审。本书的编写得到了哈尔滨职业技术学院刘敏副院长、教务处孙百鸣处长、电气工程学院雍丽英院长及监测评定中心夏暎主任的大力支持和精心指导，特此表示衷心感谢。

由于编者水平有限，书中不足之处在所难免，恳请广大读者批评指正。

编 者

目　录

项目一
三相交流异步电动机单向运行的 PLC 控制

项目名称	三相交流异步电动机单向运行的 PLC 控制	参考学时	20 学时
项目引入	三相交流异步电动机单向运行的 PLC 控制项目来源于某厂铝杆连铸连轧生产线中鼓风机的 PLC 控制。为确保铝连铸连轧生产线的正常运行，采用鼓风机可提高氧气的转化率，而且还能对空气量进行改进，气泡的直径越小则其整体的表面积越大，效果也越好，在不使用高档除尘装置的情况下也可以产出微小气泡，得到极高的氧气转移效率。而鼓风机就是由电动机拖动它单向运行控制的实例，此项目应用范围广。 目前该项目主要应用于电缆厂、热电厂、轧钢厂、水处理厂、矿井、纺织、轻轨交通等行业，应用在风机、水泵、印刷机、造纸机、纺织机、轧钢机等设备上。		
项目目标	通过本项目的实际训练，掌握 PLC 的基础知识和硬件组成，能用基本指令进行简单编程，掌握 PLC 编程基础、PLC 的基本位操作指令、编程注意事项及编程技巧，掌握 PLC 软件的基本功能及使用方法，为三相交流异步电动机单向运行的 PLC 控制项目实现打下基础。 通过该项目的训练，培养学生信息获取、资料收集整理能力；会使用万用表、绝缘电阻表等测量工具和常用的安装、调试工具仪器；培养解决问题、分析问题能力；知识的综合运用能力。具有良好的工艺意识、标准意识、质量意识、成本意识，达到初步的 CDIO 工程项目的实践能力。		
项目要求	完成三相交流异步电动机单向运行的 PLC 控制项目，包括： 1. 根据需求确定 PLC 外部输入及输出点数； 2. 选择合适型号的 PLC 及硬件，画出 PLC 外部接线图； 3. 采用基本位操作指令分别用继电器-接触器转换的方法完成电动机单向运行的程序编制； 4. 程序调试； 5. 完成安装接线和整机调试运行。		
(CDIO) 项目实施	构思(C)：项目构思与任务分解，学习相关知识，制订出工作计划及工艺流程，建议参考学时为 10 学时； 设计(D)：学生分组设计项目 PLC 改造方案，建议参考学时为 2 学时； 实现(I)：绘图、元器件安装与布线，建议参考学时为 7 学时； 运行(O)：调试运行与项目评价，建议参考学时为 1 学时。		

【项目构思】

众所周知，三相交流异步电动机传统的继电器-接触器控制存在着故障率高，并且出现故障后难以查找的缺点，因此用 PLC 代替传统控制是控制的必然趋势。下面从最简单的三相交流异步电动机单向运行的 PLC 控制入手进行项目训练。

教师首先下发项目工单，布置本项目需要完成的任务及控制要求，介绍本项目的应用情况，进行项目分析，引导学生分析 PLC 控制电动机单向运行与继电器-接触器控制系统的区别；引导学生完成项目所需的知识、能力及软硬件准备；讲解 PLC 的结构组成、工作原理、PLC 的基本位操作指令，编程软件的相关知识。

学生进行小组分工，明确项目工作任务，团队成员讨论项目如何实施，进行任务分解，学习完成项目所需的知识，查找三相交流异步电动机单向运行 PLC 控制的相关资料，制订项目实施工作计划、制订出工艺流程。

项目实施教学方法建议为项目引导法、小组教学法、案例教学法、启发式教学法、实物教学法。

本项目工单见表 1-1。

表 1-1　项目一项目工单

<table>
<tr><td>课程名称</td><td colspan="6">PLC 控制系统的设计与应用</td><td>总学时：</td><td>84</td></tr>
<tr><td>项目一</td><td colspan="6">三相交流异步电动机单向运行的 PLC 控制</td><td>本项目
参考学时</td><td>20</td></tr>
<tr><td>班级</td><td></td><td>组别</td><td></td><td>团队负责人</td><td></td><td>团队成员</td><td colspan="2"></td></tr>
<tr><td>项目描述</td><td colspan="8">根据三相异步电动机单向运行的 PLC 控制要求，学习相关知识：PLC 的硬件构成、工作原理，PLC 的基本位操作指令、I/O 分配，PLC 选型，外部接线图的绘制。设计项目计划并进行决策，制订出合理的设计方案，然后选择合适的器件和线材，准备好工具和耗材，与他人合作进行电动机点动和长动控制电路的 PLC 程序编制，并对电路进行安装和调试，调试成功后再进行综合评价。具体任务如下：
1. 三相异步电动机单向运行的 PLC 控制外部接线图的绘制；
2. 程序编制及程序调试；
3. 选择元器件、导线及耗材；
4. 元器件的检测及安装、布线；
5. 整机调试并排除故障；
6. 带负载运行。</td></tr>
<tr><td>相关资料
及资源</td><td colspan="8">PLC、编程软件、编程手册、教材、实训指导书、视频录像、PPT 课件、电气安装工艺及标准等。</td></tr>
<tr><td>项目成果</td><td colspan="8">1. 电动机单向运行 PLC 控制电路板；
2. CDIO 项目报告；
3. 评价表。</td></tr>
</table>

（续）

注意事项	1. 遵守布线要求； 2. 每组在通电试车前一定要经过指导教师的允许才能通电； 3. 安装调试完毕后先断电源后断负载； 4. 严禁带电操作； 5. 安装完毕及时清理工作台，工具归位。
引导性问题	1. 你已经准备好完成三相异步电动机单向运行的 PLC 控制的所有资料了吗？如果没有，还缺少哪些？应该通过哪些渠道获得？ 2. 在完成本项目前，你还缺少哪些必要的知识？如何解决？ 3. 你选择哪种方法进行编程？ 4. 在进行安装前，你准备好器材了吗？ 5. 在安装接线时，你选择导线的规格多大？根据什么进行选择？ 6. 你采取什么措施来保证制作质量，符合制作要求吗？ 7. 在安装和调试过程中，你会用到哪些工具？ 8. 在安装完毕后，你所用到的工具和仪器是否已经归位？

一、三相交流异步电动机单向运行的 PLC 控制项目分析

大家知道，鼓风机的源动力是电动机，鼓风机的工作过程就是电动机单向运行控制的实例，下面让我们了解传统的继电器-接触器控制电动机单向运行的控制功能和要求。三相交流异步电动机单向运行继电器-接触器控制电路图如图 1-1 所示。

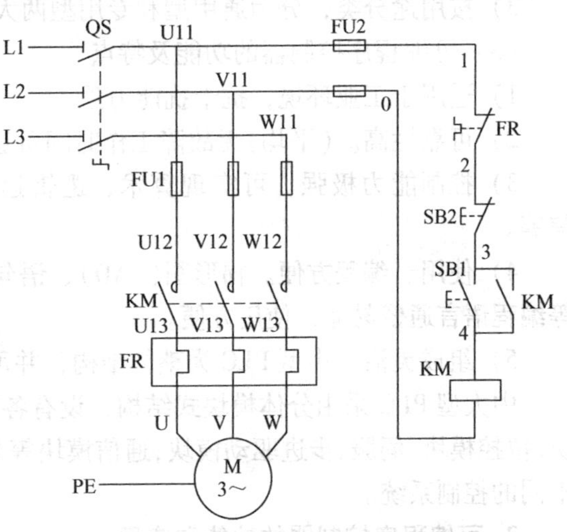

图 1-1　三相交流异步电动机单向运行继电器-接触器控制电路图

该电路用 PLC 如何控制呢？可以用 PLC 代替传统的继电器-接触器进行控制。

通过入门项目的训练，使学生初步了解 PLC 的产生、定义、功能、特点，掌握 PLC 的结构组成、工作原理及编程软件的使用方法；掌握 PLC 基本指令的功能及 PLC 软件的构成；掌握 PLC 编程语言；具有初步的 PLC I/O 接口分配的能力；掌握 PLC 编程方法并能够编制简单的程序。能够制订、实施工作计划；具有信息获取、资料收集整理能力。

首先让我们了解三相异步电动机单向运行的 PLC 控制相关知识吧！

二、三相交流异步电动机单向运行的 PLC 控制相关知识

（一）可编程序控制器概述

1. 可编程序控制器的由来

1968 年由美国通用汽车公司（GE）提出，1969 年由美国数字设备公司（DEC）研制成功的

一种具有逻辑运算、定时、计数功能的控制器称为PLC(Programmable Logic Controller)。20世纪80年代，由于计算机技术的发展，PLC采用通用微处理器为核心，功能扩展到各种算术运算、PLC运算过程控制，并可与上位机通信、实现远程控制。当时的PLC被称为PC(Programmable Controller)，即可编程序控制器，但为了与个人计算机(Personal Computer)加以区别，人们仍习惯称其为PLC。

2. 可编程序控制器的定义、分类及特点

(1) 什么是可编程序控制器　国际电工委员会(IEC)1987年颁布的可编程序逻辑控制器的定义如下：

“可编程序逻辑控制器是专为在工业环境下应用而设计的一种数字运算操作的电子装置，是带有存储器、可以编制程序的控制器。”可编程序控制器(PLC)是一种以微电子技术、自动化技术、计算机技术、通信技术为一体，以工业自动化控制为目标的新型控制装置。

(2) 可编程序控制器的分类

1) 按I/O点数分类。

小型：I/O点数在256点以下；

中型：I/O点数在256~1024点之间；

大型：I/O点数在1024点以上。

2) 按结构形式分类，分为整体式结构和模块式结构两大类。

3) 按用途分类，分为通用型和专用型两大类。

(3) 可编程序控制器的功能及特点

1) 适用于工业环境，抗干扰能力强。

2) 可靠性高。(平均)无故障工作时间可达数十万小时，并可构成多机冗余系统。

3) 控制能力极强。可实现算术、逻辑运算、定时、计数、PID运算、过程控制、通信等。

4) 使用、编程方便。梯形图(LAD)、语句表(STL)、功能图(FBD)、控制系统流程图等编程语言通俗易懂，使用方便。

5) 组成灵活。小型PLC为整体结构，并可外接I/O扩展机箱构成PLC控制系统。

中大型PLC采用分体模块式结构，设有各种专用功能模块(开关量、模拟量输入/输出模块,位控模块,伺服、步进驱动模块,通信模块等)供选用和组合，由各种模块组成大小和功能不同的控制系统。

3. 可编程序控制器的功能和应用

可编程序控制器在多品种、小批量、高质量的产品生产中得到广泛应用，PLC控制已成为工业控制的重要手段之一，与CAD/CAM、机器人技术一起成为实现现代自动化生产的三大支柱。通常可以认为，只要有控制要求的地方，都可以用到可编程序控制器。可编程序控制器可以应用于以下方面的控制：

1) 开关逻辑和顺序控制。

2) 模拟控制。

3) 定时控制。

4) 数据处理。

5) 信号联锁系统。

6）通信联网。

4. 可编程序控制器的发展趋势

发展方向：分小型化和大型化两个发展趋势。

小型 PLC 有两个发展方向，即微型化和专业化。大型化指的是大中型 PLC 向着大容量、智能化和网络化发展，使之能与计算机一起组成集成控制系统，对大规模、复杂系统进行综合性的自动控制，PLC 的发展趋势体现在以下几个方面：

1）增强网络通信功能。

2）发展智能模块。

3）外部诊断功能。

4）编程语言、编程工具标准化、高级化。

5）软件、硬件的标准化。

6）组态软件的迅速发展。

可编程序控制器由哪几部分组成呢？

5. 可编程序控制器的基本组成

可编程序控制器系统根据其工作原理可分为输入部分、运算控制部分和输出部分三部分。

输入部分：将被控对象的各种开关信息和操作台上的操作命令转换成可编程序控制器的标准输入信号，然后送到 PLC 的输入端点。

运算控制部分(CPU)：CPU 按照用户程序的设定，完成对输入信息的处理，并可以实现算术、逻辑运算等操作功能。

输出部分：由 PLC 输出接口及外围现场设备构成。CPU 的运算结果通过 PLC 的输出电路提供给被控制装置。

可编程序控制系统的核心是 CPU，PLC 对输入信号进行采集，经过控制逻辑运算，对控制对象实施控制。其控制逻辑由 PLC 用户程序软件设置，通过修改用户程序，以改变控制逻辑关系。

(1) 可编程序控制器的硬件组成　可编程序控制器的硬件主要由中央处理器(CPU)、存储器、基本 I/O 接口电路、外设接口、电源五大部分组成。PLC 的硬件组成基本结构如图 1-2 所示。

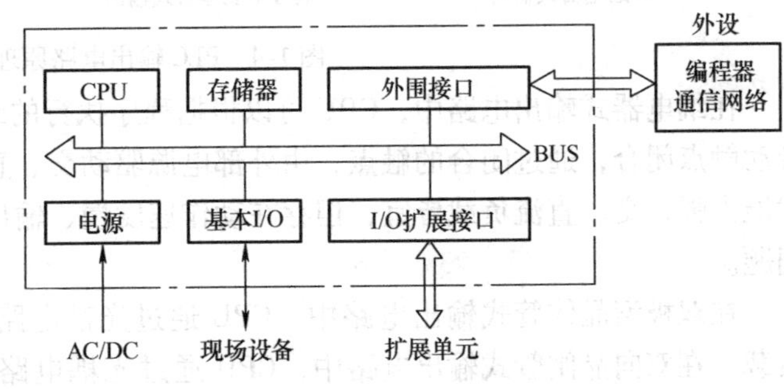

图 1-2　PLC 的硬件组成基本结构

1）中央处理器(CPU)。CPU 是可编程序控制器的控制中枢，在系统监控程序的控制下工作，它将外部输入信号的状态写入输入映像寄存器区域，然后将输出结果送到输出映像寄存器区域。CPU 常用的微处理器有通用型处理器、单片机、位片式计算机等。小型 PLC 多采用单片机或专用 CPU，大型 PLC 的 CPU 多采用位片式结构，具有高速数据处理能力。

2）存储器(Memory)。可编程序控制器的存储器由只读存储器 ROM 和随机存储器 RAM

两大部分构成，ROM 用以存储系统程序，中间运算数据存放在随机存储器 RAM 中，用户程序也存放在 RAM 中，掉电时用户程序和运算数据将保存在只读存储器 EEPROM 中。

3）基本 I/O 接口电路。

① PLC 内部输入电路。PLC 内部输入电路的作用是将 PLC 外部电路（如行程开关、按钮、传感器等）提供的、符合 PLC 输入电路要求的电压信号，通过光耦电路送至 PLC 内部电路。输入电路通常以光电隔离和阻容滤波的方式提高抗干扰能力。根据输入电路电压类型及电路形式的不同，输入电路分为干接点式、直流输入式和交流输入式三大类，其电路原理如图 1-3 所示。

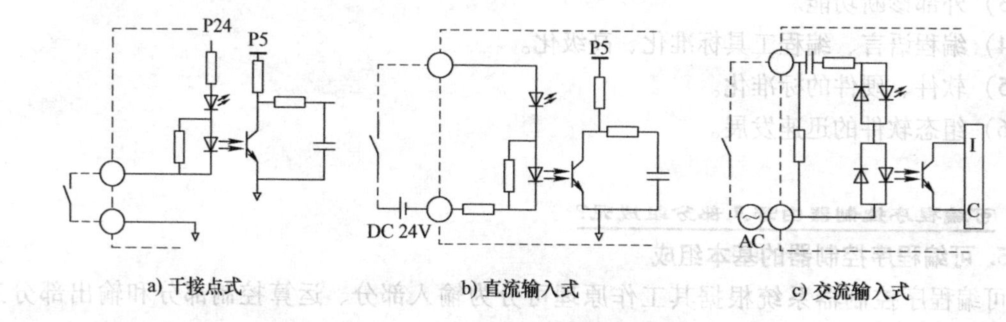

图 1-3　PLC 输入电路原理图

② PLC 输出电路。PLC 输出电路用来将 CPU 的运算结果变换成一定功率形式的输出，驱动被控负载（电磁铁、继电器、接触器线圈等）。PLC 输出电路结构形式分为继电器式、双极型晶体管式和双向晶闸管式三种，如图 1-4 所示。

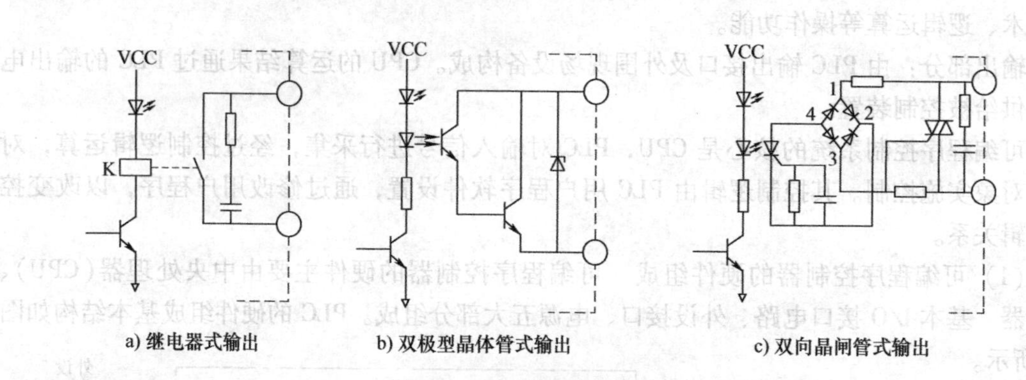

图 1-4　PLC 输出电路原理图

在继电器式输出电路中，CPU 可以根据程序执行的结果，使 PLC 内设继电器线圈通电，带动触点闭合，通过闭合的触点，由外部电源驱动交、直流负载。这种输出方式的优点是过载能力强，交、直流负载皆宜，但存在动作速度慢、输出电路有触点系统、使用寿命有限等问题。

在双极型晶体管式输出电路中，CPU 通过光耦电路的驱动，使晶体管通断，驱动直流负载。在双向晶闸管式输出电路中，CPU 通过光耦电路的驱动，使双向晶闸管通断，可以驱动交流负载。这两种输出方式的优点是两者均为无触点开关系统，不存在电弧现象，而且开关速度快，缺点是半导体器件的过载能力差。

以上列举了六类输入和输出电路形式，原理图中只画出了对应一个节点的电路原理图，

各类 PLC 产品的输入/输出电路结构形式均有一些差别，但光耦隔离及阻容滤波等抗干扰措施是相似的。

根据输入/输出电路的结构形式不同，I/O 接口分为开关量 I/O 和模拟量 I/O 两大类，其中模拟量 I/O 要经过 A-D、D-A 转换电路的处理、转换成计算机系统所能识别的数字信号。在整体结构的小型 PLC 中，I/O 接口电路的结构形式与 PLC 型号相关；在模块式结构的 PLC 中，有开关量的交直流模块、模拟量 I/O 模块及各种智能 I/O 模块可供选择。

PLC 输入/输出电路的多种结构形式能够适应不同负载的要求。

4）外设接口。PLC 外设接口分为 I/O 扩展接口和外设通信接口两大类。

① I/O 扩展接口用于连接 I/O 扩展单元，可以用来扩充开关量 I/O 点数和增加模拟量的 I/O 端子。I/O 扩展接口采用并行接口和串行接口两种电路形式。

② 外设通信接口用于连接手持式编程器或其他图形编程器、文本显示器，并能组成 PLC 的控制网络。PLC 通过 PC/PPI 电缆或使用 MPI 卡通过 RS-485 接口和电缆与计算机连接，并通过 PROFIBUS、以太网等通信扩展模块组成工业控制网络，实现编程、监控、联网等功能。

5）电源。PLC 内部配有一个专用开关式稳压电源，以将 AC/DC 供电电源转化为 PLC 内部电路需要的工作电源(DC 5V)。当输入端子为非干接点结构时，为外部输入元件提供 24V 直流电源(通常仅供输入点使用)。

（2）可编程序控制器的软件系统　PLC 的软件系统和硬件结构共同构成可编程控制系统的整体。PLC 的软件系统又可分为系统程序和用户程序两大类。系统程序的主要功能是时序管理、存储空间分配、系统自检和用户程序编译等。用户程序是用户根据控制要求，按系统程序允许的编程规则，用厂家提供的编程语言编写的。

6. 可编程序控制器的技术性能指标

可编程序控制器的种类很多，用户可以根据控制系统的具体要求选择不同技术性能指标的 PLC。可编程序控制器的技术性能指标主要有以下几个方面：

（1）I/O 点数　可编程序控制器的 I/O 点数指外部输入、输出端子数量的总和，又称开关量 I/O 点数，它是描述 PLC 的一个重要参数。

（2）存储容量　PLC 的存储器由系统程序存储器、用户程序存储器和数据存储器三部分组成。PLC 存储容量通常指用户程序存储器和数据存储器容量之和，表征系统提供给用户的可用资源，是反映系统性能的一项重要技术指标。

（3）扫描速度　可编程序控制器采用循环扫描方式工作。完成一次扫描所需的时间称为扫描周期，扫描速度与扫描周期成反比。影响扫描速度的主要因素有用户程序的长度和 PLC 产品的类型，PLC 中 CPU 的类型、机器字长等直接影响 PLC 运算精度和运行速度。

（4）指令系统　指令系统是指 PLC 所有指令的总和。可编程序控制器的编程指令越多，软件功能越强，但掌握应用也相对复杂。用户根据实际控制要求选择合适指令功能的可编程序控制器。

（5）可扩展性　小型 PLC 的基本单元(主机)多为开关量 I/O 接口，各厂家在 PLC 基本单元的基础上大力开发模拟量处理、高速处理、温度控制、位置控制、通信等智能扩展模块。智能扩展模块的多少及性能为衡量 PLC 产品水平的标志。

（6）通信功能　通信包括 PLC 之间的通信和 PLC 与计算机之间或其他设备之间的通

信。通信主要涉及通信模块、通信接口，通信协议和通信指令等内容。PLC的组网和通信能力也已成为衡量PLC产品水平的重要指标之一。

（二）S7-200系列PLC介绍

1. S7-200系列PLC系统

S7-200系列PLC的分类：分为CPU 22X、CPU 21X两个子系列。

CPU 22X系列主要型号：

CPU 221　　10点I/O

CPU 222　　14点I/O

CPU 224　　24点I/O

CPU 226　　40点I/O

S7-200小型可编程控制系统构成：由主机（也叫CPU模块）基本单元、I/O扩展单元、功能单元（模块）和外部设备（文本/图形显示器、编程器）等组成。

CPU 224型PLC主机的结构如图1-5所示。

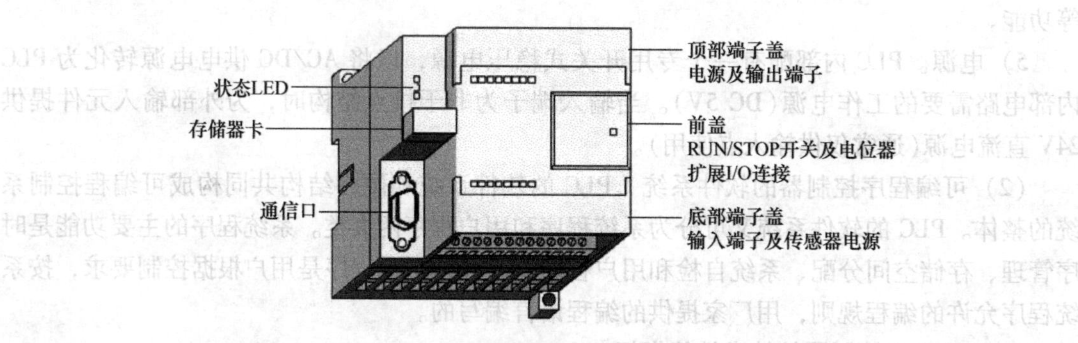

图1-5　CPU 224主机的结构

面板结构：包括工作方式开关、模拟电位器、I/O扩展接口、工作状态指示和用户程序存储卡、I/O接线端子排及发光指示等。

RS-485通信接口：用以连接编程器（手持式或PC）、文本/图形显示器、PLC网络等外部设备。

（1）CPU模块　基本单元类型及参数见表1-2。

表1-2　基本单元类型及参数

型号	类型	电源电压	输入电压	输出电压	输出电流
CPU 221	DC输入 DC输出	DC 24V	DC 24V	DC 24V	0.75A 晶体管
	DC输入 继电器输出	AC 85~264 V	DC 24V	DC 24V AC 24~230V	2A，继电器
CPU222 CPU 224 CPU 226 CPU 226XM	DC输入 DC输出	DC 24V	DC 24V	DC 24V	0.75A 晶体管
	DC输入 继电器输出	AC 85~264V	DC 24V	DC 24V AC 24~230V	2A，继电器

CPU 224 设有 24V、280mA 直流电源供输入点使用，其外部电路接线如图 1-6 所示。输入电路采用双向光耦合器，DC 24V 极性任意选择，1M、2M 为输入端子的公共端。1L、2L 为输出公共端。

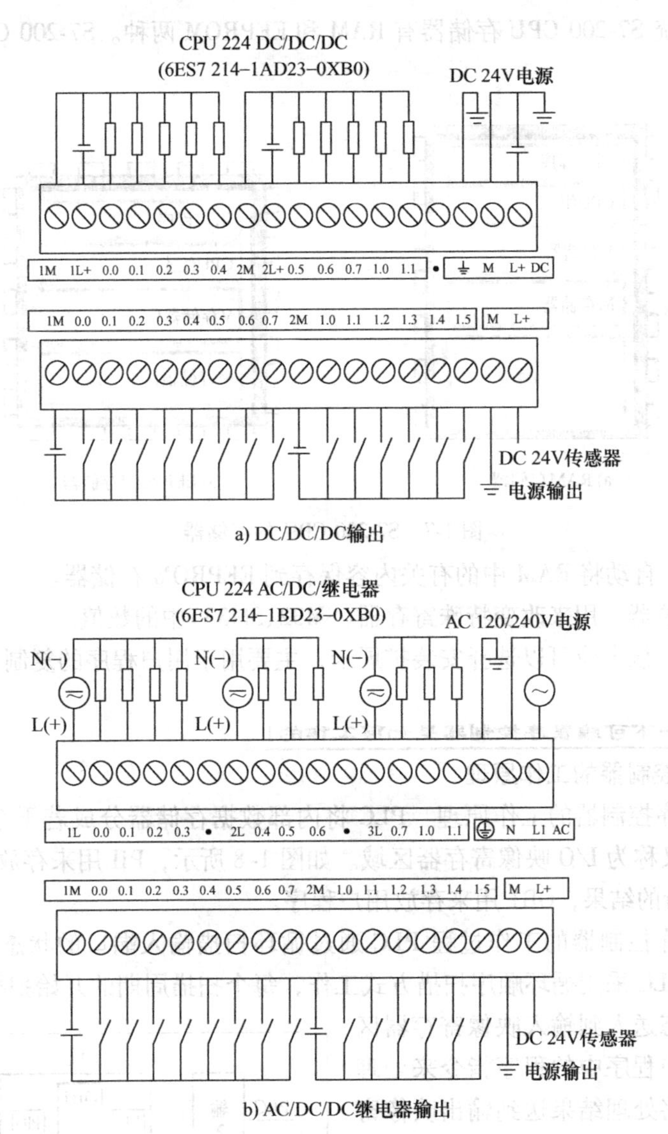

图 1-6　CPU 224 外部电路接线

（2）I/O 的扩展　CPU 22X 系列主机 I/O 点数及可扩展的模块数目见表 1-3。

表 1-3　CPU 22X 系列主机 I/O 点数及可扩展的模块数目

型　号	主机输入点数	主机输出点数	可扩展模块
CPU 221	6	4	无
CPU 222	8	6	2
CPU 224	14	10	7
CPU 226	24	16	7

（3）高速反应性　CPU 224有高速计数脉冲输入端（I0.0~I0.5），响应速度为30kHz。CPU 224有2个高速脉冲输出端（Q0.0、Q0.1），输出脉冲频率可达20kHz，用于脉冲束和PWM高速脉冲输出。

（4）存储系统 S7-200 CPU存储器有RAM和EEPROM两种。S7-200 CPU的存储器如图1-7所示。

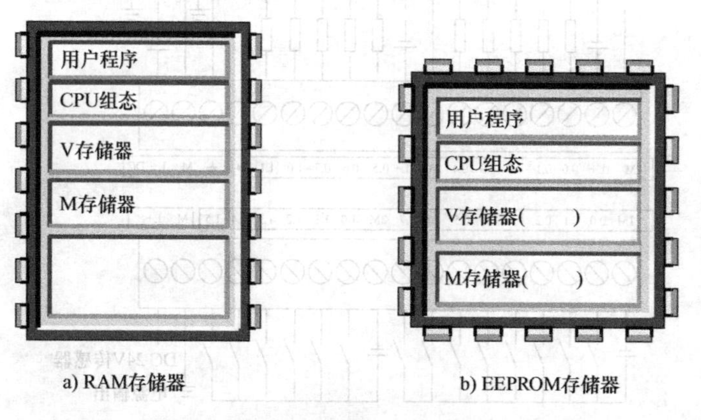

图1-7　S7-200 CPU的存储器

系统掉电时，自动将RAM中的有关内容保存到EEPROM存储器。

（5）模拟电位器　用来改变特殊寄存器（SM32、SM33）中的数值。

（6）存储卡　该卡位可以选择安装扩展卡，主要用于用户程序的复制。

让我们了解一下可编程序控制器是如何工作的！

2. 可编程序控制器的工作原理

（1）可编程序控制器的工作原理　PLC将内部数据存储器分成若干个寄存器区域，其中过程映像区域又称为I/O映像寄存器区域。如图1-8所示，PII用来存放输入端点的状态，PIQ用来存放运行的结果，OB1用来存放用户程序。

（2）可编程序控制器的工作过程 PLC通过循环扫描输入端口的状态，执行用户程序，实现控制任务。PLC采用循环顺序扫描方式工作，每个扫描周期的开始扫描输入模块的信号状态，并将其状态送入到输入映像寄存器区域；然后根据用户程序中的程序指令来处理传感器信号，并将处理结果送到输出映像寄存器区域，在每个扫描周期结束时，送入输出模块。

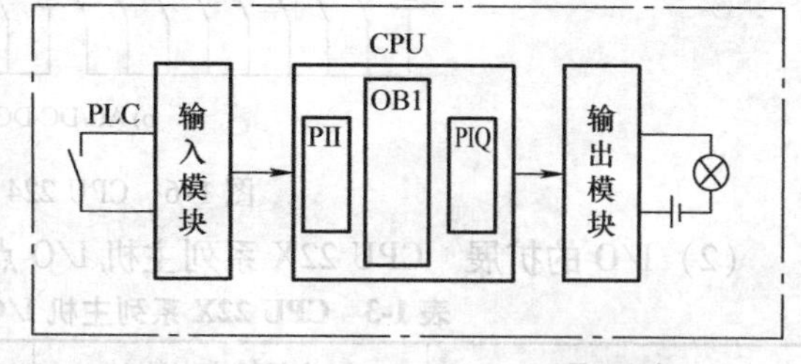

图1-8　可编程序控制器的工作过程示意图

可编程序控制器的工作过程示意图如图1-8所示。

（3）扫描周期及CPU工作方式

1）扫描周期。S7-200 CPU连续执行用户任务的循环序列称为扫描。一个机器扫描周期（用户程序运行一次）分为读输入（输入采样）、执行程序、处理通信请求、执行CPU自诊断、写输出（输出刷新）五个阶段，CPU周而复始地循环扫描工作，也可简化为读输入、执行用户程序和写输出三个阶段。CPU扫描周期如图1-9所示。

2）CPU 的工作方式。S7-200 CPU 的两种工作方式有 STOP(停止)和 RUN(运行)两种。

改变工作方式的方法可通过工作方式开关、软件设置和 STOP 指令进行。

使用工作方式开关改变工作状态时，面板上的工作方式开关有三个挡位：STOP、TERM(Terminal)、RUN。打到不同的挡位进入不同的工作方式。

图 1-9　CPU 扫描周期

想一想：编程软件是怎么使用的呢？

（三）STEP 7-Micro/WIN 编程软件的使用

STEP 7-Micro/WIN 32 是在 Windows 平台上运行的 SIMATIC S7-200 PLC 编程软件，该软件简单、易学，并且能够很容易地解决复杂的自动化任务。STEP 7-Micro/WIN 32 可适用于所有 SIMATIC S7-200 PLC 机型，而且 STEP 7-Micro/WIN 32 SP3 支持汉化，可在汉化界面下进行操作。

1. STEP 7-Micro/WIN 编程软件的安装

（1）系统要求

1）操作系统：Windows XP。

2）计算机硬件配置：586 以上兼容机，内存 64MB 以上，VGA 显示器，至少 500MB 以上硬盘空间，Windows 支持的鼠标。

3）通信电缆：PC/PPI 电缆(或使用一个通信处理器卡)，用于计算机与 PLC 连接。

4）以太网通信：网卡、TCP/IP、winsock2(可下载)。

（2）硬件连接　典型的单台 PLC 与 PC 的连接，只需要用一根 PC/PPI 电缆，如图 1-10 所示。PC/PPI 电缆的两端分别为 RS-232 和 RS-485 接口，RS-232 端连接到个人计算机 RS-232 通信口 COM1 或 COM2 接口上，RS-485 端接到 S7-200 CPU 通信口上。

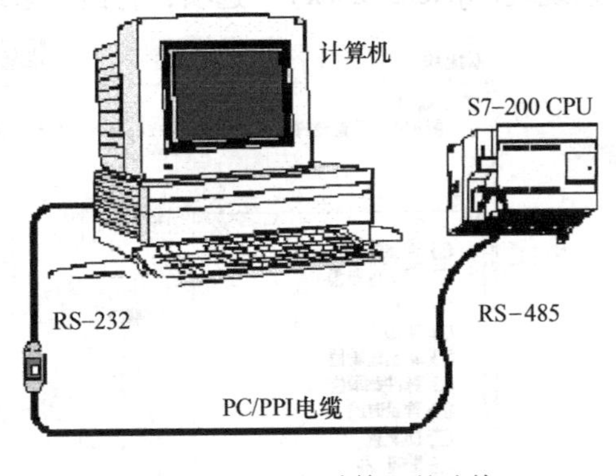

图 1-10　PLC 与计算机的连接

（3）软件安装

1）将存储软件的光盘放入光驱。

2）双击光盘中的安装程序 SETUP. EXE，选择 English 语言，进入安装向导。

3）按照安装向导完成软件的安装，然后打开此软件，选择菜单 Tools→Options→General→Chinese，完成汉化补丁的安装。

4）软件安装完毕。

（4）建立通信联系　设置连接好硬件并且安装完软件之后，可以按下面的步骤进行在线连接：

1）在 STEP 7-Micro/WIN 32 运行时，单击浏览条中的通信图标，或从菜单“检视(View)”中选择“元件”→“通信(Communications)”选项，则会出现一个通信对话框，如图 1-11 所示。

2）双击对话框中的刷新图标，STEP 7-Micro/WIN 32 编程软件将检查所连接的所有 S7-200 CPU 站。

3）双击要进行通信的站，在通信建立对话框中，可以显示所选的通信参数，也可以重

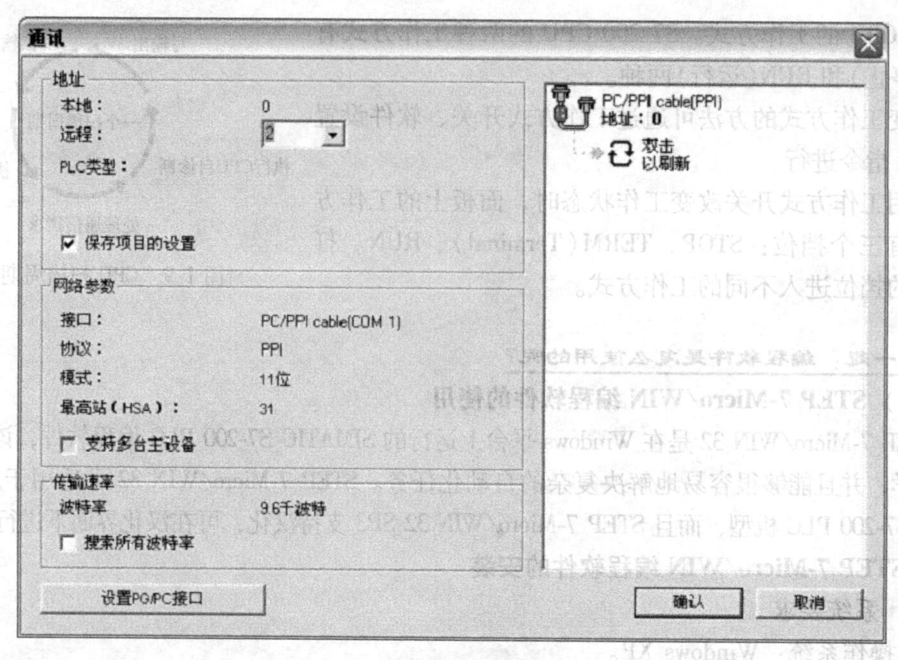

图 1-11 通信对话框[⊖]

新设置。

(5) 通信参数设置

1）单击浏览条中的“系统块”图标，或从菜单“检视(View)”中选择“元件”→“系统块(System Block)”选项，将出现系统块对话框，如图 1-12 所示。

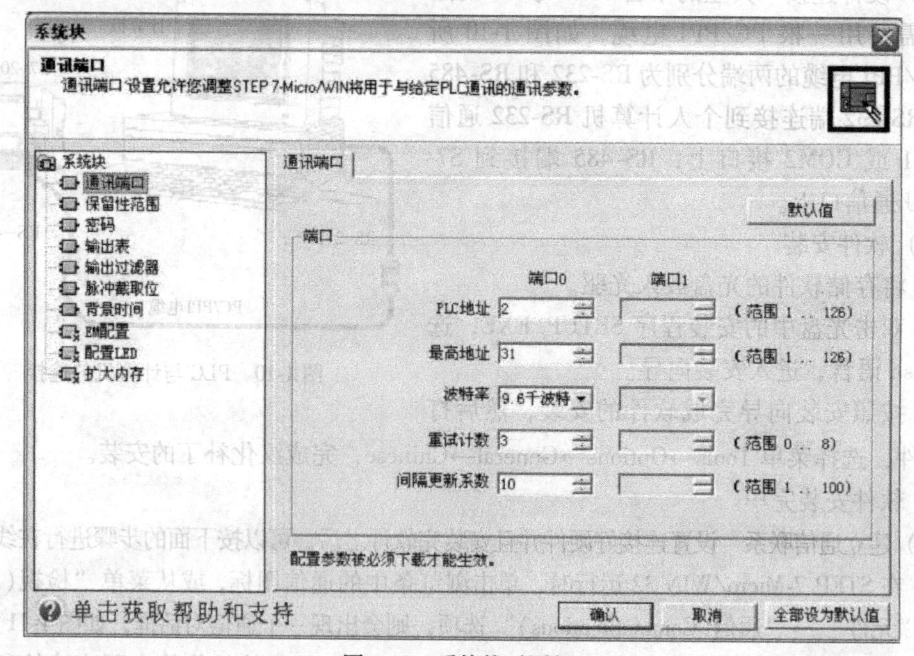

图 1-12 系统块对话框

⊖ 根据 GB/T 2900.1—2008《电工术语 基本术语》标准的规定，“通讯”应改为“通信”，本书截屏图中出现的“通讯”保留不改。

2）单击“通信端口”选项卡，检查各参数，确认无误后单击“确认”按钮。若需要修改某些参数，可以先进行有关的修改，再单击“确认”按钮。

3）单击工具条的下载按钮，将修改后的参数下载到可编程序控制器。

2. STEP 7-Micro/WIN 32 软件的起动和退出

（1）起动方法

方法一：双击桌面  图标；

方法二：单击“开始→Simatic→STEP 7-Micro/WIN 32 V4.0→STEP 7-Micro/WIN”命令。

退出方法：

方法一：单击“文件(File)→退出(Exit)”命令；

方法二：单击右上角的关闭按钮；

方法三：双击左上角的控制图标；

方法四：按组合键<Alt+F4>。

（2）STEP 7-Micro/WIN 32 软件介绍　起动 STEP 7-Micro/WIN 32 编程软件，其主界面外观如图 1-13 所示。主界面一般可以分为以下几个部分：主菜单、工具条、浏览条、指令

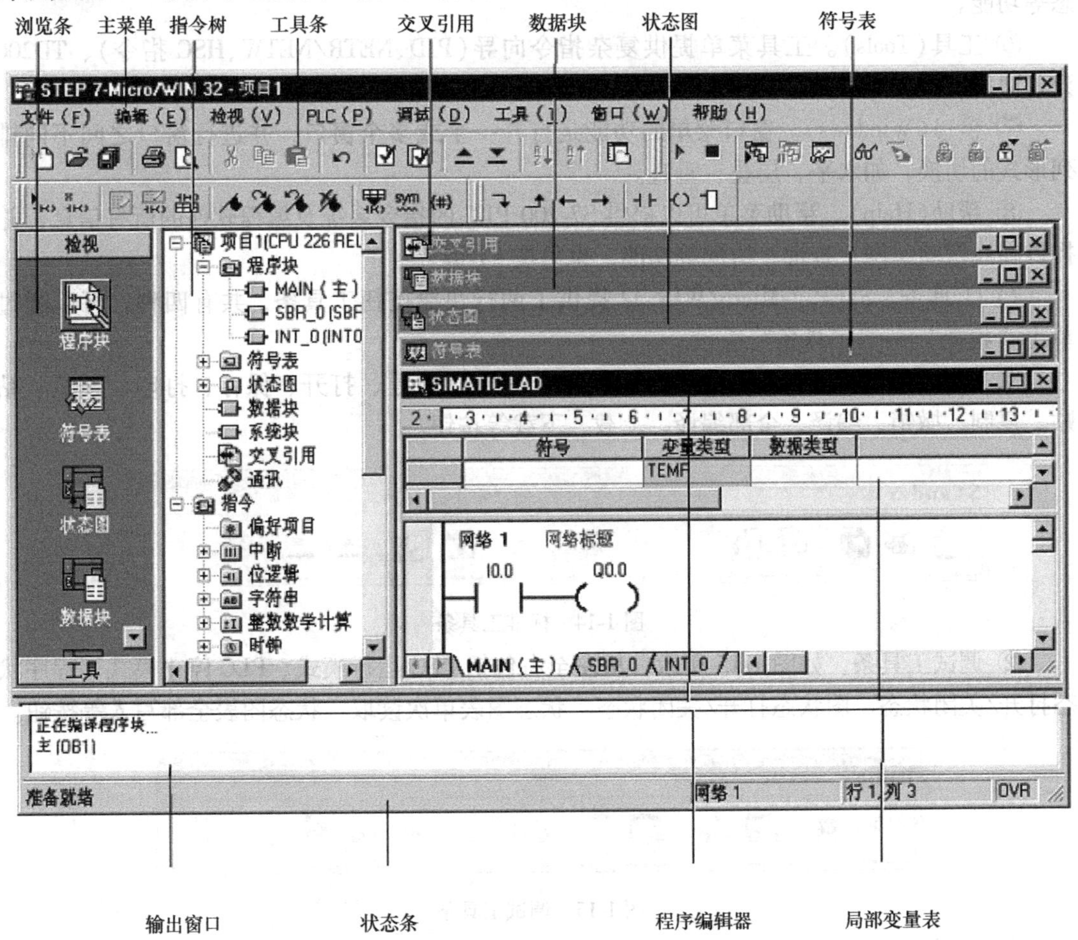

图 1-13　编程软件主界面

树、用户窗口、输出窗口和状态条等。除菜单条外，用户还可以根据需要通过检视菜单和窗口菜单决定其他窗口的取舍和样式的设置。

1）主菜单。主菜单包括文件、编辑、检视、PLC、调试、工具、窗口、帮助8个主菜单项。

① 文件(File)。文件下拉菜单包括新建、打开、关闭、保存、另存、导出、导入、上载、下载、打印预览、页面设置等功能。

② 编辑(Edit)。文件下拉菜单包括撤销、剪切、复制、粘贴、全选、插入、删除、查找、替换等功能，与字处理软件Word相类似，主要用于程序编辑工具。

③ 检视(View)。检视菜单用于设置软件的开发环境，功能包括：选择不同的程序编辑器LAD、STL、FBD；进行数据块、符号表、状态图表、系统块、交叉引用、通信参数的设置；可以选择程序注解、网络注解显示与否；可以选择浏览条、指令树及输出窗口的显示与否；对程序块的属性进行设置。

④ PLC。PLC菜单主要用于与PLC联机时的操作，包括PLC类型的选择、PLC的工作方式、进行在线编译、清除PLC程序、显示PLC信息等功能。

⑤ 调试(Debug)。调试菜单用于联机时的动态调试，有单次扫描、多次扫描、程序状态等功能。

⑥ 工具(Tools)。工具菜单提供复杂指令向导(PID、NETR/NETW、HSC指令)、TD200设置向导、设置程序编辑器的风格、在工具菜单中添加常用工具等功能。

⑦ 窗口(Windows)。窗口菜单的功能是打开一个或多个窗口，并进行窗口之间不同排列形式的切换，如水平、层叠、垂直。

⑧ 帮助(Help)。帮助菜单可以提供S7-200 PLC的指令系统及编程软件的所有信息，并提供在线帮助、网上查询、访问等功能，也可按F1键。

2）工具条。STEP 7-Micro/WIN 32提供了两行快捷按钮工具条，共有四种，可以通过单击“检视”→“工具条”重设。

① 标准工具条，如图1-14所示，从左至右包括新建、打开、保存、打印、预览、粘贴、复制、撤销、编译、全部编译、上载、下载等按钮。

图1-14　标准工具条

② 调试工具条，如图1-15所示，从左至右包括PLC运行模式、PLC停止模式、程序状态打开/关闭状态、图状态打开/关闭状态、状态图表单次读取、状态图表全部写入等按钮。

图1-15　调试工具条

③ 公用工具条，如图1-16所示，从左至右依次为插入网络、删除网络、切换POU注

解、切换网络注解、切换符号信息表、切换书签、下一个书签、上一个书签、清除全部书签、建立表格未定义符号、常量说明符按钮。

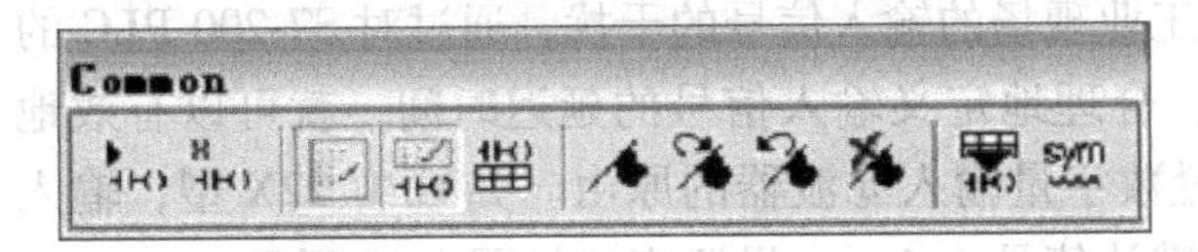

图 1-16　公用工具条

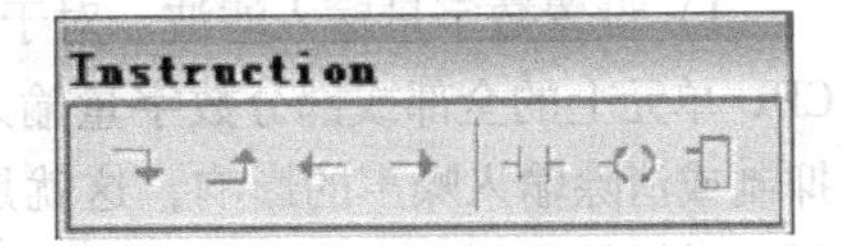

图 1-17　LAD 工具条

④ LAD 指令工具条，如图 1-17 所示，从左至右依次为插入向下直线、插入向上直线、插入左行、插入右行、插入触点、插入线圈、插入指令盒按钮。

3）浏览条。浏览条中设置了控制程序特性的按钮，包括程序块（Program Block）、符号表（Symbol Table）、状态图（Status Chart）、数据块（Data Block）、系统块（System Block）、交叉引用（Cross Reference）和通信（Communication）。

4）指令树。指令树以树形结构提供编程时用到的所有项目对象和 PLC 所有指令。

5）用户窗口。可同时或分别打开 6 个用户窗口，分别为：交叉引用、数据块、状态图、符号表、程序编辑器、局部变量表。

6）输出窗口。用来显示 STEP 7-Micro/WIN 32 程序编译的结果，如编译结果有无错误、错误编码和位置等。

7）状态条。提供有关在 STEP 7-Micro/WIN 32 中操作的信息。

（3）系统块的配置　系统块配置又称 CPU 组态，进行 STEP 7-Micro/WIN 32 编程软件系统块配置有 3 种方法：在“检视”菜单中选择“元件”→“系统块”项；或在“浏览条”上单击“系统块”按钮；或双击指令树内的系统块图标。

“系统块”对话框如图 1-18 所示。

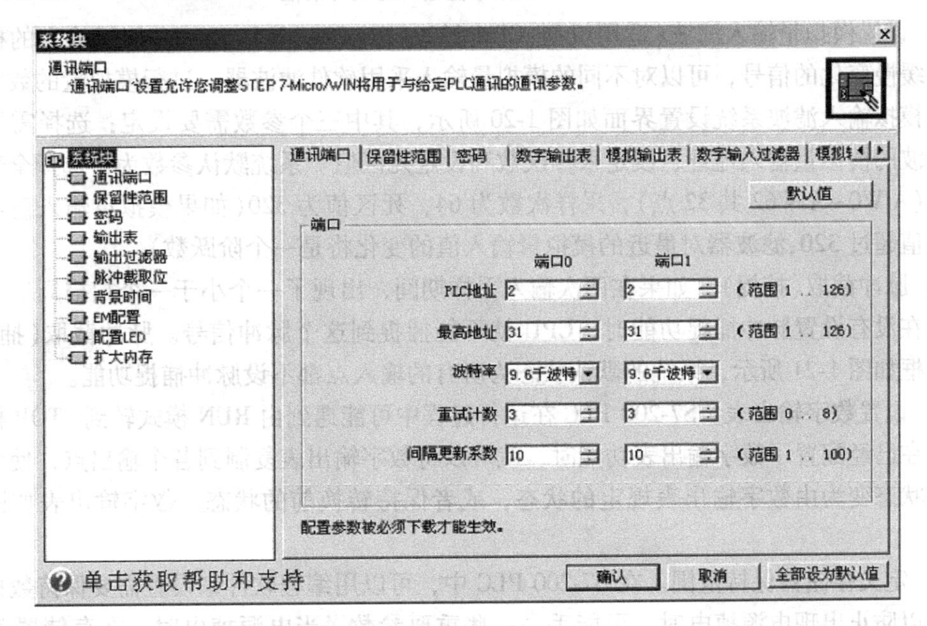

图 1-18　“系统块”对话框

系统块的配置包括数字量输入滤波、模拟量输入滤波、脉冲截取（捕捉）、数字输出表、通信端口、密码设置、保持范围、背景时间等。可以在图 1-18 的对话框中选择不同的选项卡实现上述配置。

1）设置数字量输入滤波。对于来自工业现场的输入信号的干扰，通过对 S7-200 PLC 的 CPU 单元上的全部或部分数字量输入点，合理地定义输入信号的延迟时间，就可以有效地抑制或消除输入噪声的影响，这就是设置数字量输入滤波器的原由。如 CPU 22X 型，输入延迟时间的范围为 0.2~12.8ms，系统的默认值是 6.4ms，设置窗口如图 1-19 所示。

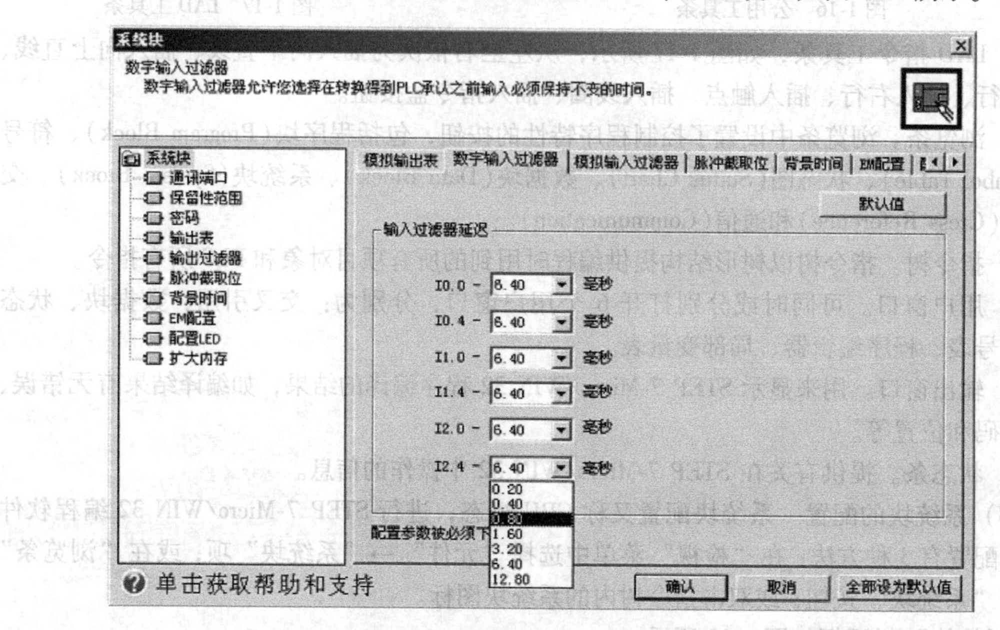

图 1-19　设置数字量输入滤波对话框

2）设置模拟量输入滤波（适用机型：CPU 222、CPU 224、CPU 226）。如果输入的模拟量信号是缓慢变化的信号，可以对不同的模拟量输入采用软件滤波器，进行模拟量的数字滤波设置。模拟输入滤波系统设置界面如图 1-20 所示，其中三个参数需要设定：选择需要进行数字滤波的模拟量输入地址、设定采样次数和设定死区值。系统默认参数为：选择全部模拟量输入（AIW0~AIW62 共 32 点），采样次数为 64，死区值为 320（如果模拟量输入值与滤波值的差值超过 320，滤波器对最近的模拟量输入值的变化将是一个阶跃数）。

3）脉冲截取（捕捉）。如果在两次输入采样期间，出现了一个小于一个扫描周期的短暂脉冲，在没有设置脉冲捕捉功能时，CPU 就不能捕捉到这个脉冲信号。脉冲截取（捕捉）设置对话框如图 1-21 所示，系统的默认状态为所有的输入点都不设脉冲捕捉功能。

4）设置数字输出表。S7-200 PLC 在运行过程中可能遇到由 RUN 模式转到 STOP 模式的情况，在已经配置了数字输出表功能时，就可以将数字输出表复制到各个输出点，使各个输出点的状态变为由数字输出表规定的状态，或者保持转换前的状态。数字输出表如图 1-22 所示。

5）定义存储器保持范围。在 S7-200 PLC 中，可以用编程软件来设置需要保持数据的存储器，以防止出现电源掉电时，可能丢失一些重要参数。当电源掉电时，在存储器 V、M、C 和 T 中，最多可定义 6 个需要保持的存储器区。对于存储器 M，系统的默认值是 MB0~MB13 不保持；对于定时器 T，只有 TONR 可以保持；对于定时器 T 和计数器 C，只有当前值

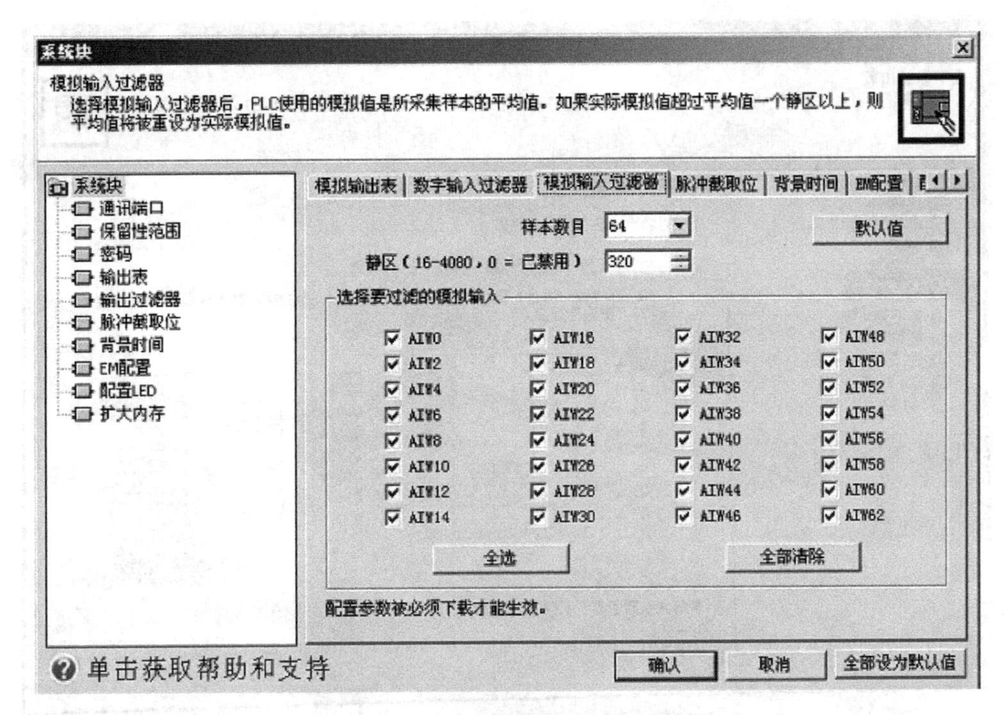

图 1-20　设置模拟量输入滤波对话框

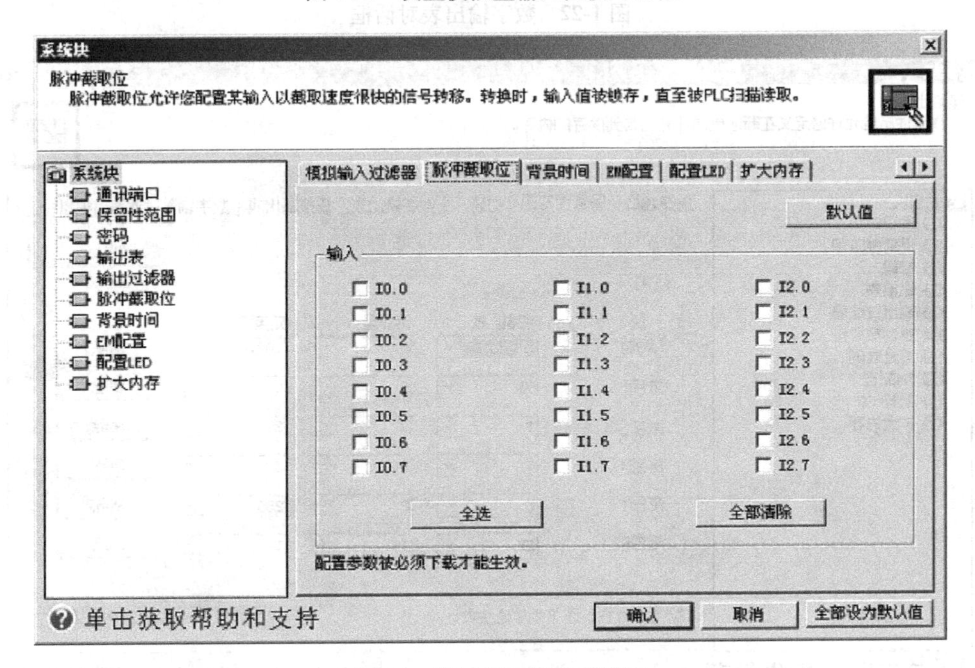

图 1-21　脉冲截取设置对话框

可以保持，而定时器位和计数器位是不能保持的。保持范围如图 1-23 所示。

6）CPU 密码设置。CPU 的密码保护的作用是限制某些存取功能。在 S7-200 PLC 中，对存取功能提供了 3 个等级的限制，系统的默认状态是 1 级(不受任何限制）。设置密码的方式如图 1-24 所示，首先选择限制级别，然后输入密码确认。

如果在设置密码后又忘记了密码，只有清除 CPU 存储器的程序，重新装入用户程序。

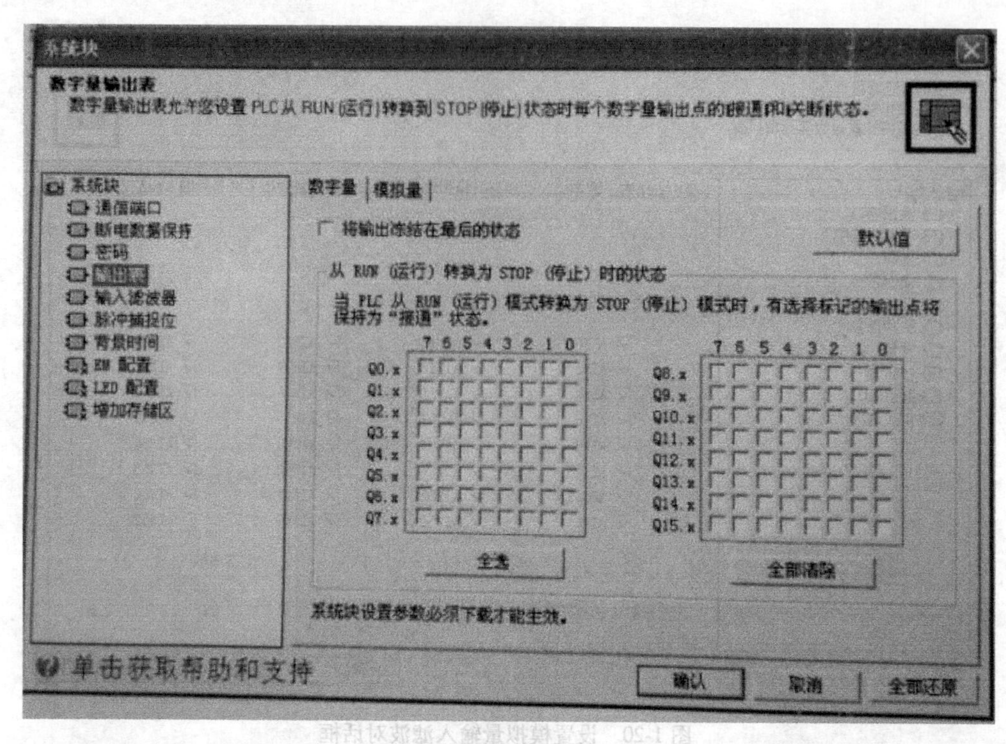

图 1-22　数字输出表对话框

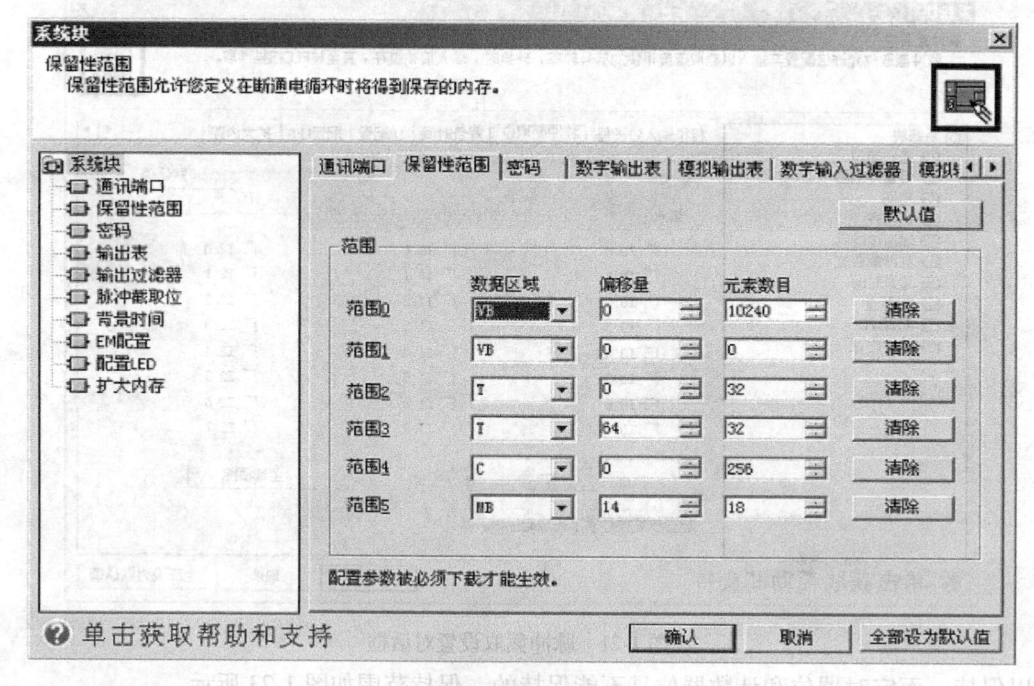

图 1-23　定义存储器保持范围对话框

当进入 PLC 程序进行下载操作时，弹出输入密码对话框，输入 “clearplc” 后确认，PLC 密码清除，同时清除 PLC 中的程序。

（4）程序编辑、调试及运行

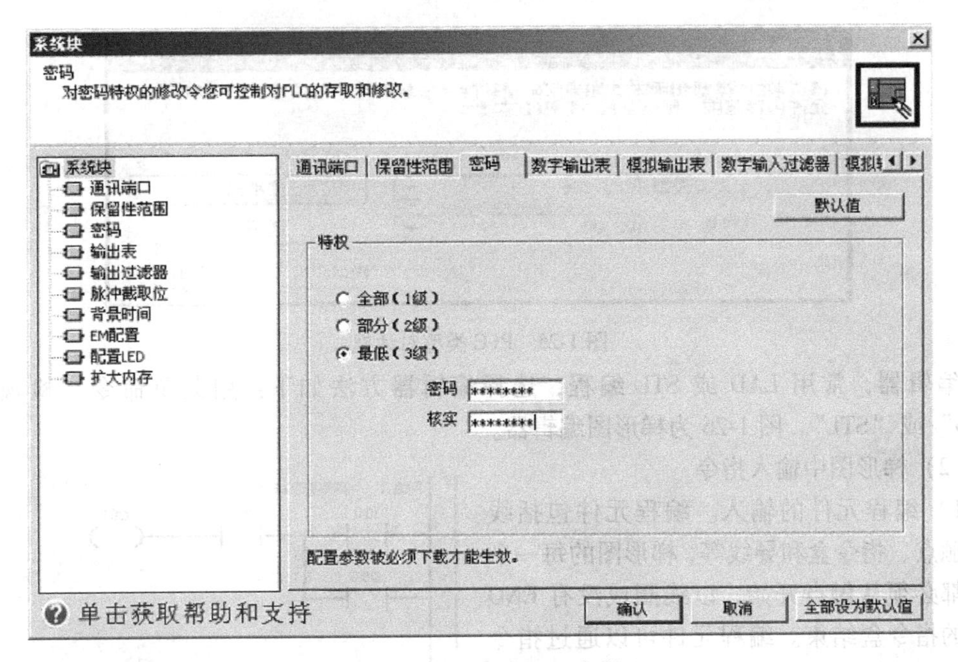

图 1-24　CPU 密码设置对话框

1）创建新项目文件。

方法：

① 选择菜单中的“文件”→“新建”选项；

② 单击工具条中的“新建”按钮。

新项目文件名系统默认为“项目 1”，可以通过工具栏中的“保存”按钮进行保存并重新命名。

每一个项目文件包括的基本组件有程序块、数据块、系统块、符号表、状态图表、交叉引用及通信，其中程序块中包括 1 个主程序、1 个子程序（SBR_0）和 1 个中断程序（INT_0）。

2）打开已有的项目文件。

方法：

① 选择菜单中的“文件”→“打开”选项；

② 单击工具条中的“打开”按钮。

3）确定 PLC 类型。

用菜单命令“PLC”→“类型”，调出“PLC 类型”对话框，单击“读取 PLC”按钮，由 STEP 7-Micro/WIN 32 自动读取正确的数值。然后单击“确认”按钮，确认 PLC 类型，对话框如图 1-25 所示。

3. 编辑程序文件

（1）选择指令集和编辑器　S7-200 系列 PLC 支持的指令集有 SIMATIC 和 IEC1131-3 两种，本书采用 SIMATIC 编程模式，方法如下：用菜单命令“工具”→“选项”，在弹出的对话框中单击“一般”选项卡，编程模式选择“SIMATIC”，然后单击“确定”按钮。

采用 SIMATIC 指令编写的程序可以使用 LAD（梯形图）、STL（语句表）、FBD（功能块图）

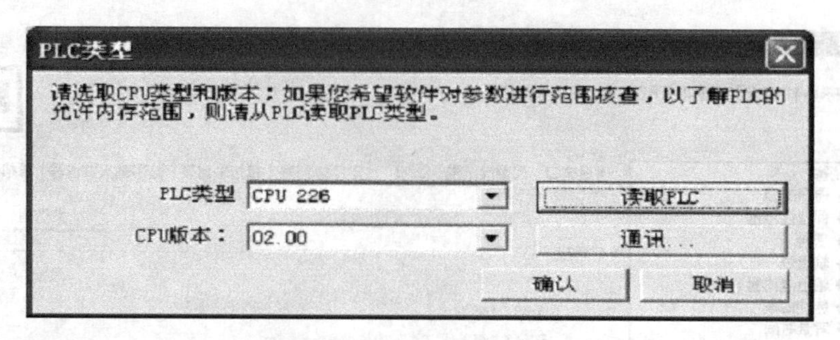

图 1-25　PLC 类型对话框

三种编辑器，常用 LAD 或 STL 编程，选择编辑器方法如下：用菜单命令“检视”→“LAD”或“STL”。图 1-26 为梯形图编辑器。

（2）梯形图中输入指令

1）编程元件的输入。编程元件包括线圈、触点、指令盒和导线等，梯形图的每一个网络都必须从触点开始，以线圈或没有 ENO 输出的指令盒结束。编程元件可以通过指令树、工具按钮、快捷键等方法输入。

① 将光标放在需要的位置上，单击工具条中元件(触点、线圈或指令盒)的按钮，从下拉菜单所列出的元件中，选择要输入的元件单击即可。

② 将光标放在需要的位置上，在指令树窗口所列的一系列元件中，双击要输入的元件即可。

③ 将光标放在需要的位置上，在指令树窗口所列的一系列元件中，拖动要输入的元件放到目的地即可。

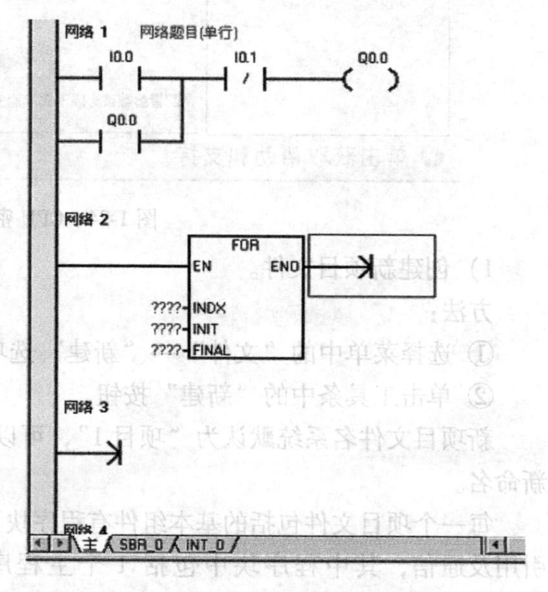

图 1-26　梯形图编辑器

④ 使用功能键：F4=触点，F6=线圈，F9=指令盒，从下拉菜单所列出的元件中，选择要输入的元件单击即可。

当编程元件的图形出现在指定位置后，再单击编程元件符号的????，输入操作数，按“Enter”键确定。红色字样显示语法出错，当把不合法的地址或符号改变为合法值时，红色消失。若数值下面出现红色的波浪线，表示输入的操作数超出范围或与指令的类型不匹配。

2）上下行线的操作。将光标移到要合并的触点处，单击上行线或下行线按钮。

3）程序的编辑。用光标选中需要进行编辑的单元，单击鼠标右键，弹出快捷菜单，可以进行剪切、复制、粘贴、删除，也可以插入或删除行、列、垂直线或水平线的操作。

通过用 Shift 键+鼠标单击，可以选择多个相邻的网络，单击鼠标右键，弹出快捷菜单，进行剪切、复制、粘贴或删除等操作。

4）编写符号表。单击浏览条中的“符号表”按钮 ；在符号列中键入符号名，在地址列中键入地址，在注释列中键入注解即可建立符号表，如图 1-27 所示。

符号表建立后，使用菜单命令“检视”→“符号编址”，直接地址将转换成符号表中对应的符号名；也可单击菜单命令“工具”→“选项”在弹出的快捷菜单中选择“程序编辑器”选项卡，然后单击“符号编址”选项来选择操作数显示的形式，如选择“显示符号和地址”，则对应的梯形图如图 1-28 所示。

符号表

			符号	地址	注解
1			起动	I0.0	起动按钮SB2
2			停止	I0.1	停止按钮SB1
3			电动机	Q0.0	电动机M1

图 1-27　符号表

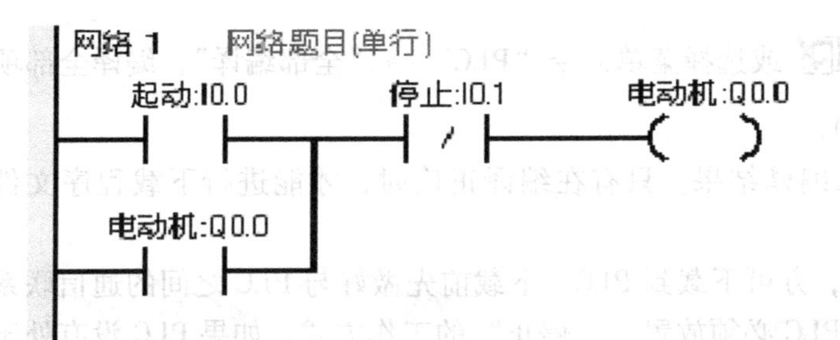

符号	地址	注解
电动机	Q0.0	电动机M1
起动	I0.0	起动按钮SB2
停止	I0.1	停止按钮SB1

图 1-28　带符号表的梯形图

5）局部变量表。可以拖动分割条，展开局部变量表并覆盖程序视图，此时可设置局部变量表，如图 1-29 所示。在符号栏写入局部变量名称，在数据类型栏中选择变量类型后，系统自动分配局部变量的存储位置。局部变量有四种定义类型：IN(输入)、OUT(输出)、IN_OUT(输入/输出)、TEMP(临时)。

IN、OUT 类型的局部变量，由调用 POU(3 种程序)提供输入参数或调用 POU 返回的输出参数。

IN_OUT 类型的局部变量，数值由调用 POU 提供参数，经子程序的修改，然后返回 POU。

TEMP 类型的局部变量，临时保存在局部数据堆栈区内的变量，一旦 POU 执行完成，临时变量的数据将不再有效。

	符号	变量类型	数据类型	注解
L0.0	IN1	TEMP	BOOL	
LB1	IN2	TEMP	BYTE	
L2.0	IN3	TEMP	BOOL	
LD3	IN4	TEMP	DWORD	

图 1-29　局部变量表

6）程序注释。LAD 编辑器中提供了程序注释(POU)、网络标题、网络注释三种功能的解释，方便用户更好地读取程序，方法是单击绿色注释行输入文字即可，其中程序注释和网络注释可以通过工具栏按钮或“检视”菜单进行隐藏或显示。

4. 程序的编译及下载

(1) 编译　用户程序编辑完成后，需要进行编译，编译的方法如下：

1）单击“编译”按钮或选择菜单命令“PLC”→“编译”，编译当前被激活的窗口中的程序块或数据块。

2）单击“全部编译”按钮或选择菜单命令“PLC”→“全部编译”，编译全部项目元件(程序块、数据块和系统块)。

编译结束后，输出窗口显示编译结果。只有在编译正确时，才能进行下载程序文件操作。

(2) 下载　程序经过编译后，方可下载到 PLC。下载前先做好与 PLC 之间的通信联系和通信参数设置，另外，下载前 PLC 必须放置在“停止”的工作方式。如果 PLC 没有处于“停止”方式，单击工具条中的“停止”按钮，将 PLC 置于“停止”方式。

单击工具条中的“下载”按钮，或选择菜单命令“文件”→“下载”，出现“下载”对话框。可选择是否下载“程序代码块”、“数据块”和“CPU 配置”，单击“下载”按钮，开始下载程序。图 1-30 为“下载”对话框。

5. 程序的运行、监控与调试

(1) 程序的运行　下载成功后，单击工具条中的“运行”按钮，或执行菜单命令“PLC”→“运行”，PLC 进入 RUN(运行)工作方式。

(2) 程序的监控　在工具条中单击“程序状态打开/关闭”按钮，或执行菜单命令“调试”→“程序状态”，在梯形图中显示出各元件的状态。这时，闭合触点和得电线圈内部颜色变蓝。梯形图运行状态监控如图 1-31 所示。

(3) 程序的调试　结合程序监视运行的动态显示，分析程序运行的结果，以及影响程序运行的因素，然后退出程序运行和监控状态，在停止状态下对程序进行修改编辑，重新编译、下载，监视运行，如此反复修改调试，直至得出正确的运行结果。

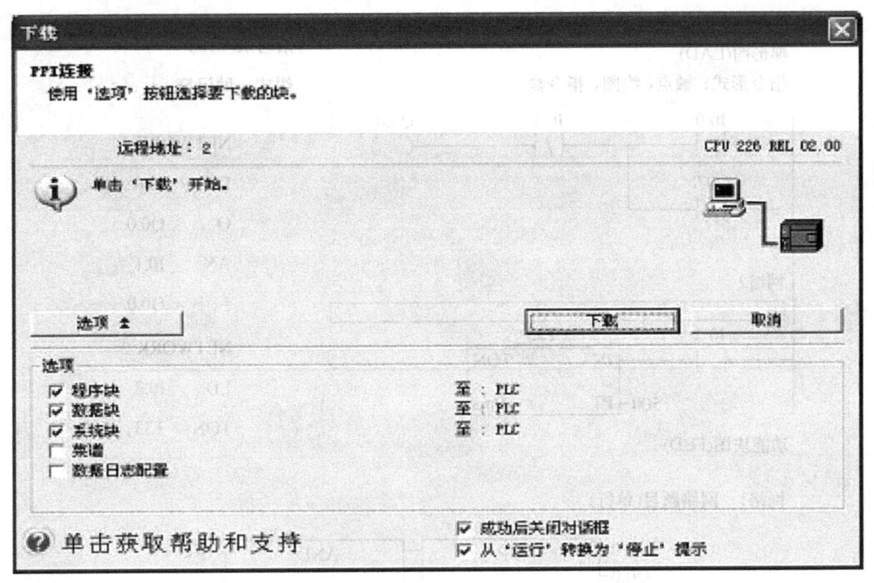

图 1-30　“下载”对话框

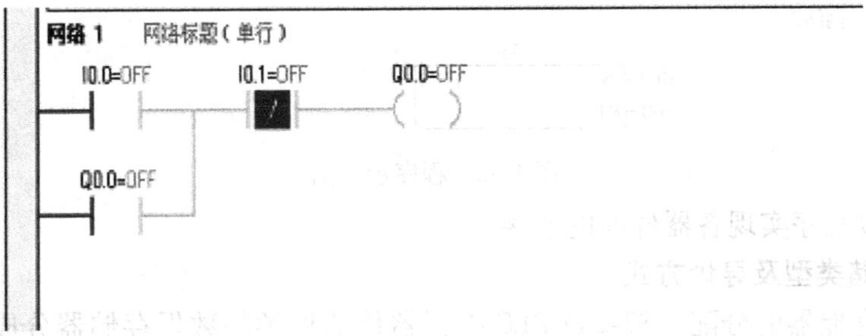

图 1-31　梯形图运行状态监控

PLC 采用什么语言进行编程呢?

(四) PLC 的编程语言与程序结构

1. S7-200 PLC 的程序设计语言

PLC 常用的编程语言有梯形图(LAD)、语句表(STL)和功能图(FBD)。

本书以 SIMATIC 指令集为例介绍 LAD 和 STL 程序的编译。图 1-32 为用三种语言表示的程序示意图。

2. S7-200 PLC 的程序结构

(1) 程序结构

1) 线性化编程。

2) 分步式编程。

3) 结构化编程。

(2) S7-200 PLC 的程序结构　S7-200 PLC 的程序结构一般指用户程序，用户程序由三部分构成，即主程序、子程序、中断程序。其中每种程序结构中都含有数据块和参数块。

(五) S7-200 系列 PLC 内部元器件

PLC 内部设计了编程使用的各种元器件，PLC 与继电器控制的根本区别在于 PLC 采用

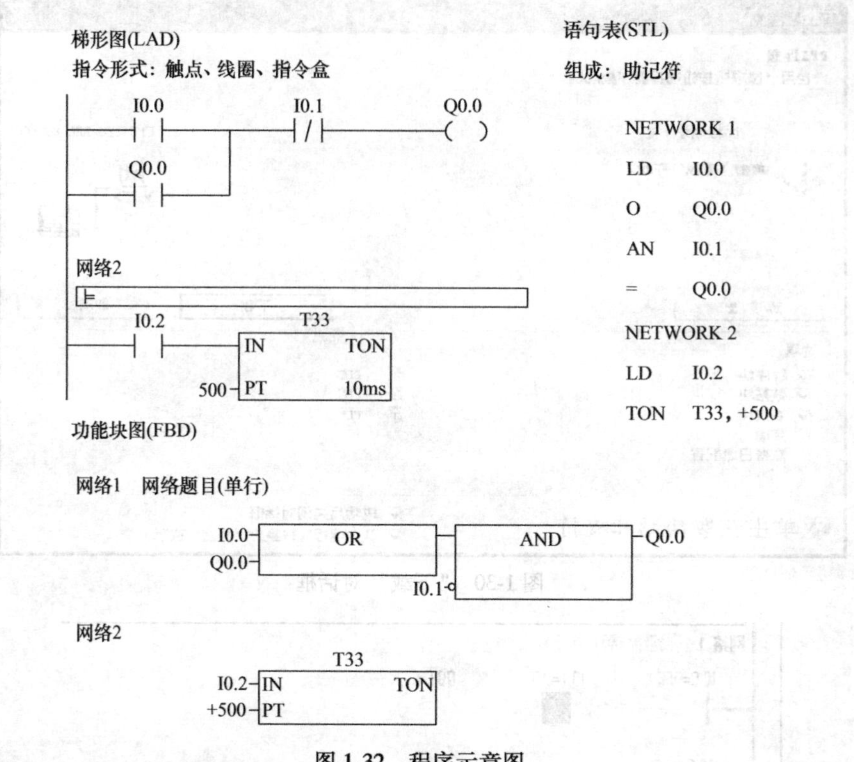

图 1-32　程序示意图

的是软器件，以程序实现各器件间的连接。

1. 数据存储类型及寻址方式

（1）数据存储器的分配　S7-200 PLC 按元器件的种类将数据存储器分成若干个存储区域。分别是：I：输入映像寄存器；Q：输出映像寄存器；M：内部标志位存储器；L：局部变量存储器；V：变量存储器；SM：特殊标志位存储器；S：顺序控制继电器，也叫状态元件；T：定时器，C：计数器；HC：高速计数器；AC：累加器，AI：模拟量输入映像寄存器；AQ：模拟量输出映像寄存器，共十三个区域，也就是十三个软器件。

（2）数值表示方法　数据在存储的区中所存储的数据大小范围及整数范围见表 1-4。

表 1-4　数据大小范围及相关整数范围

数据大小	无符号整数		符号整数	
	十进制	十六进制	十进制	十六进制
B(字节)8 位值	0~255	0~FF	-128~127	80~7F
W(字)16 位值	0~65535	0~FFFF	-32768~32767	8000~7FFF
D(双字)32 位值	0~4294967295	0~FFFFFFFF	-2147483648~2147843647	80000000~7FFFFFFF

2. 编址方式

可按位、字节、字、双字编址 。位编址 I7.4 如图 1-33 所示。

字节 VB100、字 VW100 和双字 VD100 编址如图 1-34 所示。

3. S7-200 PLC 的寻址方式

查找地址的方法称为寻址方式。通常有直接寻址、间接寻址和立即数寻址。而立即数寻

址针对常数而言，所以这里只介绍直接寻址和间接寻址。

（1）直接寻址　将信息存储在存储器中，存储单元按字节进行编址，无论寻址的是何种数据类型，通常应直接指出元件名称及其所在存储区域内的字节地址，并且每个单元都有唯一的地址，这种寻址方式称为直接寻址。

直接寻址可以采用按位编址或按字节编址的方式进行寻址。

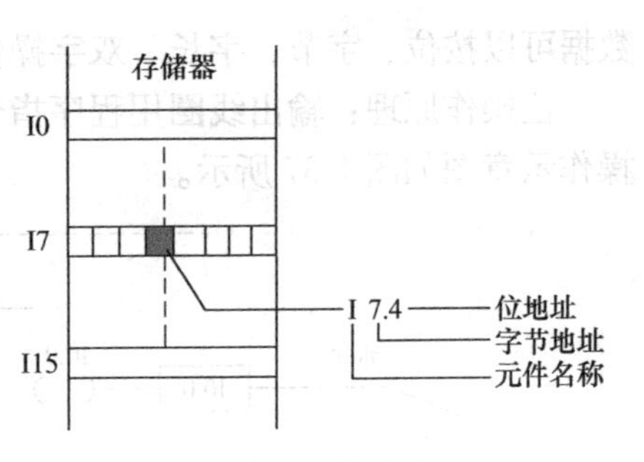

图 1-33　位编址

图 1-34　字节、字和双字编址

取代继电器控制系统的数字量控制系统一般只采用直接寻址。

（2）间接寻址　间接寻址方式是指数据存放在寄存器或存储器中，在指令中只出现所需数据所在单元的内存地址的地址，存储单元地址的地址又称为地址指针。

用间接寻址方式存取数据的过程如下。

1）建立指针。

2）用指针来存取数据。

3）修改指针。

例：MOVW　*AC1，AC0　　//将 AC1 作为内存地址指针，把以 AC1 中内容为起始地址的内存单元的 16 位数据送到累加器 AC0 中。其间接寻址如图 1-35 所示。

4. S7-200 PLC 的数据存储区及元件（内部资源）功能

数据存储区分为：I/Q、V、M、S、SM、L、T、C、AI/AQ、AC 和 HC，共 11 类内部元器件区域，供用户编程使用。

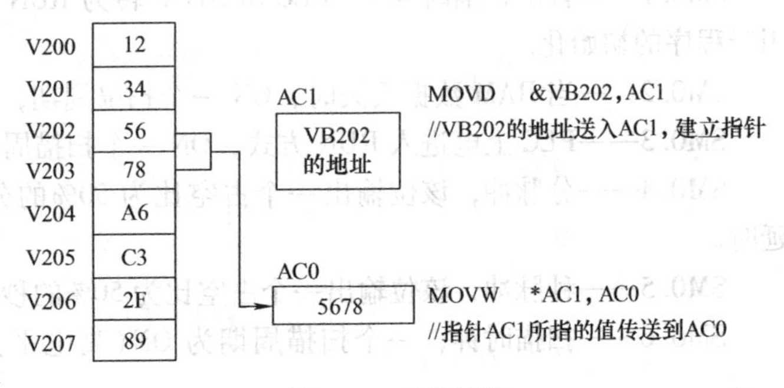

图 1-35　间接寻址

（1）输入/输出映像寄存器

1）输入映像寄存器：输入映像寄存器区域共 16 个字节，编址范围为 I0.0~I15.7；数据可以按位、字节、字长、双字操作（该区域按位操作又被称为输入继电器）。

位操作原理：输入继电器线圈由外部信号驱动，常开触点和常闭触点供用户编程使用。输入位操作示意图如图 1-36 所示。

2）输出映像寄存器：编址范围为 Q0.0~Q15.7，用来将 PLC 的输出信号传递给负载，数据可以按位、字节、字长、双字操作(该区域按位操作又被称为输出继电器)。

位操作原理：输出线圈用程序指令驱动，常开触点和常闭触点供用户编程使用。输出位操作示意图如图1-37所示。

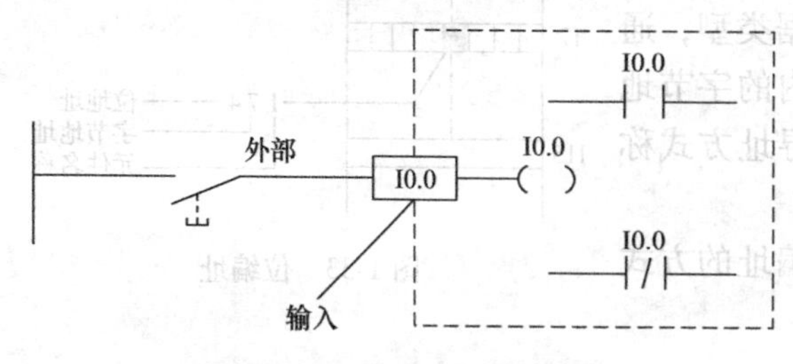

图1-36　输入位操作示意图

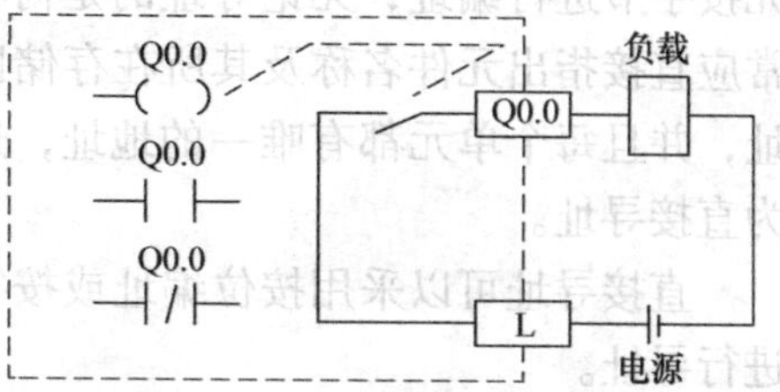

图1-37　输出位操作示意图

CPU每一个I/O点都是一个确定的物理点。

CPU 224主机集成有I0.0~I0.7、I1.0~I1.5共14个数字量输入端点，Q0.0~Q0.7、Q1.0、Q1.1共10个数字量输出端点。

(2) 变量存储器V　用以存储运算的中间结果和其他数据。CPU 224有VB0.0~VB5119.7的5K存储字节。可按位、字节、字或双字使用。

(3) 内部标志位(M)存储区　M作为控制继电器(又称中间继电器)，用来存储中间操作数或其他控制信息。编址范围为M0.0~M31.7，可以按位、字节、字或双字存取数据。

(4) 顺序控制继电器(S)存储区　S又称状态元件，以实现顺序控制和步进控制。编址范围为S0.0~S31.7，可以按位、字节、字或双字存取数据。

(5) 特殊标志位(SM)存储器　CPU 224编址范围为SM0.0~SM179.7，共180个字节。其中SM0.0~SM29.7的30个字节为只读型区域。

1) SMB0为状态位字节，每次扫描循环结尾由S7-200 CPU更新。

定义如下：

SM0.0——RUN状态监控，PLC在运行RUN状态，该位始终为1。

SM0.1——首次扫描时为1，PLC由STOP转为RUN状态时，ON(1态)一个扫描周期，用于程序的初始化。

SM0.2——当RAM数据丢失时，ON一个扫描周期，用于出错处理。

SM0.3——PLC上电进入RUN方式，ON一个扫描周期。

SM0.4——分脉冲，该位输出一个占空比为50%的分时钟脉冲，用作时间基准或简易延时。

SM0.5——秒脉冲，该位输出一个占空比为50%的秒时钟脉冲，可用作时间基准。

SM0.6——扫描时钟，一个扫描周期为ON(高电平)，另一个为OFF(低电平)，循环交替。

SM0.7——工作方式开关位置指示，0为TERM位置，1为RUN位置。为1时，使自由端口通信方式有效。

2) SMB1为指令状态位字节，常用于表处理及数学运算。

部分位定义如下：

SM1.0——零标志，运算结果为0时，该位置1。

SM1.1——溢出标志，运算结果溢出或查出非法数值，该位置1。

SM1.2——负数标志，数学运算结果为负时，该位为 1。

(6) 局部存储器(L)　共有 64 个字节的局部存储器，编址范围为 LB0.0~LB63.7，其中 60 个字节可以用作暂时存储器或者给子程序传递参数，最后 4 个字节为系统保留字节。

(7) 定(计)时器(相当于时间继电器)　S7-200 CPU 中的定(计)时器是对内部时钟累计时间增量的设备，用于时间控制。编址范围为 T0~T255(22X)或 T0~T127(21X)。

(8) 计数器　计数器主要用来累计输入脉冲个数。编址范围为 C0~C255(22X)或 C0~C127(21X)。

(9) 模拟量输入/输出映像寄存器(AI/AQ)　模拟量输入电路将外部输入的模拟量(如温度、电压等)转换成 1 个字长(16 位)的数字量，存入模拟量输入映像寄存器区域。

AI 编址范围为 AIW0，AIW2，…，AIW62，起始地址定义为偶数字节地址，共有 32 个模拟量输入点。

模拟量输出电路用来将输出映像寄存器区域的 1 个字长(16 位)模拟量数字值转换为模拟电流或电压输出。

AQ 编址范围为 AQW0，AQW2，…，AQW62，起始地址也采用偶数字节地址，共有 32 个模拟量输出点。

(10) 累加器(AC)　累加器用来暂存数据，S7-200 PLC 提供了 4 个 32 位累加器 AC0~AC3。累加器支持以字节(B)、字(W)和双字(D)的存取。

(11) 高速计数器(HC)　CPU 22X 提供了 6 个高速计数器 HC0、HC1、…、HC5（每个计数器最高频率为 30kHz)，用来累计比 CPU 扫描速率更快的事件。高速计数器的当前值为双字长的符号整数。

(六) 基本位逻辑指令及应用

基本位逻辑指令包括基本位操作、置位/复位、边沿触发、比较等逻辑指令和定时、计数指令。

含有直接位地址的指令称为基本位指令。位逻辑指令主要用来完成基本的位逻辑运算及控制。

基本位操作指令分为触点和线圈两大类。

1. 基本位操作指令的格式

基本位操作指令格式见表 1-5。

表 1-5　基本位操作指令格式

LAD	STL	功　能
bit ─┤ ├─　bit ─┤/├─	LD　BIT/LDN　BIT	用于网络段起始的常开/常闭触点
	A　BIT/AN　BIT	常开/常闭触点串联，逻辑与/与非指令
	O　BIT/ON　BIT	常开/常闭触点并联，逻辑或/或非指令
bit ─(　)	=　BIT	线圈输出，逻辑置位指令

LD、LDN、A、AN、O、ON 指令操作数为 I、Q、M、T、C、SM、S、V。

=指令的操作数为 M、Q、T、C、SM、S。

指令助记符为 LD(Load)、LDN(Load Not)、A(And)、AN(And Not)、O(Or)、ON(Or

Not)、=(Out)。

【例 1-1】 位操作指令程序应用，如图 1-38 所示。

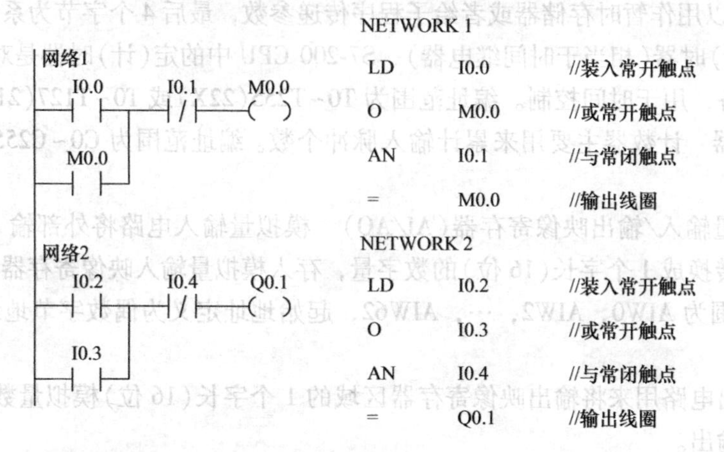

图 1-38 位操作指令程序应用

2. STL 指令对较复杂梯形图的描述方法

STL 指令对较复杂梯形图的描述如图 1-39 所示。

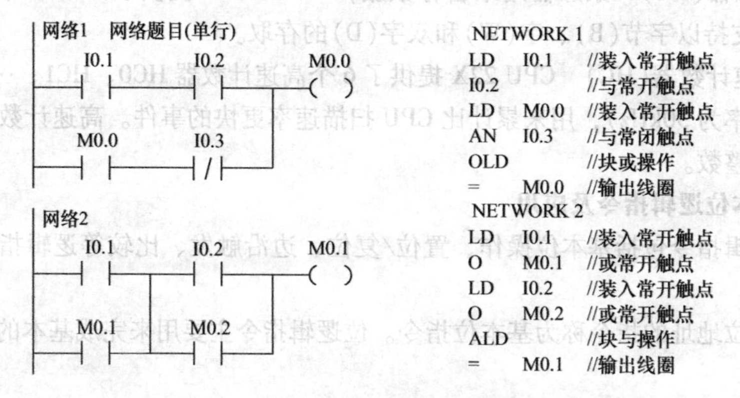

图 1-39 STL 指令对较复杂梯形图的描述

(1) 块“或”操作指令格式：OLD(无操作元件)块“或”操作，是将梯形图中相邻的两个以 LD 起始的电路块并联起来。

(2) 块“与”操作指令格式：ALD (无操作元件)块“或”操作是将梯形图中相邻的两个以 LD 起始的电路块串联起来。

(3) 栈操作指令 LD 装载指令是从梯形图最左侧母线画起的，如果要生成一条分支的母线，语句表指令需要利用栈操作指令来描述。

栈操作语句表指令格式：

LPS(无操作元件):(Logic Push)逻辑堆栈操作指令。

LRD(无操作元件):(Logic Read)逻辑读栈指令。

LPP(无操作元件):(Logic Pop)逻辑弹栈指令。

堆栈操作：将断点地址压入栈区，栈区内容自动下移(栈底内容丢失)。

读栈操作：将存储器栈区顶部的内容读入程序的地址指针寄存器，栈区内容保持不变。

弹栈操作：栈的内容依次按照后进先出的原则弹出，将栈顶内容弹入程序的地址指针寄存器，栈的内容依次上移。

【例 1-2】 栈操作应用指令，如图 1-40 所示。

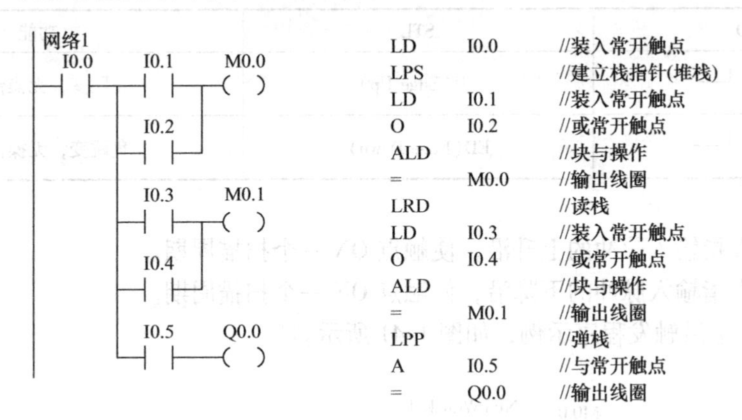

图 1-40　栈操作应用指令

1）逻辑堆栈指令(LPS)可以嵌套使用，最多为 9 层。

2）为保证程序地址指针不发生错误，堆栈和弹栈指令必须成对使用，最后一次读栈操作应使用弹栈指令。

（4）取非和空操作指令　取非和空操作指令格式见表 1-6。

表 1-6　取非和空操作指令格式

LAD	STL	功　能
─┤NOT├─	NOT	取非
N NOP	NOP N	空操作

（5）置位/复位指令　置位/复位指令则是将线圈设计成置位线圈和复位线圈两大部分，将存储器的置位、复位功能分离开来。置位/复位指令格式见表 1-7。

表 1-7　置位/复位指令格式

LAD	STL	功　能
S-bit ─(S) N	S　S-bit，N	条件满足时，从 S-bit 开始的 N 个位被置“1”
S-bit ─(R) N	R　S-bit，N	条件满足时，从 S-bit 开始的 N 个位被清“0”

（6）边沿触发指令(脉冲生成)

用途：边沿触发是指用边沿触发信号产生一个机器周期的扫描脉冲，通常用作脉冲整形。

分类：边沿触发指令分为正跳变触发(上升沿)和负跳变触发(下降沿)两大类。边沿触发指令格式见表1-8。

表1-8 边沿触发指令格式

LAD	STL	功能
—┤P├—	EU(Edge Up)	正跳变，无操作元件
—┤N├—	ED(Edge Down)	负跳变，无操作元件

正跳变触发指输入脉冲的上升沿，使触点ON一个扫描周期。

负跳变触发指输入脉冲的下降沿，使触点ON一个扫描周期。

【例1-3】 边沿触发程序示例，如图1-41所示。

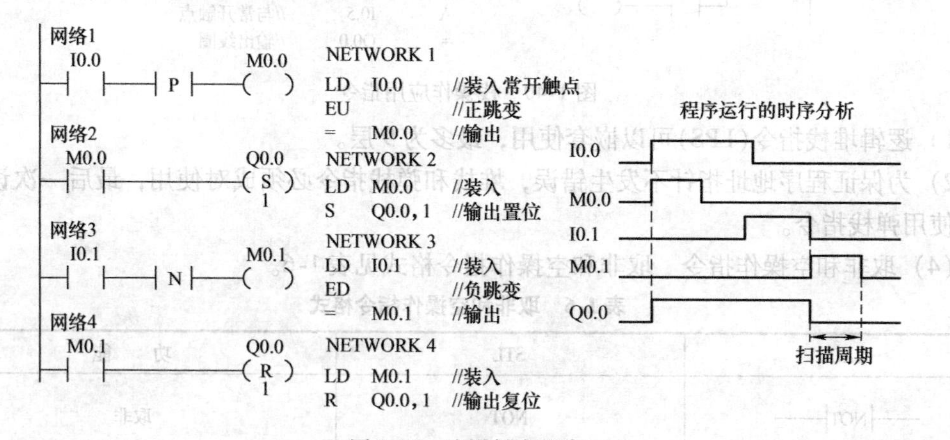

图1-41 边沿触发程序

I0.0的上升沿，EU产生一个扫描周期的时钟脉冲，M0.0线圈通电，M0.0常开触点闭合一个扫描周期，使输出线圈Q0.0=1并保持。

I0.1的下降沿，ED产生一个扫描周期的时钟脉冲，M0.1线圈通电一个扫描周期，M0.1常开触点闭合，使输出线圈Q0.0=0并保持。

(七) 编程注意事项及编程技巧

1. PLC I/O端点的分配方法

每一个开关输入对应一个确定的输入点，每一个负载对应一个确定的输出点。外部按钮(包括起动和停车)一般用常开触点。

2. 输出继电器的使用方法

输出端不带负载时，控制线圈应使用内部继电器M或其他，不要使用输出继电器Q的线圈。

3. 梯形图程序绘制方法

梯形图程序触点的并联网络连在左侧母线，线圈位于最右侧。

4. 梯形图网络段结构

网络段结构不增加用户程序长度，编译后能指出错误语句所在的网络段，清晰的网络结构有利于程序的调试，正确使用网络段，有利于程序的结构化设计，使程序简明易懂。

做一做，把构图的工作计划单填写好！

学生通过搜集资料、小组讨论，制订完成本项目的项目构思工作计划，填写在表 1-9 中。

表 1-9　三相交流异步电动机单向运行 PLC 控制的项目构思工作计划单

<table>
<tr><td colspan="6">项目构思工作计划单</td></tr>
<tr><td colspan="2">项　　目</td><td colspan="2"></td><td>学时：</td><td></td></tr>
<tr><td colspan="2">班　　级</td><td colspan="4"></td></tr>
<tr><td>组　　长</td><td></td><td>组　　员</td><td colspan="3"></td></tr>
<tr><td>序号</td><td colspan="2">内容</td><td>人员分工</td><td colspan="2">备注</td></tr>
<tr><td></td><td colspan="2"></td><td></td><td colspan="2"></td></tr>
<tr><td></td><td colspan="2"></td><td></td><td colspan="2"></td></tr>
<tr><td></td><td colspan="2"></td><td></td><td colspan="2"></td></tr>
<tr><td></td><td colspan="2"></td><td></td><td colspan="2"></td></tr>
<tr><td></td><td colspan="2"></td><td></td><td colspan="2"></td></tr>
<tr><td colspan="2">学生确认</td><td colspan="2"></td><td>日期</td><td></td></tr>
</table>

【项目设计】

教师指导学生进行项目设计，并进行分析、答疑；讲解 PLC 型号选择的依据，引导学生按照设计方案，合理选择元器件，确定出 PLC 输入/输出点数，最终确定出 PLC 型号，选出 PLC，指导学生进行程序编制，指导学生应该从经济性、合理性和适用性进行项目方案的设计，要考虑项目的成本，反复修改方案，点评修订并确定最终设计方案。

学生分组讨论设计三相交流异步电动机单向运行的 PLC 控制项目方案。在教师的指导与参与下，学生从多个角度、根据工作特点和工作要求制订多种方案计划，并讨论各个方案的合理性、可行性与经济性，判断各个方案的综合优劣，进行方案决策，并最终确定实施计划，分配好每个人的工作任务，择优选取出合理的设计方案，完成项目设计方案。经过分组讨论设计，项目的最优设计方案如图 1-42 所示。

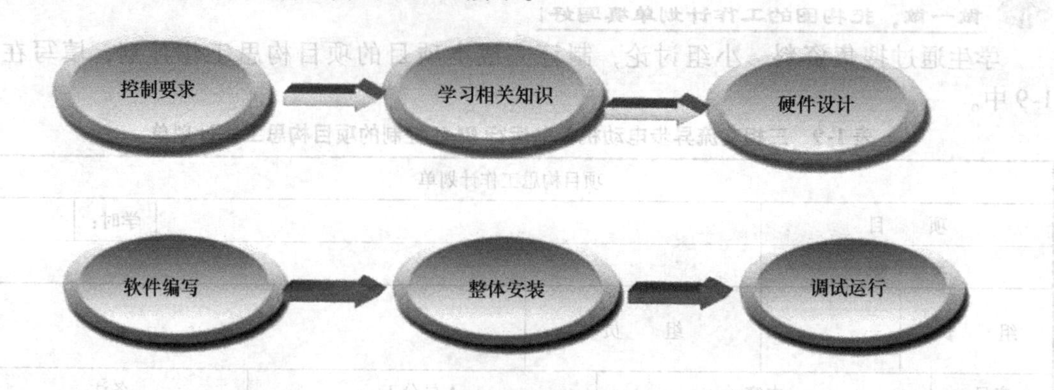

图 1-42　项目的最优设计方案

做一做

一、三相交流异步电动机单向运行的 PLC 硬件设计

1. 选择 PLC 外部输入/输出设备

根据控制要求选择 PLC 外部输入/输出设备，见表 1-10。

表 1-10　PLC 外部输入/输出设备

序　号	输入设备	输出设备
1	起动按钮 SB1	接触器线圈 KM
2	停止按钮 SB2	
3	热继电器常闭触点 FR	

2. PLC I/O 端口分配并选型

PLC I/O 端口分配见表 1-11。

表 1-11　PLC I/O 端口分配表

序号	输入 I		输出 O	
1	起动按钮 SB1	I0.0	接触器线圈 KM	Q0.0
2	停止按钮 SB2	I0.1		
3	热继电器常闭触点 FR	I0.2		

所以选择 S7-200 PLC CPU 221 型。

3. 画出 PLC 外部接线图

PLC 外部接线图如图 1-43 所示。

做一做

二、三相交流异步电动机单向运行的 PLC 程序编制

设计思路：采用继电器-接触器转换的方法进行设计。转换法就是将继电器电路转换成

与原有功能相同的 PLC 内部的梯形图。这种等效转换是一种简便快捷的编程方法，其一，原继电控制系统经过长期使用和考验，已经被证明能完成系统要求的控制功能；其二，继电器电路图与 PLC 的梯形图在表示方法和分析方法上有很多相似之处，因此根据继电器电路图来设计梯形图简便快捷；其三，这种设计方法一般不需要改动控制面板，保持了原有系统的外部特性，操作人员不用改变长期形成的操作习惯。

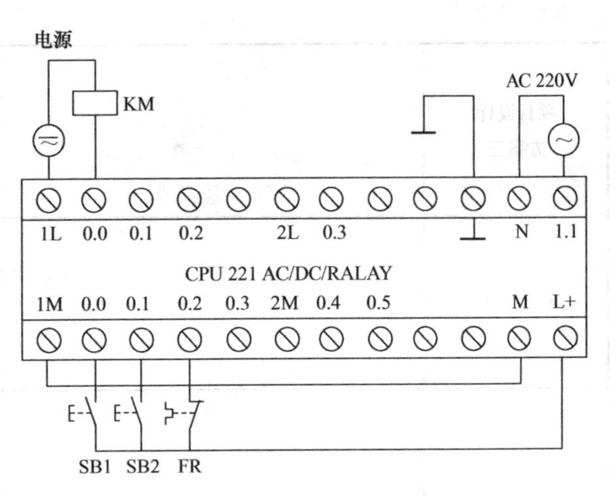

图 1-43　PLC 外部接线图

1）基本位操作指令编写的三相异步电动机自锁的 PLC 控制程序如图 1-44 所示。

2）用置位、复位指令编写的三相异步电动机自锁的 PLC 控制程序如图 1-45 所示。

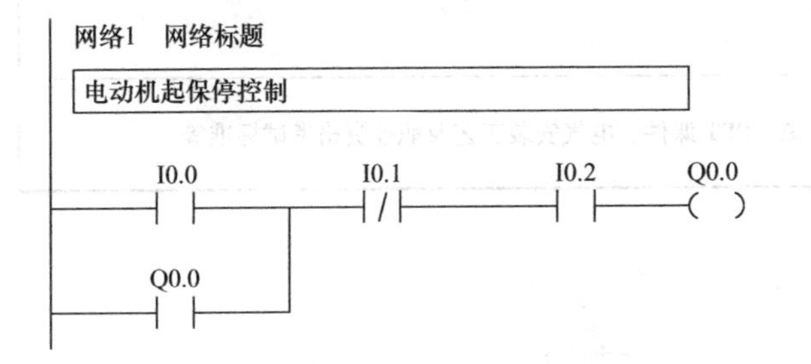

图 1-44　基本位操作指令编写的三相异步电动机自锁的 PLC 控制程序

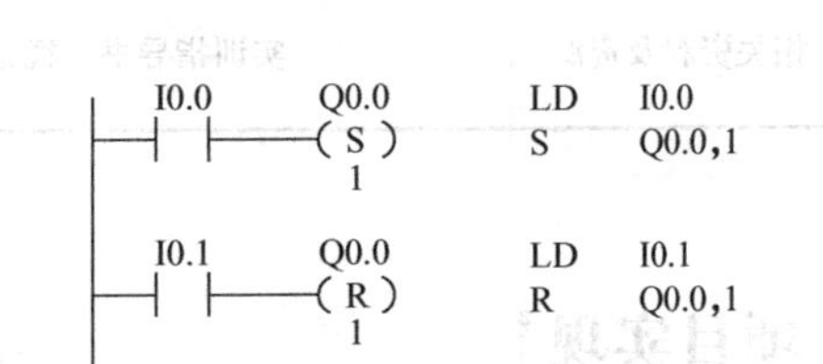

图 1-45　用置位、复位指令编写的三相异步电动机自锁的 PLC 控制程序

做一做：同学们要记得填写如下项目设计记录单啊！

三相交流异步电动机单向运行的 PLC 控制项目设计记录单见表 1-12。

表 1-12　三相交流异步电动机单向运行的 PLC 控制项目设计记录单

<table>
<tr><td>课程名称</td><td colspan="4">PLC 控制系统的设计与应用</td><td>总学时</td><td>84</td></tr>
<tr><td>项目一</td><td colspan="4">三相交流异步电动机单向运行的 PLC 控制</td><td>参考学时</td><td></td></tr>
<tr><td>班级</td><td></td><td>团队负责人</td><td></td><td>团队成员</td><td colspan="2"></td></tr>
<tr><td>项目设计
方案一</td><td colspan="6"></td></tr>
<tr><td>项目设计
方案二</td><td colspan="6"></td></tr>
</table>

（续）

项目设计方案三	
最优方案	
电气图	
设计方法	
相关资料及资源	实训指导书、视频录像、PPT 课件、电气安装工艺及职业资格考试标准等

【项目实现】

教师：指导学生进行项目实施，进行系统安装，讲解项目实施的工艺规程和安全注意事项。

学生：分组进入实训工作区，进行实际操作，在教师指导下先把元器件选好，并列出明细，列出 PLC 外部 I/O 分配表，画出 PLC 外部接线图，并进行 PLC 安装和调试，填写好项目实施记录。

做一做

一、三相交流异步电动机单向运行的 PLC 控制整机安装准备

1. 工具

测试笔、螺钉旋具、斜口钳、尖嘴钳、剥线钳、电工刀等。

2. 仪表

绝缘电阻表、万用表、钳形电流表。

3. 器材

1）控制板一块(包括所用的低压电器和 PLC)。

2）导线及规格：主电路导线由电动机容量确定；控制电路一般采用截面积为 0.5mm²

的铜芯导线（RV）；要求主电路与控制电路导线的颜色必须有明显区别。

3）备好编码套管。

选择所用元器件，并按 PLC 外部接线图进行元器件安装及接线，再接上电动机。输出电路选用 220V 交流接触器，所以电源也要选用 220V 交流电源供电；输入电路用 24V 直流电供电，注意接线端子的极性。

二、三相交流异步电动机单向运行的 PLC 控制安装步骤及工艺要求

1. 选配并检验元器件和电气设备

1）配齐电气设备和元器件，并逐个检验其规格和质量。

2）根据电动机的容量、线路走向及要求和各元器件的安装尺寸，正确选配导线的规格和数量、接线端子板、控制板和紧固件等。

2. 安装元器件

在控制板上固定卡轨和元器件，并做好与原理图相同的标记。

3. 布线

按接线图在控制板上进行线槽软线布线，并在导线端部套上编码套管，号码与原理图一致。导线的走向要合理，尽量不要有交叉和架空。

安装布线完成后填写出本项目实现工作记录单，见表 1-13。

表 1-13　项目实现工作记录单

课程名称					总学时	84
项目名称					参考学时	
班级		团队负责人		团队成员		
项目工作情况						
项目实施遇到的问题						
相关资料及资源						
执行标准或工艺要求						
注意事项						
备注						

【项目运行】

教师：指导学生进行程序调试与系统调试、运行，讲解调试运行的注意事项及安全操作规程，并对学生的成果进行评价。

学生：检查三相交流异步电动机单向运行PLC控制电路任务的完成情况，在教师指导下进行调试与运行，发现问题及时解决，直到调试成功为止。分析不足，汇报学习、工作心得，展示工作成果；对项目完成情况进行总结，完成项目报告。

做一做

一、三相交流异步电动机单向运行的PLC控制程序调试及运行

（一）程序录入、下载

1）打开STEP 7-Micro/WIN应用程序，新建一个项目，选择CPU类型为CPU 221，打开程序块中的主程序编辑窗口，录入上述程序。

2）录入完程序后单击其工具按钮进行编译，当状态栏提示程序没有错误，且检测PLC与计算机的连接正常、PLC工作正常时，便可下载程序了。

3）单击“下载”按钮后，程序所包含的程序块、数据块、系统块便自动下载到PLC中。

（二）程序调试运行

当下载完程序后，需要对程序进行调试。PLC有两种工作方式，即RUN(运行)模式与STOP(停止)模式。在RUN模式下，通过执行反映控制要求的用户程序来实现控制功能。在CPU模块的面板上用“RUN”LED显示当前工作模式。在STOP模式下，CPU不执行用户程序，可以用编程软件创建和编辑用户程序，设置PLC的硬件功能，并将用户程序和硬件设置信息下载到PLC。如果有致命的错误，在消除它之前不允许从STOP模式进入RUN模式。

CPU模块上的开关在STOP位置时，将停止用户程序的运行。

要通过STEP 7-Micro/WIN软件控制S7-200 PLC，模式开关必须设置为“TERM”或“RUN”。单击工具条上的“运行”按钮或执行菜单命令“PLC”→“运行”，出现一个对话框提示是否切换运行模式，单击“确认”按钮。

（三）程序的监控

在运行STEP 7-Micro/WIN的计算机与PLC之间建立通信，执行菜单命令“调试”→“开始程序监控”，或单击工具条中的按钮，可以用程序状态功能监视程序运行的情况。

运用监视功能，在程序状态打开的情况下，观察PLC运行时程序执行的过程中各元件的工作状态及运行参数的变化。

二、三相交流异步电动机单向运行的PLC控制整机调试及运行

调试前先检查所有元器件的技术参数设置是否合理，若不合理则重新设置。

先空载调试，此时不接电动机，观察PLC输入及输出端子对应的指示灯是否亮及接触

器是否吸合。

带负荷调试，接上电动机，观察电动机的运行情况。

调试成功后，先拆掉负载，再拆掉电源。清理工作台和工具，填写项目运行记录单，见表 1-14。

表 1-14　项目一项目运行记录单

课程名称	PLC 控制系统的设计与应用			总学时	84
项目名称				参考学时	
班级		团队负责人		团队成员	
项目构思是否合理					
项目设计是否合理					
项目实现遇到了哪些问题					
项目运行时故障点有哪些					
调试运行是否正常					
备注					

三、三相交流异步电动机单向运行的 PLC 控制项目验收

项目完成后，应对各组完成情况进行验收和评定，具体验收指标包括：

1）硬件设计。包括 I/O 点数确定、PLC 选型及接线图的绘制。

2）软件设计。

3）程序调试。

4）整机调试。

三相交流异步电动机单向运行的 PLC 控制考核要求及评分标准见表 1-15。

表 1-15　三相交流异步电动机单向运行的 PLC 控制考核要求及评分标准

序号	考核内容	考核要求	评分标准	配分	扣分	得分
1	硬件设计（I/O 点数确定）	根据继电器-接触器控制电路确定 PLC 点数	（1）点数确定得过少，扣 10 分 （2）点数确定得过多，扣 5 分 （3）不能确定点数，扣 10 分	25 分		

（续）

序号	考核内容	考核要求	评分标准	配分	扣分	得分
2	硬件设计（PLC 选型及接线图的绘制并接线）	根据 I/O 点数选择 PLC 型号、画接线图并接线	（1）PLC 型号选择不能满足控制要求，扣 10 分 （2）接线图绘制错误，扣 5 分 （3）接线错误，10 分	25 分		
3	软件设计（程序编制）	根据控制要求编制梯形图程序	（1）程序编制错误，扣 10 分 （2）程序繁琐，扣 5 分 （3）程序编译错误，扣 10 分	25 分		
4	调试（程序调试和整机调试）	用软件输入程序监控调试；运行设备整机调试	（1）程序调试监控错误，扣 10 分 （2）整机调试一次不成功，扣 5 分 （3）整机调试二次不成功，扣 5 分	25 分		
5	安全文明生产	按生产规程操作	违反安全文明生产规程，扣 10~30 分			
6	定额工时	4h	每超 5 分钟（不足 5 分钟以 5 分钟计）扣 10 分			
起始时间			合计	100 分		
结束时间			教师签字	年　月　日		

【知识拓展】

数据处理功能指令的应用

一、数据传送指令

（一）单个数据传送

单个数据传送指令格式见表 1-16。

表 1-16　单个数据传送指令格式

LAD	STL	功能
MOV_B（EN, ENO, ????-IN, OUT-????）；MOV_W（EN, ENO, ????-IN, OUT-????）；MOV_DW（EN, ENO, ????-IN, OUT-????）	MOV IN，OUT	//IN=OUT

功能：使能输入(EN)有效时，把从输入(IN)中的字节、字、双字数据传送到输出(OUT)的字节、字或双字中。

(二) 数据块传送

字节、字或双字的 N 个数据成组传送指令格式见表 1-17。

表 1-17　字节、字和双字的 N 个数据成组传送指令格式

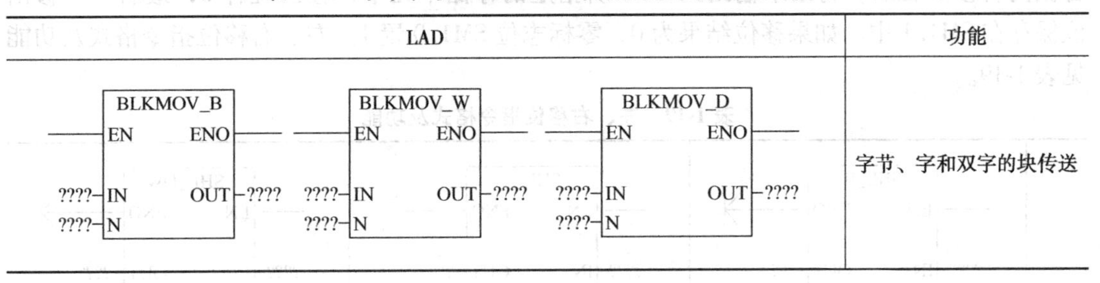

LAD	功能
BLKMOV_B / BLKMOV_W / BLKMOV_D	字节、字和双字的块传送

功能：使能输入(EN)有效时，把从输入(IN)字节开始的 N 个数据传送到以输出(OUT)开始的 N 个字节、字或双字中。

(三) 字节交换/字填充指令

字节交换/字填充指令格式见表 1-18。

表 1-18　字节交换/字填充指令格式

LAD	STL	功能
SWAP: EN ENO, ????-IN FILL_N: EN ENO, ????-IN OUT-????, ????-N	SWAP IN FILL IN，OUT，N	字节交换 字填充

1. 字节交换指令(SWAP IN)

字节交换指令用来实现字的高低字节交换的功能。

使能输入(EN)有效时，将输入字(IN)的高、低字节交换的结果输出到(OUT)存储器单元。

2. 字填充指令(FILL IN,OUT,N)

字填充指令用于存储器区域的填充。

使能输入(EN)有效时，字型输入数据(IN)填充到输出(OUT)指定单元开始的 N 个字存储单元。N(BYTE)的数据范围为 1~255。

二、移位和循环移位指令

移位指令分为左、右移位指令和循环左、右移位指令及移位寄存器指令三大类。前两类移位指令按移位数据的长度又分字节型、字型、双字型三种。

1. 左、右移位指令

(1) 左移位指令(SHL)　使能输入有效时，将输入 IN 的无符号数字节、字或双字中的各位向左移 N 位后(右端补 0)，将结果输出到 OUT 所指定的存储单元中，如果移位次数大于 0，最后一个移出位保存在“溢出”存储器位 SM1.1 中。如果移位结果为 0，零标志位 SM1.0 置 1。

(2) 右移位指令(SHR)　使能输入有效时，将输入 IN 的无符号数字节、字或双字中的各位向右移 N 位后，将结果输出到 OUT 所指定的存储单元中，移出位补 0，最后一个移出位保存在 SM1.1 中。如果移位结果为 0，零标志位 SM1.0 置 1。左、右移位指令格式及功能见表 1-19。

表 1-19　左、右移位指令格式及功能

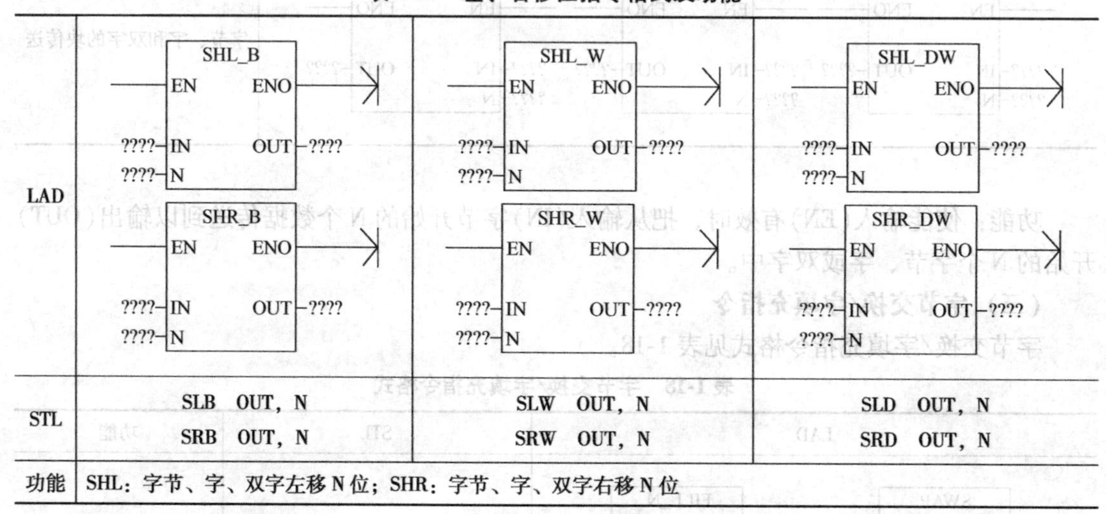

LAD	SHL_B: EN ENO; ????-IN OUT-????; ????-N SHR_B: EN ENO; ????-IN OUT-????; ????-N	SHL_W: EN ENO; ????-IN OUT-????; ????-N SHR_W: EN ENO; ????-IN OUT-????; ????-N	SHL_DW: EN ENO; ????-IN OUT-????; ????-N SHR_DW: EN ENO; ????-IN OUT-????; ????-N
STL	SLB　OUT, N SRB　OUT, N	SLW　OUT, N SRW　OUT, N	SLD　OUT, N SRD　OUT, N
功能	SHL：字节、字、双字左移 N 位；SHR：字节、字、双字右移 N 位		

2. 循环左、右移位指令

循环移位将移位数据存储单元的首尾相连，同时又与溢出标志 SM1.1 连接，SM1.1 用来存放被移出的位。

(1) 循环左移位指令(ROL)　使能输入有效时，将 IN 输入无符号数(字节、字或双字)循环左移 N 位后，将结果输出到 OUT 所指定的存储单元中，移出的最后一位的数值送溢出标志位 SM1.1。当需要移位的数值是零时，零标志位 SM1.0 为 1。

(2) 循环右移位指令(ROR)　使能输入有效时，将 IN 输入无符号数(字节、字或双字)循环右移 N 位后，将结果输出到 OUT 所指定的存储单元中，移出的最后一位的数值送溢出标志位 SM1.1。当需要移位的数值是零时，零标志位 SM1.0 为 1。表 1-20 为循环左、右移位指令格式及功能。

【例 1-4】　用 I0.0 控制接在 Q0.0~Q0.7 上的 8 个彩灯循环移位，从左到右以 0.5s 的速度依次点亮，保持任意时刻只有一个指示灯亮，到达最右端后，再从左到右依次点亮。

分析：8 个彩灯循环移位控制，可以用字节的循环移位指令。根据控制要求，首先应置彩灯的初始状态为 QB0=1，即左边第一盏灯亮；接着灯从左到右以 0.5s 的速度依次点亮，即要求字节 QB0 中的“1”用循环左移位指令，每 0.5s 移动一位，因此须在 ROL-B 指令的 EN 端接一个 0.5s 的移位脉冲(可用定时器指令实现)。梯形图程序和语句表程序如图 1-46 所示。

表 1-20　循环左、右移位指令格式及功能

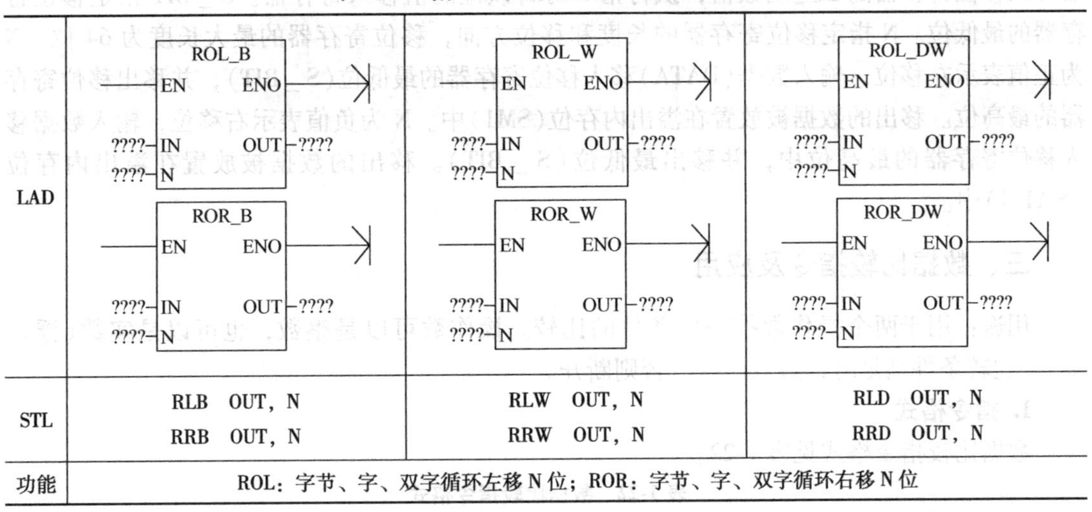

LAD	ROL_B: EN ENO; ????-IN OUT-????; ????-N ROR_B: EN ENO; ????-IN OUT-????; ????-N	ROL_W: EN ENO; ????-IN OUT-????; ????-N ROR_W: EN ENO; ????-IN OUT-????; ????-N	ROL_DW: EN ENO; ????-IN OUT-????; ????-N ROR_DW: EN ENO; ????-IN OUT-????; ????-N
STL	RLB　OUT，N RRB　OUT，N	RLW　OUT，N RRW　OUT，N	RLD　OUT，N RRD　OUT，N
功能	ROL：字节、字、双字循环左移 N 位；ROR：字节、字、双字循环右移 N 位		

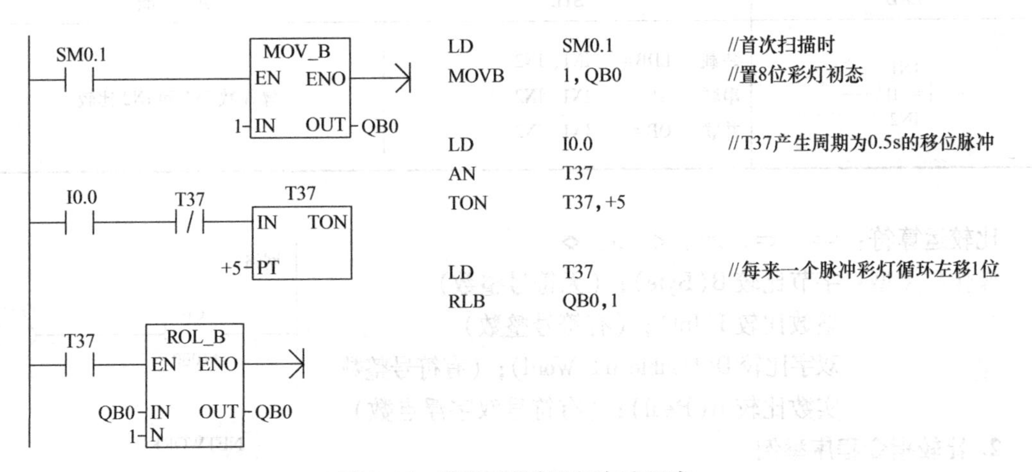

图 1-46　梯形图程序和语句表程序

3. 移位寄存器指令(SHRB)

移位寄存器指令是可以指定移位寄存器的长度和移位方向的移位指令。其指令格式见表 1-21。

表 1-21　移位寄存器指令格式

LAD	STL	功　能
SHRB: EN ENO; ??.?-DATA; ??.?-S_BIT; ????-N	SHRB DATA，S_BIT，N	寄存器移位

移位寄存器指令 SHRB 将 DATA 数值移入移位寄存器。梯形图中，EN 为使能输入端，连接移位脉冲信号，每次使能有效时，整个移位寄存器移动 1 位。DATA 为数据输入端，连

接移入移位寄存器的二进制数值，执行指令时将该位的值移入寄存器。S _ BIT 指定移位寄存器的最低位。N 指定移位寄存器的长度和移位方向，移位寄存器的最大长度为 64 位，N 为正值表示左移位，输入数据(DATA)移入移位寄存器的最低位(S _ BIT)，并移出移位寄存器的最高位。移出的数据被放置在溢出内存位(SM1)中。N 为负值表示右移位，输入数据移入移位寄存器的最高位中，并移出最低位(S _ BIT)。移出的数据被放置在溢出内存位(SM1.1)中。

三、数据比较指令及应用

用途：用于两个操作数按一定条件的比较。操作数可以是整数，也可以是实数(浮点数)。比较条件满足时，触点闭合，否则断开。

1. 指令格式

数据比较指令格式见表 1-22。

表 1-22 数据比较指令格式

LAD	STL	功　能
IN1 —┤==B├— IN2	装载　LDB=　IN1, IN2 串联　AB=　IN1, IN2 并联　OB=　IN1, IN2	操作数 IN1 和 IN2 比较

比较运算符：=、<=、>=、<、>、<>

操作数类型：字节比较 B(Byte)；(无符号整数)

整数比较 I(Int)；(有符号整数)

双字比较 D(Double Int/Word)；(有符号整数)

实数比较 R(Real)；(有符号双字浮点数)

2. 比较指令程序举例

【例 1-5】 计数器 C0 的当前值大于或等于 1000 时，输出线圈 Q0.0 通电(整数 I(16 位)比较指令)，程序如图 1-47 所示。

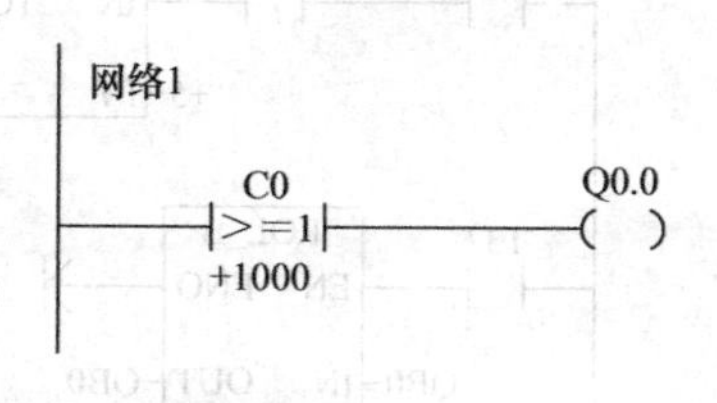

NETWORK 1

LDW>=　C0, +1000

=　Q0.0

图 1-47 比较指令程序

四、数据转换指令及应用

转换指令是对操作数的类型进行转换，并输出到指定的目标地址中去。转换指令包括数据类型转换指令、数据的编码和译码指令以及字符串类型转换指令。

数据类型有字节、字整数、双字整数、实数。西门子公司的 PLC 对 BCD 码和 ASCII 字符型数据的处理能力也很强。不同的功能指令对操作数的要求不同。类型转换指令可将固定的一个数据用到不同类型要求的指令中，而不必对数据进行针对类型的重复输入。

1. BCD 码与整数之间的转换

BCD 码与整数之间的转换是双向的。BCD 码与整数类型转换的指令格式见表 1-23。

表 1-23　BCD 码与整数类型转换的指令格式

LAD	STL	功　能
BCD_I EN　ENO ????-IN　OUT-????	BCDI IN，OUT	使能输入有效时，将 BCD 码输入数据转换成整数 INT 类型，并将结果送到 OUT 输出
I_BCD EN　ENO ????-N　OUT-????	IBCD IN，OUT	使能输入有效时，将整数 INT 输入数据转换成 BCD 码类型，并将结果送到 OUT 输出

说明：

1. IN、OUT 为字型数据，操作数寻址范围为 IW，QW，MW，SW，SMW，T，C，VW，AIW，LW，AC，常数，*VD，*AC，*LD。
2. 梯形图中，IN 和 OUT 可指同一元器件，以节省元件。若 IN 和 OUT 操作数地址指的不同元件，在执行指令时，分成下面两条指令来操作：
   MOV IN，OUT
   BCDI OUT
3. 若 IN 指定的源数据格式不正确，则 SM1.6 置 1。
4. 数据 IN 指定的范围是 0~9999。

2. 字节与字整数之间的转换

字节型数据是无符号整数，字节与字整数之间转换的指令格式见表 1-24。

表 1-24　字节与字整数之间转换的指令格式

LAD	STL	功　能
B_I EN　ENO ????-IN　OUT-????	BTI　IN，OUT	使能输入有效时，将字节（B）输入数据转换成整数（INT）类型，并将结果送到 OUT 输出
I_B EN　ENO ????-IN　OUT-????	ITB IN，OUT	使能输入有效时，将整数（INT）输入数据转换成字节（B）类型，并将结果送到 OUT 输出

说明：

1. IN、OUT 数据类型一个为字节型数据，一个为字整数。字节型数据寻址范围为 IB，QB，MB，SB，SMB，VB，LB，AC，常数，*VD，*AC，*LD。字整数操作数寻址范围为 IW，QW，MW，SW，SMW，T，C，VW，AIW，LW，AC，常数，*VD，*AC，*LD。
2. 使能流输出 ENO 断开的出错条件：SM4.3（运行期间），0006（间接寻址出错）。
3. 整数转换到字节的指令 ITB 中，输入数据的大小为 0~255，若超出这个范围，则会造成溢出，使 SM1.1=1。

3. 整数与双字整数之间的转换

整数（16 位）与双字整数（32 位）类型转换的指令格式见表 1-25。

表 1-25　字型整数与双字整数类型转换的指令格式

LAD	STL	功　能
DI_I EN ENO ????-IN OUT-????	DTI IN，OUT	使能输入有效时，将双字整数输入数据转换成整数(INT)类型，并将结果送到 OUT 输出
I_DI EN ENO ????-IN OUT-????	ITD IN，OUT	使能输入有效时，将整数(INT)输入数据转换成双字整数类型，并将结果送到 OUT 输出

说明：
1. IN、OUT 数据类型一个为双字整型数据，一个为字整数。双字整型数据寻址范围为 ID，QD，MD，SD，SMD，VD，LD，AC，HC，常数，＊VD，＊AC，＊LD。字整数操作数寻址范围为 IW，QW，MW，SW，SMW，T，C，VW，AIW，LW，AC，常数，＊VD，＊AC，＊LD。
2. 使能流输出 ENO 断开的出错条件：SM4.3(运行期间)，0006(间接寻址出错)。
3. 双字整数转换到整数的指令 DTI 中，若输入数据超出范围，则会造成溢出，使 SM1.1＝1。

4. 双字整数与实数之间的转换

双字整数与实数的类型转换的指令格式见表 1-26。

表 1-26　双字整数与实数的类型转换的指令格式

LAD	STL	功　能
ROUND EN ENO ????-IN OUT-????	ROUND IN，OUT	使能输入有效时，将实数输入数据 IN 转换成双字整数类型，并将结果送到 OUT 输出
TRUNC EN ENO ????-IN OUT-????	TRUNC IN，OUT	使能输入有效时，将 32 位实数转换成 32 位有符号整数输出，只有实数的整数部分被转换
DI_R EN ENO IN OUT	DTR IN，OUT	使能输入有效时，将双字整数输入数据 IN 转换成实数类型，并将结果送到 OUT 输出

说明：
1. IN、OUT 数据类型都为双字整型数据，双字整型数据寻址范围为 ID，QD，MD，SD，SMD，VD，LD，AC，HC，常数，＊VD，＊AC，＊LD。实数操作数寻址范围为 ID，QD，MD，SD，SMD，VD，LD，AC，常数，＊VD，＊AC，＊LD。
2. 使能流输出 ENO 断开的出错条件：SM1.1(溢出)，SM4.3(运行期间)，0006(间接寻址出错)。
3. 实数转换到双字整数的过程中，输入数据超出范围，则会造成溢出，使 SM1.1＝1。
4. ROUND 和 TRUNC 都能将实数转换成整数。但前者将小数部分四舍五入，转换成整数，而后者将小数部分直接舍去取整。

五、数据的编码和译码指令

编码过程就是把字型数据中最低有效位的位号进行编码，而译码过程是将执行数据所表示的位号对所指定单元的字型数据的对应位置 1。数据的编码和译码指令包括编码指令、译码指令和七段显示译码指令。

（一）编码指令

编码指令的指令格式见表 1-27。

表 1-27　编码指令的指令格式

LAD	STL	功　能
ENCO EN　ENO ????-IN　OUT-????	ENCO IN，OUT	使能输入有效时，将字型输入数据最低有效位（值为 1 的位）的位号输入到 OUT 所指定的字节单元的低 4 位（二进制数）

说明：

1. IN、OUT 数据类型分别为 WORD、BYTE，操作数寻址范围分别为 IW，QW，MW，SW，SMW，T，C，VW，AIW，LW，AC，常数，＊VD，＊AC，＊LD 以及 IB，QB，MB，SB，SMB，VB，LB，AC，常数，＊VD，＊AC，＊LD。
2. 使能流输出 ENO 断开的出错条件：SM1.1（溢出），SM4.3（运行期间），0006（间接寻址出错）。

（二）译码指令

译码指令的指令格式见表 1-28。

表 1-28　译码指令的指令格式

LAD	STL	功　能
DECO EN　ENO ????-IN　OUT-????	DECO IN，OUT	使能输入有效时，将字节型输入数据 IN 的低 4 位（二进制数）所表示的位号对 OUT 所指定字单元的对应位置 1，其他位复 0

说明：

1. IN、OUT 数据类型分别为 BYTE、WORD，操作数寻址范围分别为 IB，QB，MB，SB，SMB，VB，LB，AC，常数，＊VD，＊AC，＊LD 以及 IW，QW，MW，SW，SMW，T，C，VW，AIW，LW，AC，常数，＊VD，＊AC，＊LD。
2. 使能流输出 ENO 断开的出错条件：SM1.1（溢出），SM4.3（运行期间），0006（间接寻址出错）。

（三）七段显示译码指令

七段显示译码指令的指令格式见表 1-29。

表 1-29　七段显示译码指令的指令格式

LAD	STL	功　能
SEG EN　ENO ????-IN　OUT-????	SEG IN，OUT	使能输入有效时，将字节型输入数据的低 4 位有效数字产生相应的七段显示码，并将其输出到 OUT 指定的单元

说明：

1. IN、OUT 数据类型分别为 BYTE，操作数寻址范围分别为 IB，QB，MB，SB，SMB，VB，LB，AC，常数，＊VD，＊AC，＊LD。
2. 使能流输出 ENO 断开的出错条件：SM1.1（溢出），SM4.3（运行期间），0006（间接寻址出错）。
3. 七段显示数码管 *g*、*f*、*e*、*d*、*c*、*b*、*a* 的位置关系和数字 0~9、字母 A~F 与七段显示码的对应关系见表 1-30。

表 1-30 七段显示码的对应关系

IN	OUT . g f e d c b a	段码显示	IN	OUT . g f e d c b a
0	0 0 1 1 1 1 1 1	a b c d e f g	8	0 1 1 1 1 1 1 1
1	0 0 0 0 0 1 1 0		9	0 1 1 0 0 1 1 1
2	0 1 0 1 1 0 1 1		A	0 1 1 1 0 1 1 1
3	0 1 0 0 1 1 1 1		B	0 1 1 1 1 1 0 0
4	0 1 1 0 0 1 1 0		C	0 0 1 1 1 0 0 1
5	0 1 1 0 1 1 0 1		D	0 1 0 1 1 1 1 0
6	0 1 1 1 1 1 0 1		E	0 1 1 1 1 0 0 1
7	0 0 0 0 0 1 1 1		F	0 1 1 1 0 0 0 1

每段置 1 时亮，置 0 时暗。与其对应的 8 位编码(最高位补 0)称为七段显示码。

(四) 字符串转换指令

将标准字符编码 ASCII 码字符串与十六进制数、整数、双整数及实数之间进行转换。字符串转换指令的指令格式见表 1-31。

表 1-31 字符串转换指令的指令格式

LAD	STL	功 能
ATH EN ENO ????-IN OUT-???? ????-LEN	ATH IN，OUT，LEN	使能输入有效时，把从 IN 字符开始，长度为 LEN 的 ASCII 码字符串转换成十六进制数放在从 OUT 开始的存储区
HTA EN ENO IN OUT LEN	HTA IN，OUT，LEN	使能输入有效时，把从 IN 字符开始，长度为 LEN 的十六进制数转换成 ASCII 码字符串放在从 OUT 开始的存储区
ITA EN ENO ????-IN OUT-???? ????-FMT	ITA IN，OUT，FMT	使能输入有效时，整数转换成一个 ASCII 码字符串。FMT 指定小数点右侧的转换精确度，以及是否将小数点显示为逗号还是点号，转换结果置于从 OUT 开始的 8 个连续字节中。ASCII 字符数组总是 8 个字符
DTA EN ENO IN OUT FMT	DTA IN，OUT，FMT	使能输入有效时，双字整数转换成一个 ASCII 码字符串
RTA EN ENO IN OUT FMT	RTA IN，OUT，FMT	使能输入有效时，实数转换成一个 ASCII 码字符串

说明：

1. IN、OUT 操作数寻址范围分别为字节、字、双字及实数。
2. 可进行转换的 ASCII 码为 0~9、A~F 的编码。

六、算术运算、逻辑运算指令

算术运算指令包括加、减、乘、除运算指令和常用的数学函数变换指令，逻辑运算指令包括逻辑与、或指令和取反指令等。

（一）算术运算指令

1. 加/减运算指令

加/减运算指令是对符号数的加/减运算操作，包括整数加/减运算、双整数加/减运算和实数加/减运算。

加减指令盒由指令类型、使能端 EN、操作数输入端（IN1、IN2）、运算结果输出端（OUT）、逻辑结果输出端 ENO 等组成。

加/减运算指令格式见表 1-32。

表 1-32　加/减运算指令格式

LAD			功　能
ADD_I EN ENO ????-IN1 OUT-???? ????-IN2	ADD_DI EN ENO ????-IN1 OUT-???? ????-IN2	ADD_R EN ENO ????-IN1 OUT-???? ????-IN2	IN1+IN2=OUT
SUB_I EN ENO ????-IN1 OUT-???? ????-IN2	SUB_DI EN ENO ????-IN1 OUT-???? ????-IN2	SUB_R EN ENO ????-IN1 OUT-???? ????-IN2	IN1-IN2=OUT

2. 乘/除运算指令

乘/除运算指令是对符号数的乘/除运算操作，包括整数乘/除运算、双整数乘/除运算和实数乘/除运算。

乘/除指令盒由指令类型、使能端 EN、操作数输入端（IN1、IN2）、运算结果输出端（OUT）、逻辑结果输出端 ENO 等组成。

乘/除运算指令格式见表 1-33。

表 1-33　乘/除运算指令格式

LAD				功　能
MUL_I EN ENO ????-IN1 OUT-???? ????-IN2	MUL_DI EN ENO ????-IN1 OUT-???? ????-IN2	MUL EN ENO ????-IN1 OUT-???? ????-IN2	MUL_R EN ENO ????-IN1 OUT-???? ????-IN2	乘法运算
DIV_I EN ENO ????-IN1 OUT-???? ????-IN2	DIV_DI EN ENO ????-IN1 OUT-???? ????-IN2	DIV EN ENO ????-IN1 OUT-???? ????-IN2	DIV_R EN ENO ????-IN1 OUT-???? ????-IN2	除法运算

MUL _ I/DIV _ I 为整数乘/除运算，MUL _ DI/DIV _ DI 为双整数乘/除运算，MUL _ R/DIV _ R 为实数乘/除运算；MUL/DIV 为整数乘/除，结果为双整数输出(低商、高余)。

指令执行的结果：乘法 IN1×IN2=OUT

除法 IN1/IN2=OUT

3. 算术运算指令功能分析

(1) 整数加/减/乘/除运算(ADD I/SUB I/MUL I/DIV I) 使能EN输入有效时，将两个单字长(16位)符号整数(IN1和IN2)相加/减/乘/除，产生一个单字长(16位)整数结果，然后将运算结果送OUT指定的存储单元输出。

(2) 双整数加/减/乘/除运算(ADD DI/SUB DI/MUL DI/DIV DI) 使能EN输入有效时，将两个双字长(32位)符号整数(IN1和IN2)相加/减/乘/除，产生一个双字长(32位)整数结果，然后将运算结果送OUT指定的存储单元输出。

(3) 整数乘/除、双整数输出运算(MUL/DIV) 使能EN输入有效时，将两个单字长(16位)符号整数(IN1和IN2)相乘/除，产生一个双字长(32位)整数结果，然后将运算结果送OUT(积/商)指定的存储单元输出。整数除法产生的32位结果中低16位是商，高16位是余数。

(4) 实数加/减/乘/除运算(ADD R/SUB R/MUL R/DIV R) 使能EN输入有效时，将两个双字长(32位)符号整数(IN1和IN2)相加/减/乘/除，产生一个双字长(32位)整数结果，然后将运算结果送OUT指定的存储单元输出。

4. 操作数寻址范围

操作数IN1、IN2、OUT的数据类型根据加/减/乘/除运算指令功能分为INT/WORD、DINT、REAL，其寻址范围与整数、双字整数和实数一致。

5. 加/减/乘/除运算对标志位的影响

1) 算术状态位(特殊标志位)加/减/乘/除运算指令执行的结果影响特殊存储器位：SM1.0(零)，SM1.1(溢出)，SM1.2(负)，SM1.3(被零除)。

2) 使能流输出ENO断开的出错条件：SM1.1(溢出)，SM4.3(运行期间)，0006(间接寻址出错)。

(二) 数学函数变换指令

平方根/自然对数/指数指令格式见表1-34。

表1-34 平方根/自然对数/指数指令格式

LAD	STL	功能
SQRT: EN ENO; ????-IN OUT-????	SQRT IN, OUT	求平方根指令 SQRT(IN)=OUT
LN: EN ENO; ????-IN OUT-????	LN IN, OUT	求(IN)自然对数指令 LN(IN)=OUT

（续）

LAD	STL	功 能
EXP: EN ENO; ????-IN OUT-????	EXP IN, OUT	求(IN)的指数指令 EXP(IN)=OUT

平方根（自然对数、指数）指令是把一个双字长（32 位）的实数（IN）开二次方（取自然对数、取以 e 为底的指数），得到 32 位的实数运算结果，通过 OUT 指定的存储器单元输出。

利用自然对数指令和指数指令可求解任意函数的 x 次方（$y^x=e^{x\ln y}$）。

例如：7 的 4 次方：7^4=EXP(LN 7 ＊(4))=2401

（三）三角函数

三角函数指令格式见表 1-35。

表 1-35 三角函数指令格式

LAD	STL	功 能
SIN: EN ENO; ????-IN OUT-???? COS: EN ENO; ????-IN OUT-???? TAN: EN ENO; ????-IN OUT-????	SIN IN, OUT COS IN, OUT TAN IN, OUT	sin(IN)=OUT cos(IN)=OUT tan(IN)=OUT

功能：一个双字长（32 位）的实数弧度值取正弦、余弦、正切。

（四）对标志位的影响及操作数的寻址范围

1）平方根/自然对数/指数/三角函数运算指令执行的结果影响特殊存储器位：SM1.0（零），SM1.1（溢出），SM1.2（负），SM1.3（被零除）。

2）使能流输出 ENO=0 的错误条件是：SM1.1（溢出），SM4.3（运行时间），0006（间接寻址）。

3）IN、OUT 操作数的数据类型为 REAL，寻址范围有相应的规定。

（五）增 1/减 1 计数

增 1/减 1 计数指令用于自增、自减操作，以实现累加计数和循环控制等程序的编制。

增 1/减 1 计数指令格式见表 1-36。

表 1-36 增 1/减 1 计数指令格式

LAD	功 能
INC_B: EN ENO; ????-IN OUT-???? INC_W: EN ENO; ????-IN OUT-???? INC_DW: EN ENO; ????-IN OUT-???? DEC_B: EN ENO; ????-IN OUT-???? DEC_W: EN ENO; ????-IN OUT-???? DEC_DW: EN ENO; ????-IN OUT-????	字节、字、双字增 1 OUT+1=OUT 字节、字、双字减 1OUT-1=OUT

（六）逻辑运算指令

逻辑运算指令用于对无符号数进行的逻辑处理，主要包括逻辑与、逻辑或、逻辑异或和取反等运算指令。操作数长度可分为字节、字、双字逻辑运算。IN1、IN2、OUT数据类型：B、W、DW，寻址范围按相应类型寻址。

逻辑运算指令格式见表1-37。

表1-37　逻辑运算指令格式

LAD				功　能
WAND_B EN ENO ????-IN1 OUT-???? ????-IN2	WOR_B EN ENO ????-IN1 OUT-???? ????-IN2	WXOR_B EN ENO ????-IN1 OUT-???? ????-IN2	INV_B EN ENO ????-IN OUT-????	与、或、异或、取反

与（或、异或）指令功能：使能输入有效时，把两个字节（字、双字）的输入数据按位相与（或、异或），得到的一个字节（字、双字）逻辑运算结果，送到OUT指定的存储器单元输出。

取反指令功能：使能输入有效时，将一个字节（字、双字）的输入数据按位取反，得到的一个字节（字、双字）逻辑运算结果，送到OUT指定的存储器单元输出。

【工程训练】

训练一：设计一个单台电动机两地控制的PLC控制系统，电动机两地控制系统电路图如图1-48所示。

控制要求为：操作人员能够在不同的两地A和B对电动机M进行起动、停止控制。当按下电动机M的起动按钮SB3或SB4时，电动机M起动运转；当按下停止按钮SB1或SB2时，电动机M停止运转。试把控制电路用PLC程序代替。

训练二：试设计3台电动机顺序控制的梯形图程序。控制要求为：按下起动按钮SB1，电动机M1起动，10s后电动机M2起动，又经过8s电动机M3自动起动；按下停止按钮SB2，电动机M3立即停止，5s后电动机M2自动停止，又经过4s电动机M1自动停止。

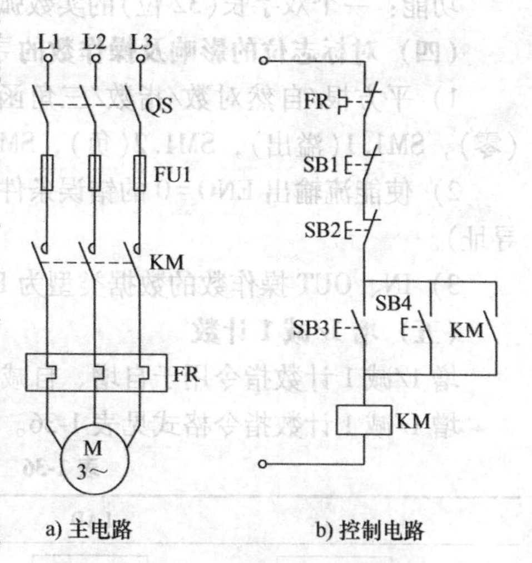

图1-48　三相异步电动机单方向运行的两地控制电路图

项目二

三相交流异步电动机正反转运行的 PLC 控制

项目名称	三相交流异步电动机正反转运行的 PLC 控制	参考学时	6 学时
项目引入	在诸如机床电气控制电路等实际应用中，三相异步电动机的正反转控制电路作为基本的控制环节，应用得很广泛。在传统的继电器-接触器控制系统中，正反转控制电路一般都采用接触器联锁、按钮联锁或双重联锁来实现控制。不管是采用以上哪种控制电路，在实际的使用中都存在安全隐患。尤其在电动机正反转换接时，有可能因为电动机的容量较大或操作不当等原因，使接触器的主触点产生较严重的燃弧现象，如果电弧还未完全熄灭就将反转的接触器主触点闭合，就会造成电源间的相间短路，从而导致严重事故的发生。显然传统的继电器-接触器控制电路已不能适应现代工业自动化的高标准、严要求。为了解决传统控制电路中的安全隐患，提高系统的可靠性，可以采用可编程序控制器(PLC)进行电路的改造，应用 PLC 技术改进电动机的正反转控制，在现代工业控制领域中具有非常重要的实用价值和现实意义。		
项目目标	通过本项目的实际训练，使学生掌握以下的知识： 掌握根据实际要求设计 PLC 外围电路的方法； 会根据实际控制要求设计简单的梯形图； 会应用联锁电路解决一些实际问题； 掌握 PLC 控制电动机正反转与继电器-接触器控制正反转的区别。 通过该项目的训练，培养学生以下能力： 培养学生解决问题、分析问题的能力； 知识的综合运用能力； 具有良好的工艺意识、标准意识、质量意识、成本意识，达到初步的 CDIO 工程项目的实践能力。		
项目要求	完成三相交流异步电动机正反转运行的 PLC 控制的程序设计，包括： 根据需求选择合适型号的 PLC 及硬件、画出 PLC 外部接线图； 掌握 PLC 控制电动机正反转的编程技巧和设计方法； 独立完成整机安装和调试； 根据系统调试出现的情况，修改相关设计； 完成工作台自动往返 PLC 控制电路的设计。		
(CDIO) 项目实施	构思(C)：项目构思与任务分解，学习相关知识，制订出工作计划及工艺流程，建议参考学时为 1 学时； 设计(D)：学生分组设计项目方案，建议参考学时为 1 学时； 实现(I)：绘图、元器件安装与布线，建议参考学时为 3 学时； 运行(O)：调试运行与项目评价，建议参考学时为 1 学时。		

【项目构思】

三相交流异步电动机正反转运行的 PLC 控制项目来源于工地上起重机吊钩的上升与下

降、生产企业里机床工作台的前进与后退等，通过对异步电动机的正反转控制使工业设备实现正反向运动，此项目应用范围广，具有实际应用价值。

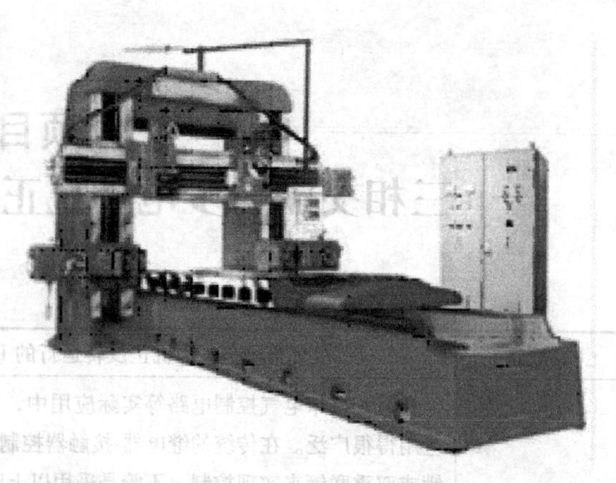

教师首先下发项目工单，布置本项目需要完成的任务及控制要求，介绍本项目的应用情况，进行项目分析，引导学生分析 PLC 控制电动机正反转运行与继电器-接触器控制系统的区别。引导学生完成项目所需的知识、能力及软硬件准备。讲解 PLC 运动控制指令、学习编写程序的经验设计法、继电器转换为梯形图的设计步骤。

学生进行小组分工，明确项目工作任务，团队成员讨论项目如何实施，进行任务分解，学习完成项目所需的知识，查找三相交流异步电动机正反转运行 PLC 控制的相关资料，制订项目实施工作计划、制订出工艺流程，然后进行编程设计、安装与调试。

项目实施教学方法建议为项目引导法、小组教学法、案例教学法、启发式教学法、实物教学法。

本项目工单见表 2-1。

表 2-1　项目二的项目工单

课程名称	PLC 控制系统的设计与应用						总学时	84
项目二	三相交流异步电动机正反转运行的 PLC 控制						本项目 参考学时	6
班级		组别		团队负责人		团队成员		
项目描述	通过本项目的训练，进一步熟悉 PLC 的基本位操作指令、编程注意事项及编程技巧，掌握 PLC 软件的基本功能及使用方法，掌握用 PLC 指令进行互锁控制的编程方法，为三相交流异步电动机正反转运行的 PLC 控制项目实施打下基础。设计项目计划并进行决策，制订出合理的设计方案，然后选择合适的器件和线材，准备好工具和耗材，与他人合作进行电动机点动和长动控制电路的 PLC 程序设计并安装、调试，调试成功后再进行综合评价。具体任务如下： 1. 三相异步电动机正反转运行的 PLC 控制外部接线图的绘制； 2. 程序编制及程序调试； 3. 选择元器件、导线及耗材； 4. 元器件的检测及安装、布线； 5. 整机调试并排除故障； 6. 带负载运行。							
相关资料 及资源	PLC、编程软件、编程手册、教材、实训指导书、视频录像、PPT 课件、电气安装工艺及标准等。							
项目成果	1. 电动机正反转 PLC 控制电路板； 2. CDIO 项目报告； 3. 评价表。							

（续）

注意事项	1. 遵守布线要求； 2. 每组在通电试车前一定要经过指导教师的允许才能通电； 3. 安装调试完毕后先断电源后断负载； 4. 严禁带电操作； 5. 安装完毕及时清理工作台，工具归位。
引导性问题	1. 你已经准备好完成三相异步电动机正反转的 PLC 控制的所有资料了吗？如果没有，还缺少哪些？应该通过哪些渠道获得？ 2. 在完成本项目前，你还缺少哪些必要的知识？如何解决？ 3. 你选择哪种方法进行编程？ 4. 在进行安装前，你准备好器材了吗？ 5. 在安装接线时，你选择导线的规格多大？根据什么进行选择？ 6. 你采取什么措施来保证制作质量，符合制作要求吗？ 7. 在安装和调试过程中，你会用到哪些工具？ 8. 在安装完毕后，你所用到的工具和仪器是否已经归位？

一、三相交流异步电动机正反转运行的 PLC 控制项目分析

在生产过程中，往往要求电动机能够实现正反两个方向的转动，如起重机吊钩的上升与下降、机床工作台的前进与后退等。由电动机原理可知，只要把电动机的三相电源进线中的任意两相对调，就可改变电动机的转向。因此正反转控制电路实质上是两个方向相反的单相运行电路，为了避免误动作引起电源相间短路，必须在这两个相反方向的单向运行电路中加设必要的互锁。按照电动机可逆运行操作顺序的不同，就有了“正-停-反”和“正-反-停”两种控制电路。图 2-1 是三相交流异步电动机双重互锁正反转继电器-接触器控制电路的原理，那么用 PLC 如何实现对它的控制呢？

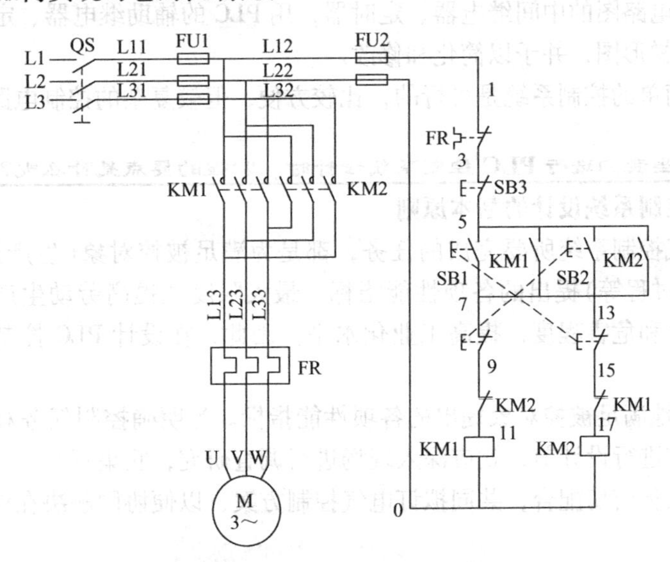

图 2-1　三相交流异步电动机正反转电气控制电路原理图

让我们首先了解一下 PLC 程序相关的知识吧！

二、三相交流异步电动机正反转运行的 PLC 控制相关知识

可编程序控制器的一个重要特点是一旦选择好机型后，就可以同步进行系统设计和现场施工。因此，在了解 PLC 的基本工作原理及掌握了该机型的指令系统和编程原则后，就可以把 PLC 应用在实际的工程项目中。

想一想：我们用什么方法进行 PLC 程序设计呢？

（一）PLC 程序设计常用的方法

1. 经验设计法

经验设计法即在一些经典的控制电路程序的基础上，根据被控制对象的具体要求，进行选择组合，并多次反复调试和修改梯形图，有时需增加一些辅助点和中间环节，才能达到控制要求。

这种方法没有规律可遵循，设计所用的时间和设计质量与设计者的经验有很大的关系，所以称为经验设计法。

经验设计法用于较简单的梯形图设计。应用经验设计法必须熟记一些经典的控制电路，如前面已经介绍过的起—保—停电路和下面将要介绍的交流电动机正反转电路等。

2. 继电器控制电路转为梯形图法

继电器控制电路转为梯形图设计方法的主要步骤如下：

1）熟悉现有的继电器控制电路。

2）对照 PLC 的 I/O 端子接线图，将继电器电路图上的控制器件（如接触器线圈、指示灯、电磁阀等）换成接线图上对应的输出点的编号，将电路图上的输入装置（如传感器、按钮、行程开关等）触点都换成对应的输入点的编号。

3）将继电器电路图的中间继电器、定时器，用 PLC 的辅助继电器、定时器来代替。

4）画出全部梯形图，并予以简化和修改。

这种方法对简单的控制系统是可行的，比较方便，但较复杂的控制电路就不适用了。

再想一想：当我们进行 PLC 控制系统设计时，掌握的要点是什么呢？

（二）PLC 控制系统设计的基本原则

任何一个电气控制系统所要完成的任务，都是为满足被控对象（生产控制设备、自动化生产线、生产工艺过程等）提出的各项性能指标，最大限度地提高劳动生产率，保证产品质量，减轻劳动强度和危害程度，提高工业化水平。因此，在设计 PLC 控制系统时，应遵循如下基本原则。

1）最大限度地满足被控对象提出的各项性能指标。为明确控制任务和控制系统应有的功能，设计人员在进行设计前，就应深入现场进行调查研究，收集资料，与机械部分的设计人员和实际操作人员密切配合，共同拟订电气控制方案，以便协同解决在设计过程中出现的各种问题。

2）确保控制系统的安全可靠。电气控制系统的可靠性就是生命线，不能安全可靠工作的电气控制系统是不可能长期投入生产运行的。尤其是在以提高产品数量和质量，保证生产

安全为目标的应用场合，必须将可靠性放在首位，甚至构成冗余控制系统。

3）力求控制系统简单。在能够满足控制要求和保证可靠工作的前提下，应力求控制系统构成简单。只有构成简单的控制系统才具有经济性、实用性的特点，才能做到使用方便和维护容易。

4）留有适当的裕量。考虑到生产规模的扩大、生产工艺的改进、控制任务的增加以及维护方便的需要，要充分利用可编程序控制器易于扩充的特点，在选择 PLC 的容量(包括存储器的容量、机架插槽数、I/O 点的数量等)时，应留有适当的裕量。

想一想

学生通过搜集资料、小组讨论，制定完成本项目的项目构思工作计划单，填写在表 2-2 中。

表 2-2　三相交流异步电动机正反转运行的 PLC 控制项目构思工作计划单

<table>
<tr><td colspan="6">项目构思工作计划单</td></tr>
<tr><td colspan="2">项　　目</td><td colspan="3"></td><td>学时：</td></tr>
<tr><td colspan="2">班　　级</td><td colspan="4"></td></tr>
<tr><td>组　　长</td><td></td><td>组　　员</td><td colspan="3"></td></tr>
<tr><td>序号</td><td colspan="2">内　　容</td><td colspan="2">人员分工</td><td>备　　注</td></tr>
<tr><td></td><td colspan="2"></td><td colspan="2"></td><td></td></tr>
<tr><td></td><td colspan="2"></td><td colspan="2"></td><td></td></tr>
<tr><td></td><td colspan="2"></td><td colspan="2"></td><td></td></tr>
<tr><td></td><td colspan="2"></td><td colspan="2"></td><td></td></tr>
<tr><td></td><td colspan="2"></td><td colspan="2"></td><td></td></tr>
<tr><td></td><td colspan="2"></td><td colspan="2"></td><td></td></tr>
<tr><td colspan="2">学生确认</td><td colspan="2"></td><td>日期</td><td></td></tr>
</table>

【项目设计】

教师指导学生进行三相交流异步电动机正反转运行的 PLC 控制项目设计；并进行分析、答疑；启发引导学生从经济性、合理性和适用性进行项目方案的设计，要考虑项目的成本，反复修改方案，点评修订并确定最终设计方案。

学生分组讨论设计三相交流异步电动机正反转运行的 PLC 控制项目方案。学生从多个角度、根据工作特点和工作要求制订的方案计划，并讨论各个方案的合理性、可行性与经济性，判断各个方案的综合优劣，进行方案决策，并最终确定实施计划，分配好每个人的工作任务，择优选取出合理的设计方案，完成项目设计方案。经过分组讨论设计，项目的最优设计方案如图 2-2 所示。

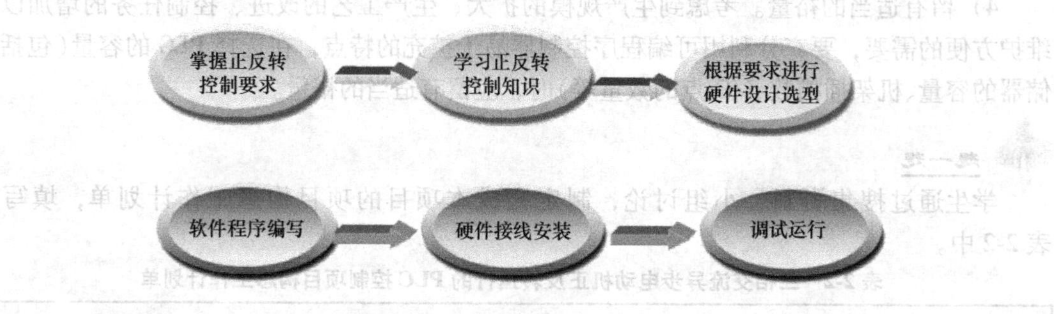

图 2-2　项目的最优设计方案

做一做

一、三相交流异步电动机正反转运行的 PLC 硬件设计

1）根据控制要求选择 PLC 外部输入/输出设备：

输入设备：正转起动按钮 SB1
　　　　　反转起动按钮 SB2
　　　　　停止按钮 SB3
　　　　　热继电器常闭触点 FR

输出设备：正转接触器线圈 KM1
　　　　　反转接触器线圈 KM2

2）PLC I/O 端口分配并选型：

输入信号：正转起动按钮 SB1：I0. 0
　　　　　反转起动按钮 SB2：I0. 1
　　　　　停止按钮 SB3：I0. 2
　　　　　FR 常闭触点：I0. 3

输出信号：正转接触器线圈：Q0. 0
　　　　　反转接触器线圈：Q0. 1

3）画出 PLC 外部接线图。三相交流异步电动机正反转运行的 PLC 外部接线图如图 2-3 所示。

做一做

二、三相交流异步电动机正反转运行的 PLC 程序编制

设计思路：采用继电器-接触器转换的方法进行设计。

程序设计。根据要求，三相异步电动机正反转运行的 PLC 控制梯形图如图 2-4 所示。在输入信号 I0. 0 中，若 I0. 0 先接通，Q0. 0 自保持，使 Q0. 0 有输出，同时 Q0. 0 的常闭触

点断开，即 I0.1 再接通，也不能使 Q0.1 动作，故 Q0.1 无输出。若 I0.1 先接通，则情形与前述相反。因此在控制环节中，该电路可实现信号互锁。

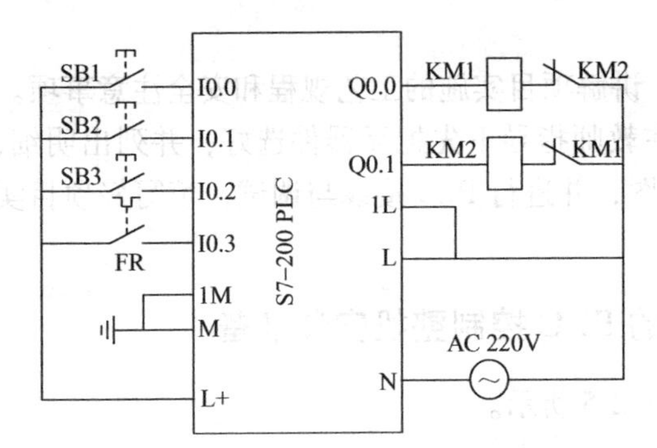

图 2-3　三相交流异步电动机正反转运行的 PLC 外部接线图

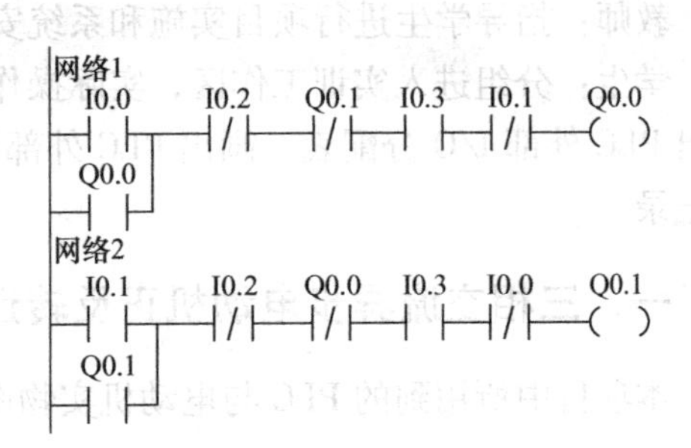

图 2-4　三相异步电动机正反转运行的 PLC 控制梯形图

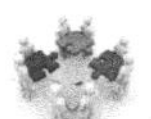

做一做：同学们要记得填写如下项目设计记录单啊！

三相交流异步电动机正反转运行的 PLC 控制项目设计记录单见表 2-3。

表 2-3　三相交流异步电动机正反转运行的 PLC 控制项目设计记录单

课程名称	PLC 控制系统的设计与应用			总学时	84
项目一	三相交流异步电动机正反转运行的 PLC 控制			参考学时	
班级		团队负责人		团队成员	
项目设计方案一					
项目设计方案二					
项目设计方案三					
最优方案					
电气图					
设计方法					
相关资料及资源	实训指导书、视频录像、PPT 课件、电气安装工艺及职业资格考试标准等				

【项目实现】

教师：指导学生进行项目实施和系统安装，讲解项目实施的工艺规程和安全注意事项。

学生：分组进入实训工作区，实际操作，在教师指导下先把元器件选好，并列出明细，列出 PLC 外部 I/O 分配表，画出 PLC 外部接线图，并进行 PLC 接线与调试，填写好项目实施记录。

一、三相交流异步电动机正反转运行的 PLC 控制整机安装准备

本项目中所用到的 PLC 与电动机实物图如图 2-5 所示。

图 2-5　PLC 与电动机实物图

1. 工具

测试笔、螺钉旋具、斜口钳、尖嘴钳、剥线钳、电工刀等。

2. 仪表

绝缘电阻表、万用表、钳形电流表。

3. 器材

1）控制板一块(包括所用的低压电器)。

2）导线及规格：主电路导线由电动机容量确定；控制电路一般采用截面积为 0.5mm^2 的铜芯导线(RV)；要求主电路与控制电路导线的颜色必须有明显区别。

3）备好编码套管。

做一做

二、三相交流异步电动机正反转运行的 PLC 控制安装步骤及工艺要求

1. 选配并检验元器件和电气设备

1）配齐电气设备和元器件，并逐个检验其规格和质量。

2）根据电动机的容量、线路走向及要求和各元器件的安装尺寸，正确选配导线的规格和数量、接线端子板、控制板和紧固件等。

2. 安装元器件

在控制板上固定卡轨和元器件，并做好与原理图相同的标记。

3. 布线

按接线图在控制板上进行线槽软线布线，并在导线端部套上编码套管，号码与原理图一致。导线的走向要合理，尽量不要有交叉和架空。

填写出本项目实现工作记录单，见表 2-4。

表 2-4　项目实现工作记录单

课程名称				总学时	84
项目名称				参考学时	
班级		团队负责人		团队成员	
项目工作情况					
项目实施遇到的问题					
相关资料及资源					
执行标准或工艺要求					
注意事项					
备注					

【项目运行】

教师：指导学生进行正反转程序调试与系统调试、运行，讲解调试运行的注意事项及安全操作规程，并对学生的成果进行评价。

学生：检查三相交流异步电动机正反转 PLC 控制电路任务的完成情况，在教师指导下进行调试与运行，发现问题及时解决，直到调试成功为止。分析不足，汇报学习、工作心得，展示工作成果；对项目完成情况进行总结，完成项目报告。

一、三相交流异步电动机正反转运行的 PLC 控制程序调试及运行

（一）程序录入、下载

1）打开 STEP 7-Micro/WIN 应用程序，新建一个项目，选择 CPU 类型为 CPU 226，打

开程序块中的主程序编辑窗口，录入上述程序，如图 2-6 所示。

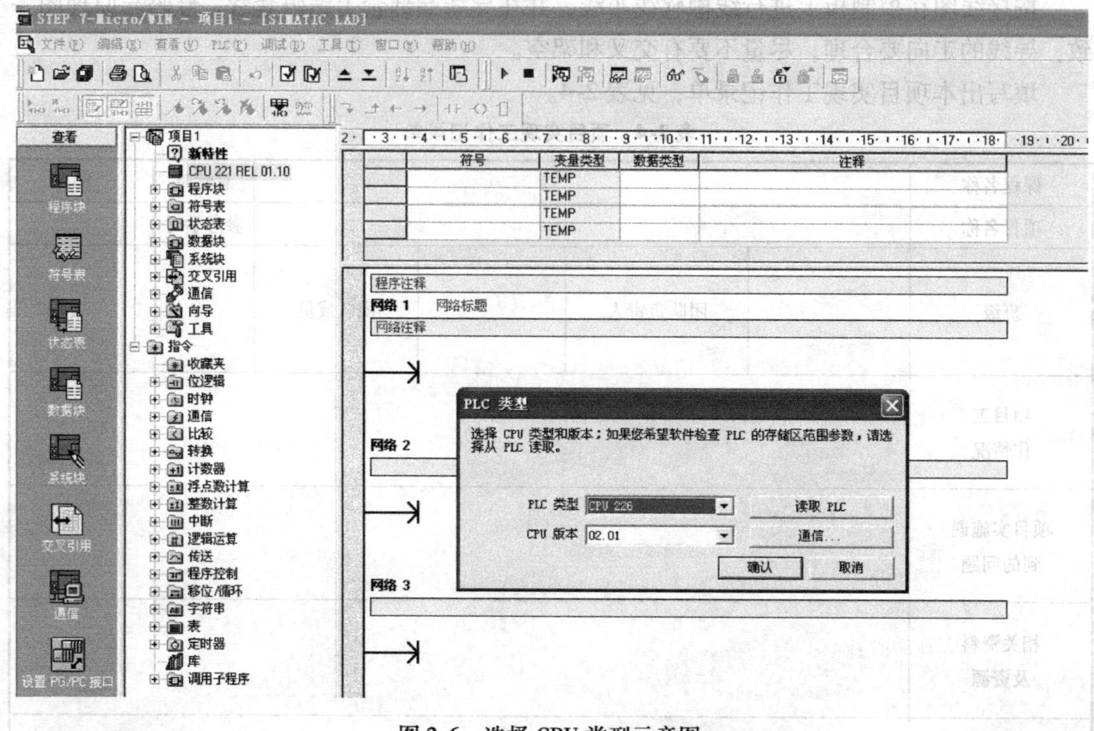

图 2-6　选择 CPU 类型示意图

2）录入完程序后单击其工具按钮进行编译，当状态栏提示程序没有错误，且检测 PLC 与计算机的连接正常、PLC 工作正常时，便可下载程序了，如图 2-7 所示。

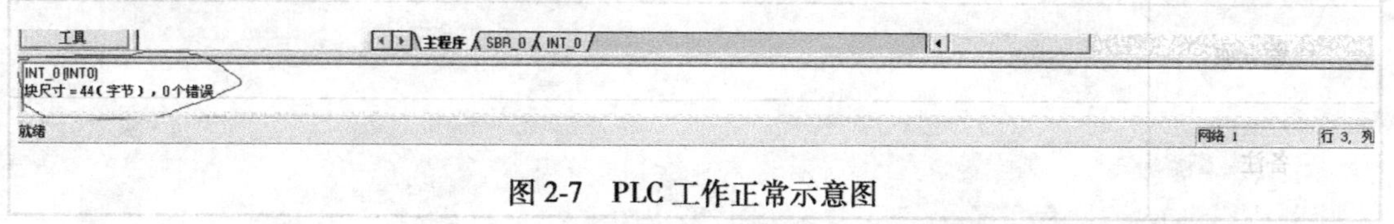

图 2-7　PLC 工作正常示意图

3）单击下载按钮后，程序所包含的程序块、数据块、系统块自动下载到 PLC 中，如图 2-8 所示。

图 2-8　下载程序示意图

（二）程序调试运行

当下载完程序后，需要对程序进行调试。PLC 有两种工作方式，即 RUN（运行）模式与 STOP（停止）模式。在 RUN 模式下，通过执行反映控制要求的用户程序来实现控制功能。在 CPU 模块的面板上用“RUN” LED 显示当前工作模式。在 STOP 模式下，CPU 不执行用户程序，可以用编程软件创建和编辑用户程序，设置 PLC 的硬件功能，并将用户程序和硬件设置信息下载到 PLC。如果有严重错误，在消除它之前不允许从 STOP 模式进入 RUN 模式。

CPU 模块上的开关在 STOP 位置时，将停止用户程序的运行。

要通过 STEP 7-Micro/WIN 软件控制 S7-200 PLC 模式开关必须设置为“TERM”或“RUN”。单击工具条上的“运行”按钮或执行菜单命令“PLC”→“运行”，会出现一个对话框提示是否切换运行模式，单击“确认”按钮即可。

（三）程序的监控

在运行 STEP 7-Micro/WIN 的计算机与 PLC 之间建立通信，执行菜单命令“调试”→“开始程序监控”，或单击工具条中的按钮，可以用程序状态功能监视程序运行的情况。

运用监视功能，在程序打开状态下，观察 PLC 运行时程序执行过程中各元器件的工作状态及运行参数的变化。

二、三相交流异步电动机正反转运行的 PLC 控制整机调试及运行

调试前先检查所有元器件的技术参数设置是否合理，若不合理则重新设置。

先空载调试，此时不接电动机，观察 PLC 输入/输出端子对应的指示灯是否亮及接触器是否吸合。

然后带负载调试，接上电动机，观察电动机运行情况。

调试成功后，先拆掉负载，再拆掉电源。清理工作台和工具，填写记录单，见表 2-5。

表 2-5　项目二的项目运行记录单

课程名称	PLC 控制系统的设计与应用				总学时	84
项目名称					参考学时	
班级		团队负责人		团队成员		
项目构思是否合理						
项目设计是否合理						
项目实现遇到了哪些问题						
项目运行时故障点有哪些？						
调试运行是否正常						
备注						

三、三相交流异步电动机正反转运行的 PLC 控制项目验收

项目完成后，应对各组完成情况进行验收和评定，具体验收指标包括：

1）硬件设计。包括 I/O 点数确定、PLC 选型及接线图的绘制。

2）软件设计。

3）程序调试。

4）整机调试。

三相交流异步电动机正反转运行的 PLC 控制考核要求及评分标准见表 2-6。

表 2-6　三相交流异步电动机正反转运行的 PLC 控制考核要求及评分标准

序号	考核内容	考核要求	评分标准	配分	扣分	得分
1	正反转控制系统硬件设计	根据继电器-接触器控制电路确定 PLC 的 I/O 点数	(1) 点数确定得过少，扣 10 分 (2) 点数确定得过多，扣 5 分 (3) 不能确定点数，扣 10 分	25 分		
2	PLC 选型及外部接线图的绘制并接线	根据 I/O 点数选择 PLC 型号，画接线图并正确接线	(1) PLC 型号选择不能满足控制要求，扣 10 分 (2) 接线图绘制错误，扣 5 分 (3) 接线错误，扣 10 分	25 分		
3	软件程序编写调试	根据控制要求编制梯形图程序并调试运行	(1) 程序编制错误，扣 10 分 (2) 程序繁琐，扣 5 分 (3) 程序编译错误，扣 10 分	25 分		
4	结合硬件控制系统进行程序调试和整机联调	用软件输入程序监控调试；运行设备整机调试	(1) 程序调试监控错误，扣 10 分 (2) 整机调试一次不成功，扣 5 分 (3) 整机调试二次不成功，扣 5 分	25 分		
5	安全文明生产	按生产规程操作	违反安全文明生产规程，扣 10~30 分			
6	定额工时	4h	每超 5 分钟(不足 5 分钟以 5 分钟计)扣 10 分			
起始时间			合计	100 分		
结束时间			教师签字	年　　月　　日		

让我们一起开阔视野吧！

【知识拓展】

想一想：PLC 程序控制与继电器-接触器控制的区别是什么呢？

一、PLC 控制系统与继电器-接触器控制系统的区别

PLC 控制系统与继电器-接触器控制系统相比，有许多相似之处，也有许多不同。不同之处主要有以下几个方面：

1）从控制方法上看，继电器-接触器控制系统控制逻辑采用硬件接线，利用继电器机械触点的串联或并联等组合成控制逻辑，其连线多且复杂、体积大、功耗大，系统构成后，想再改变或增加功能较为困难。另外，继电器的触点数量有限，所以继电器-接触器控制系统的灵活性和可扩展性受到很大限制。而 PLC 采用了计算机技术，其控制逻辑是以程序的方

式存放在存储器中，要改变控制逻辑只需改变程序，因而很容易改变或增加系统功能。系统连线少、体积小、功耗小，而且 PLC 中所谓的“软继电器”实质上是存储器单元的状态，所以“软继电器”的触点数量是无限的，PLC 系统的灵活性和可扩展性好。

2）从工作方式上看，在继电器-接触器控制电路中，当电源接通时，电路中所有继电器、接触器都处于受制约状态，即该吸合的继电器、接触器都同时吸合，不该吸合的继电器、接触器受某种条件限制而不能吸合，这种工作方式称为并行工作方式。而 PLC 的用户程序是按一定顺序循环执行，所以各软继电器都处于周期性循环扫描接通中，受同一条件制约的各个软继电器的动作次序决定于程序扫描顺序，这种工作方式称为串行工作方式。

3）从控制速度上看，继电器-接触器控制系统依靠机械触点的动作以实现控制，工作频率低，机械触点还会出现抖动问题。而 PLC 通过程序指令控制半导体电路来实现控制，速度快，程序指令执行时间在微秒级，且不会出现触点抖动问题。

4）从定时和计数控制上看，继电器-接触器控制系统采用时间继电器的延时动作进行时间控制，时间继电器的延时时间易受环境温度和温度变化的影响，定时精度不高。而 PLC 采用半导体集成电路作定时器，时钟脉冲由晶体振荡器产生，精度高，定时范围宽，用户可根据需要在程序中设定定时值，修改方便，不受环境的影响，且 PLC 具有计数功能，而继电器-接触器控制系统一般不具备计数功能。

5）从可靠性和可维护性上看，由于继电器-接触器控制系统使用了大量的机械触点，其存在机械磨损、电弧烧伤等，寿命短，系统的连线多，所以可靠性和可维护性较差。而 PLC 大量的开关动作由无触点的半导体电路来完成，其寿命长、可靠性高，PLC 还具有自诊断功能，能查出自身的故障，随时显示给操作人员，并能动态地监视控制程序的执行情况，为现场调试和维护提供了方便。

请设计一个自动往复的 PLC 控制系统！

二、设计一个工作台自动往复的 PLC 控制系统

工作台自动往复的继电器-接触器电路原理图如图 2-9 所示。

（1）I/O 端口分配　根据控制要求，I/O 端口分配情况见表 2-7。

表 2-7　I/O 端口分配表

输入/输出	PLC 地址	电气符号	功 能 说 明
输入	I0.0	SB1	停止按钮，常开触点
	I0.1	SB2	正转起动按钮，常开触点
	I0.2	SB3	反转起动按钮，常开触点
	I0.3	SQ1	前进终端返回行程开关，常开触点
	I0.4	SQ2	后退终端返回行程开关，常开触点
	I0.5	SQ3	前进终端安全保护行程开关，常开触点
	I0.6	SQ4	后退终端安全保护行程开关，常开触点
	I0.7	FR	热继电器常闭触点
输出	Q0.0	KM1	正转接触器线圈
	Q0.1	KM2	反转接触器线圈

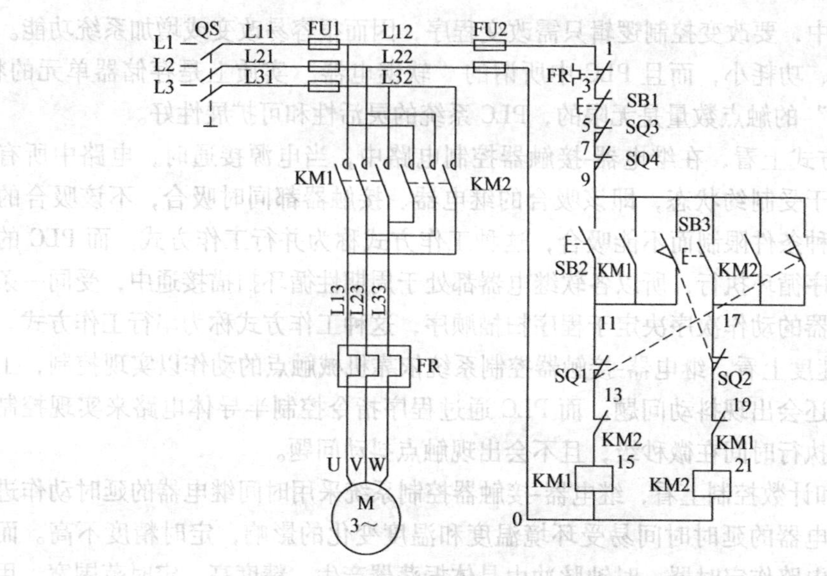

图 2-9 工作台自动往复的继电器-接触器电路原理图

(2) 接线图 工作台自动往复的PLC控制系统外部接线图如图2-10所示。

(3) 程序设计 设计思路如下：

1) 按正转起动按钮SB2(I0.1)，Q0.0通电并自锁。

2) 按反转起动按钮SB3(I0.2)，Q0.1通电并自锁。

3) 正、反转起动按钮和前进、后退终端返回行程开关的常闭触点相互串接在对方的线圈回路中，形成联锁的关系。

4) 前进、后退终端安全行程开关动作时，电动机M停止运行。

5) 工作台自动往复的PLC控制系统梯形图如图2-11所示。

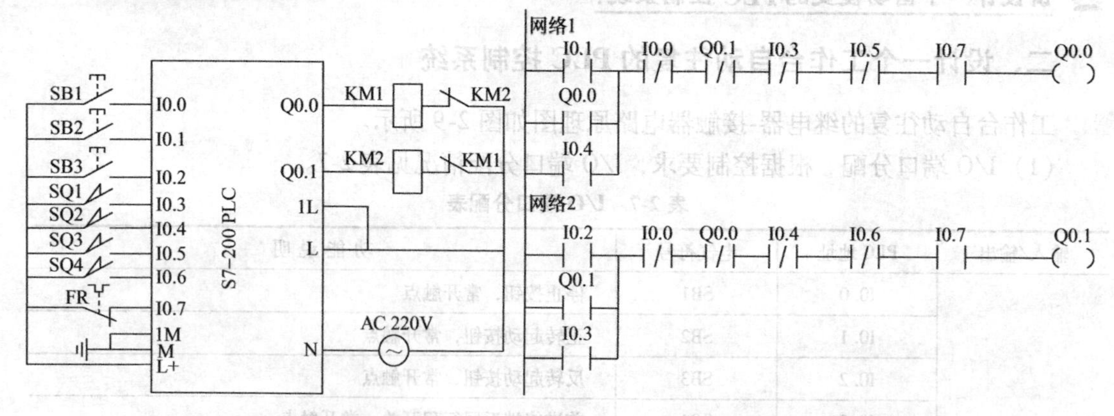

图 2-10 工作台自动往复的PLC控制系统外部接线图

图 2-11 工作台自动往复的PLC控制系统梯形图

做一做：应用所学知识设计一个抢答器PLC控制系统吧！

三、设计一个抢答器的PLC控制系统

控制要求：有3组抢答台和一位主持人，每个抢答台上各有一个抢答按钮和一盏抢答指

示灯。参赛者在可以抢答时，第一个按下抢答按钮的抢答台上的指示灯将会亮，且释放抢答按钮后，指示灯仍然亮，此后另外两个抢答台上即使再按各自的抢答按钮，其指示灯也不会亮。这样主持人就可以轻易地知道谁是第一个按下抢答器的。该题抢答结束后，主持人按下主持台上的复位按钮，则指示灯熄灭，又可以进行下一题的抢答比赛。

(1) I/O 端口分配　根据控制要求，I/O 端口分配情况见表 2-8。

表 2-8　I/O 端口分配表

输入信号			输出信号		
PLC 地址	电气符号	功能说明	PLC 地址	电气符号	功能说明
I0.0	SB1	主持人复位按钮，常开触点	Q0.1	HL1	1#指示灯
I0.1	SB2	1#抢答按钮，常开触点	Q0.2	HL2	2#指示灯
I0.2	SB3	2#抢答按钮，常开触点	Q0.3	HL3	3#指示灯
I0.3	SB4	3#抢答按钮，常开触点			

(2) 接线图　抢答器的 PLC 控制器的 PLC 控制系统外部接线图如图 2-12 所示。

(3) 程序设计　抢答器的 PLC 控制系统梯形图如图 2-13 所示，本控制程序的关键在于：抢答器指示灯的“自锁”功能，即当某一抢答台抢答成功后，即使释放其抢答按钮，其指示灯仍然亮，直至主持人进行复位灯才熄灭；3 个抢答台之间的“互锁”功能，即只要有一个抢答台灯亮，另外两个抢答台上即使再按各自的抢答按钮，其指示灯也不会亮。

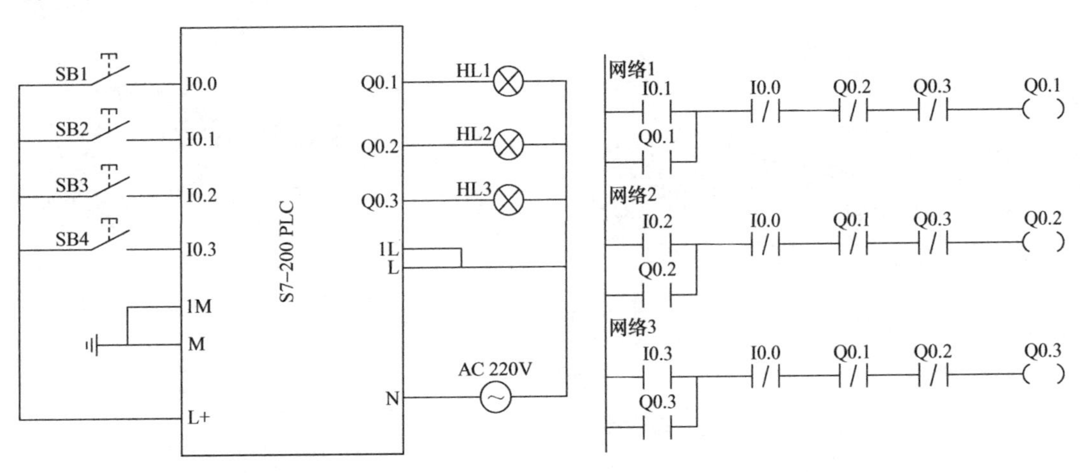

图 2-12　抢答器的 PLC 控制器的 PLC 控制系统外部接线图

图 2-13　抢答器的 PLC 控制系统梯形图

应用本项目所学如何进行工程训练呢？我们来试一试。

【工程训练】

设计钻床主轴多次进给控制。钻床主轴多次进给控制示意图如图 2-14 所示。

要求：该机床进给由液压驱动。电磁阀 DT1 得电主轴前进，失电后退。同时，还用电

磁阀 DT2 控制前进及后退速度，得电快速，失电慢速。

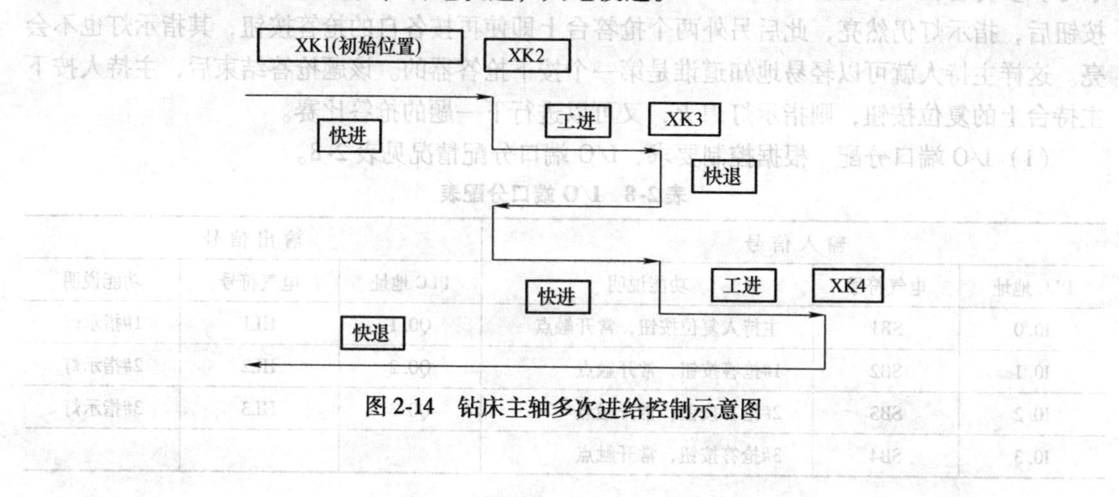

图 2-14　钻床主轴多次进给控制示意图

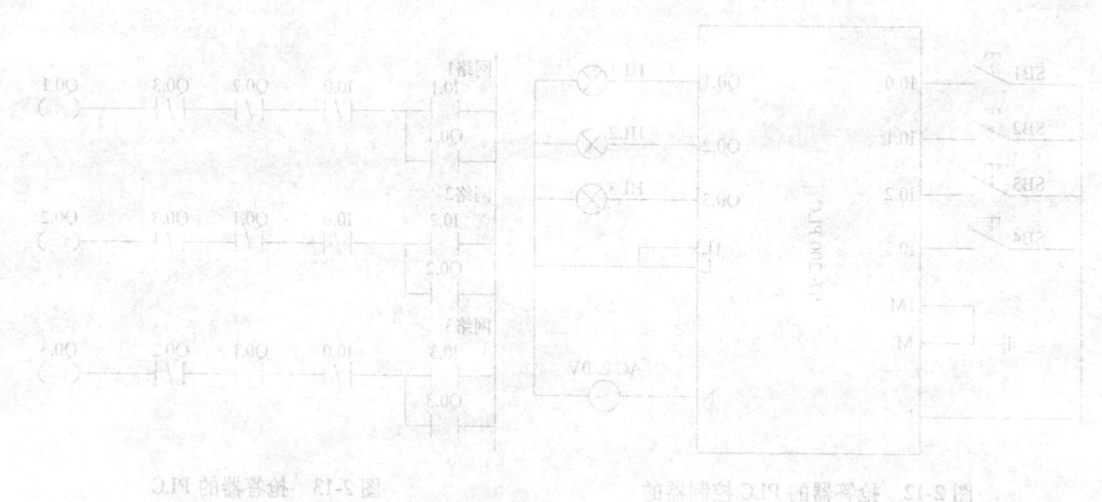

项目三
三相交流异步电动机Y-△减压起动的PLC控制

项目名称	三相交流异步电动机Y-△减压起动的PLC控制	参考学时	8学时
项目引入	工业中机械设备的动力大多由三相交流异步电动机提供，其容量从几十瓦到几千瓦。在拖动过程中，三相交流异步电动机直接起动时起动电流较大，对容量较大的电动机，会使电网电压严重下跌，不仅使电动机起动困难、缩短寿命，而且影响其他用电设备的正常运行。因此，在工业上较大容量的电动机需采用减压起动，其中Y-△减压起动以其操作简便、附加设备少、起动平稳的优点被广泛应用于各种行业，例如中小型的轧钢设备、各种机床、各种轻工业中的动力装备、矿山上的卷扬机和鼓风机、水泵和其他副产品加工机械。		
项目目标	通过本项目的实际训练，使学生掌握以下的知识： 进一步熟悉并掌握S7-200系列PLC的基本指令； 掌握PLC的编程技巧； 学会使用西门子PLC的定时器和计数器，掌握正确的编程方法； 掌握PLC常用的编程方法； 掌握整机的安装与调试。 通过该项目的训练，培养学生以下能力： 信息获取、资料收集整理能力； 会使用万用表、绝缘电阻表等测量工具和常用的安装、调试工具与仪器； 具备PLC初步编程的能力； 具备解决问题、分析问题能力和知识的综合运用能力； 具有良好的工艺意识、标准意识、质量意识、成本意识，达到初步的CDIO工程项目的实践能力。		
项目要求	根据系统控制要求，写出I/O分配表，正确设计出外部接线图； 根据控制要求选择PLC的编程方法； 使用定时器指令完成系统控制功能； 根据控制要求正确编制、输入和传输PLC程序； 独立完成整机安装和调试； 根据系统调试出现的情况，修改相关设计。		
(CDIO) 项目实施	构思(C)：项目构思与任务分解，学习相关知识，制订出工作计划及工艺流程，建议参考学时为1学时； 设计(D)：学生分组设计项目方案，建议参考学时为2学时； 实现(I)：绘图、元器件安装与布线，建议参考学时为4学时； 运行(O)：调试运行与项目评价，建议参考学时为1学时。		

【项目构思】

电动机直接起动时起动电流较大，对容量较大的电动机，会使电网电压严重下跌，不仅使电动机起动困难、缩短寿命，而且影响其他用电设备的正常运行。因此，在工业上较大容量的电动机需采用减压起动。T619 卧式镗床是工业上常用的机床之一，为减小起动电流，其主轴电动机即采用Y-△减压起动控制方式。本项目以 T619 卧式镗床的主轴电动机Y-△减压起动的 PLC 控制为实例，使学生进一步熟悉 PLC 基本指令，并能够用定时器指令完成 PLC 程序控制。

项目实施教学方法建议为项目引导法、小组教学法、案例教学法、启发式教学法、实物教学法。

教师首先下发项目工单，布置本项目需要完成的任务及控制要求，介绍本项目的应用情况，进行项目分析，引导学生分析 PLC 控制电动机Y-△减压起动与继电器-接触器控制系统的区别；引导学生完成项目所需准备的知识、能力及软硬件；讲解 S7-200 PLC 的定时器指令和使用定时器编写程序等相关知识。

学生进行小组分工，明确项目工作任务，团队成员讨论项目如何实施，进行任务分解，学习完成项目所需的知识，查找三相交流异步电动机Y-△减压起动 PLC 控制的相关资料，制订项目实施工作计划、制订出工艺流程。本项目工单见表 3-1。

表 3-1　项目三的项目工单

课程名称	PLC 控制系统的设计与应用					总学时	84
项目三	三相交流异步电动机Y-△减压起动的 PLC 控制					本项目参考学时	8
班级		组别		团队负责人		团队成员	
项目描述	通过本项目的实际训练，掌握 PLC 的定时器指令和Y-△减压起动硬件组成，能用基本位指令和定时器进行时间控制的编程，掌握 PLC 定时器指令的编程方法、编程注意事项及编程技巧，掌握定时器和计数器的扩展方法，为三相交流异步电动机Y-△减压起动 PLC 控制项目的实现打下基础，进一步提高学生的 CDIO 工程项目的实践能力、团队合作精神、语言表达能力和职业素养。具体任务如下： 1. 三相异步电动机Y-△减压起动的 PLC 控制外部接线图的绘制； 2. 程序编制及程序调试； 3. 选择元器件、导线及耗材； 4. 元器件的检测及安装、布线； 5. 整机调试并排除故障； 6. 带负载运行。						
相关资料及资源	PLC、编程软件、编程手册、教材、实训指导书、视频录像、PPT 课件、电气安装工艺及标准等。						
项目成果	1. 电动机Y-△减压起动 PLC 控制电路板； 2. CDIO 项目报告； 3. 评价表。						
注意事项	1. 遵守布线要求； 2. 每组在通电试车前一定要经过指导教师的允许才能通电； 3. 安装调试完毕后先断电源后断负载； 4. 严禁带电操作； 5. 安装完毕及时清理工作台，工具归位。						

（续）

引导性问题	1. 你已经准备好完成三相异步电动机Y-△减压起动 PLC 控制的所有资料了吗？如果没有，还缺少哪些？应该通过哪些渠道获得？ 2. 在完成本项目前，你还缺少哪些必要的知识？如何解决？ 3. 你选择哪种方法进行编程？ 4. 在进行安装前，你准备好器材了吗？ 5. 在安装接线时，你选择导线的规格多大？根据什么进行选择？ 6. 你采取什么措施来保证制作质量，符合制作要求吗？ 7. 在安装和调试过程中，你会用到哪些工具？ 8. 在安装完毕后，你所用到的工具和仪器是否已经归位？

一、三相交流异步电动机Y-△减压起动的 PLC 控制项目分析

T619 卧式镗床是现在加工行业普遍使用的一种集机、电、液等先进技术于一体的加工设备，结合了镗床和铣床的功能，适用于半精加工和精加工，也可以用于粗加工，其具有镗孔、钻孔、铣削、切槽等加工功能，其加工效率高、精度好，是冶金、能源、电力等行业用于汽轮机、发电机和重型机械等大型零件加工的理想设备。T619 卧式镗床如图 3-1 所示。

T619 卧式镗床的主轴电动机运动是机床的主运动，为镗轴的旋转运动。为了适应各种形式和各种工件的加工，要求镗床的主轴有较宽的调速范围，因此多采用由双速笼型异步电动机拖动的滑移齿轮有级变速系统。在起动时，先将电动机的定子绕组接成星形，使电动机每相绕组承受的电压为电源的相电压，是额定电压的 $1/\sqrt{3}$，起动电流是三角形直接起动的 1/3；当转速上升到接近额定转速时，再将定子绕组的接线方式改接成三角形，电动机就进入全电压正常运行状态。典型的继电器-接触器电气控制电路如图 3-2 所示。

图 3-1　T619 卧式镗床

该电路由三个接触器、一个热继电器、一个时间继电器和两个按钮组成。接触器 KM1 用于引入电源，接触器 KM3 和 KM2 分别用于Y减压起动和△运行，时间继电器 KT 用于控制Y减压起动时间和完成Y-△自动切换。SB2 是起动按钮，SB1 是停止按钮，FU 作主电路的短路保护，FR 作过载保护。

工作原理如下：先合上电源开关 QS。

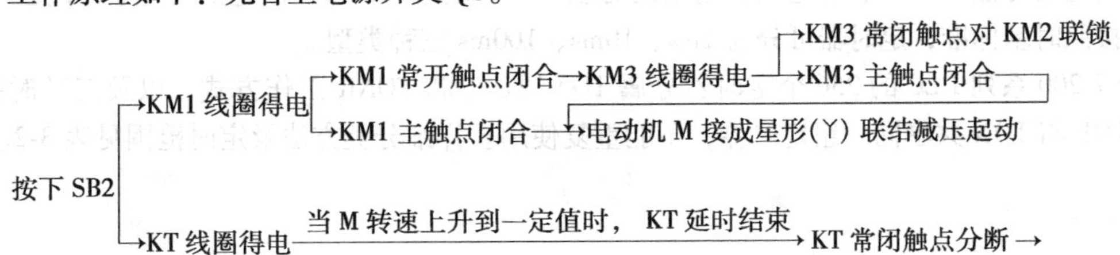

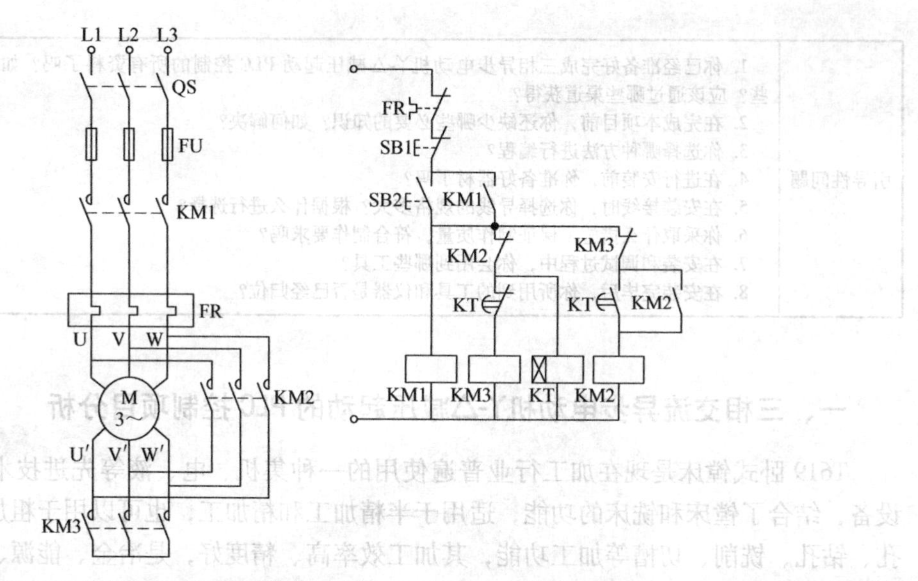

图 3-2　三相交流异步电动机Y-△减压起动控制电路图

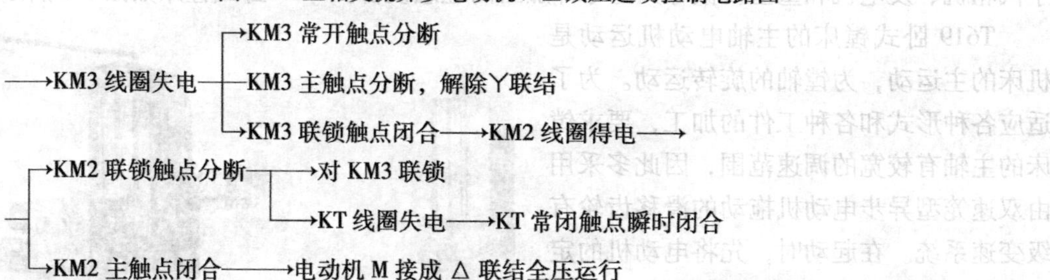

继电器-接触器控制电路完全由硬件搭建，器件之间的连线较复杂，出现故障后维修较麻烦，因此现在的机床设备逐渐改用 PLC 进行控制，不但可以简化电路，而且更易于维修与维护。通过本项目的训练，使学生进一步掌握 PLC 基本指令；掌握利用定时器指令控制 PLC 控制系统延时的方法；熟练掌握 PLC I/O 接口的分配；能够制订、实施工作计划；具有信息获取、资料收集整理能力。

让我们首先了解一下定时器吧！

二、三相交流异步电动机Y-△减压起动的 PLC 控制相关知识

1. 定时器及定时器指令

S7-200 PLC 的定时器为增量型定时器，用于实现时间控制。按照工作方式，定时器可分为通电延时型(TON)、有记忆的通电延时型(保持型)(TONR)、断电延时型(TOF)三种类型；按照时基标准，定时器可分为 1ms、10ms、100ms 三种类型。

S7-200 系列 PLC 的 256 个定时器分属 TON(TOF)和 TONR 工作方式，以及三种时基标准，TOF 与 TON 共享同一组定时器，不能重复使用。详细分类方法及定时范围见表 3-2。

表 3-2　定时器分类方法及定时范围

工作方式	用毫秒(ms)表示的分辨率	用秒(s)表示的最大当前值	定时器号
TONR	1ms	32.767s	T0，T64
	10ms	327.67s	T1~T4，T65~T68
	100ms	3276.7s	T5~T31，T69~T95
TON/TOF	1ms	32.767s	T32，T96
	10ms	327.67s	T33~T36，T97~T100
	100ms	3276.7s	T37~T63，T101~T255

想一想：如果想延时 5s，有几种组合方法呢？

(1) 通电延时型(TON)　通电延时型定时器指令见表 3-3。指令的梯形图形式由定时器标识符 TON、定时器的起动信号输入端 IN、时间设定值输入端 PT 和接通延时定时器编号构成；指令的语句表形式由定时器标识符 TON、定时器编号 Tn 和时间设定值 PT 构成。

表 3-3　通电延时型定时器指令

指令名称	标识符	梯形图	语句表
通电延时型定时器	TON	Tn IN　TON PT	TON　Tn，PT

当启动信号输入端 IN 输入有效时，定时器开始计时，当前值从 0 开始递增，大于或等于预置值(PT)时，定时器输出状态位置 1(输出触点有效)，当前值的最大值为 32767。启动信号输入端无效(断开)时，定时器复位(当前值清零,输出状态位置 0)。

通电延时型定时器的应用如图 3-3 所示。当定时器的起动信号 I0.2 断开时，定时器的当前值 SV=0，定时器 T33 没有信号流过，不工作。当 T33 的起动信号 I0.2 接通时，定时器开始计时，每过一个时基时间(10ms)，定时器的当前值 SV=SV+1。当定时器的当前值 SV 等于其设定值 PT 时，定时器的延时时间到(10ms×300=3s)，这时定时器的常开触点由断开变为接通(常闭触点由接通变为断开)，线圈 Q0.0 有信号流过。在定时器的常开触点状态改变

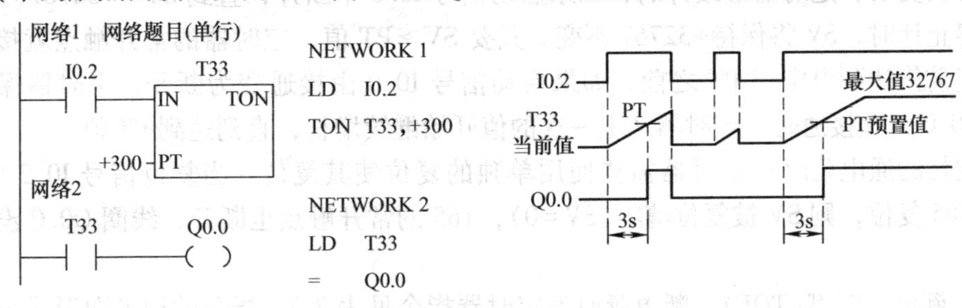

图 3-3　通电延时型定时器的应用

后，定时器继续计时，直到 SV=+32767(最大值)时，才停止计时，SV 将保持+32767 不变。只要 SV≥PT 值，定时器的常开触点就接通，如果不满足这个条件，定时器的常开触点应断开。当 I0.2 由接通变为断开时，则 SV 被复位清零(SV=0)，T33 的常开触点也断开，线圈 Q0.0 没有信号流过。

当 I0.2 由断开变为接通后，维持接通的时间不足以使得 SV 达到 PT 值时，T33 的常开触点不会接通，线圈 Q0.0 也没有信号流过。

做一做：试着把程序中的定时器换一种分辨率的定时器吧！

(2) 有记忆的通电延时型(TONR) 有记忆的通电延时型定时器指令见表 3-4，指令的梯形图形式由定时器标识符 TONR、定时器的使能端(即起动信号输入端)IN、时间设定值输入端 PT 和有记忆的通电延时定时器编号构成；指令的语句表形式由定时器标识符 TONR、定时器编号 Tn 和时间设定值 PT 构成。

表 3-4 有记忆的通电延时型定时器指令

指令名称	标识符	梯形图	语句表
有记忆的通电延时型定时器	TONR	Tn IN TONR PT	TONR Tn，PT

当使能端 IN 输入有效时(接通)，定时器开始计时，当前值递增，当前值大于或等于预置值(PT)时，输出状态位置 1。使能端输入无效(断开)时，当前值保持(记忆)，使能端(IN)再次接通有效时，在原记忆值的基础上递增计时。有记忆的通电延时型(TONR) 定时器采用线圈的复位指令(R)进行复位操作，当复位线圈有效时，定时器当前值清零，输出状态位置 0。

有记忆的通电延时型定时器的应用如图 3-4 所示。当定时器的起动信号 I0.0 断开时，定时器的当前值 SV=0，定时器 T65 没有信号流过，不工作。当 T65 的启动信号 I0.0 接通时，定时器开始计时，每过一个时基时间(10ms)，定时器的当前值 SV=SV+1。当定时器的当前值 SV 等于其设定值 PT 时，定时器的延时时间到(10ms×500=5s)，这时定时器的常开触点由断开变为接通(常闭触点由接通变为断开)，线圈 Q0.0 有信号流过。在定时器的常开触点状态改变后，定时器继续计时，如果启动信号 I0.0 不断开，直到 SV=+32767(最大值)时，才停止计时，SV 将保持+32767 不变。只要 SV≥PT 值，定时器的常开触点就接通。在定时器当前值达到设定值 PT 之前，如果启动信号 I0.0 由接通变为断开，定时器保持当前值，当 I0.0 再次接通时，定时器从上一次的值开始继续增长，直到达到 PT 值。

有记忆的通电延时型定时器需要使用单独的复位使其复位。当复位信号 I0.2 接通时，定时器 T65 复位，则 SV 被复位清零(SV=0)，T65 的常开触点也断开，线圈 Q0.0 没有信号流过。

(3) 断电延时型(TOF) 断电延时型定时器指令见表 3-5，指令的梯形图形式由定时器标识符 TOF、定时器的使能端(即启动信号输入端)IN、时间设定值输入端 PT 和断电延时定

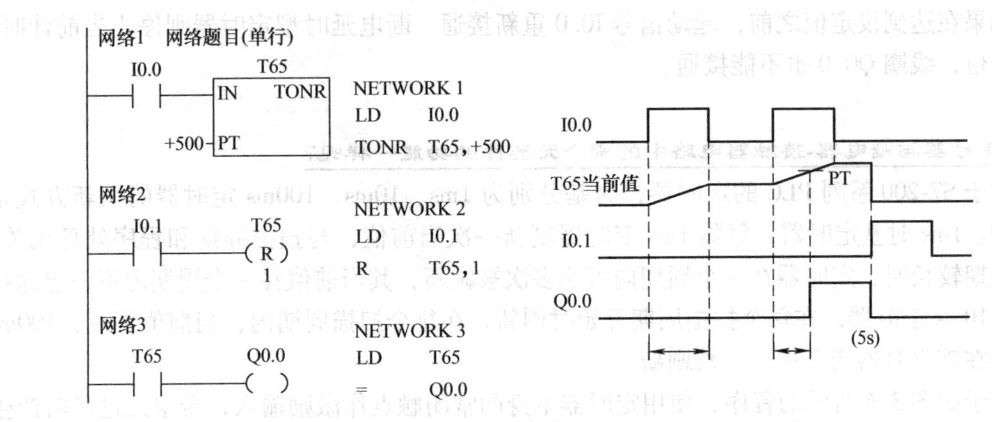

图 3-4　有记忆的通电延时型定时器的应用

时器编号构成；指令的语句表形式由定时器标识符 TOF、定时器编号 Tn 和时间设定值 PT 构成。

表 3-5　断电延时型定时器指令

指令名称	标识符	梯形图	语句表
断电延时型定时器	TOF	Tn IN　TOF PT	TOF　Tn, PT

使能端 IN 输入有效时，定时器输出状态位立即置 1，当前值复位(为 0)。使能端(IN)断开时，开始计时，当前值从 0 递增，当前值达到预置值时，定时器状态位复位置 0，并停止计时，当前值保持。

断电延时型定时器的应用如图 3-5 所示。当定时器的起动信号 I0.0 接通时，定时器的当前值 SV=0，定时器 T37 没有信号流过，不工作。当 T37 的起动信号 I0.0 断开时，定时器开始计时，每过一个时基时间(100ms)，定时器的当前值 SV=SV+1。当定时器的当前值 SV 等于其设定值 PT 时，定时器的延时时间到(100ms×30=3s)，这时定时器的常开触点接通(常闭触点断开)，线圈 Q0.0 有信号流过。在定时器的常开触点状态改变后，定时器停止计时，SV 将保持 PT 值不变，直到 I0.0 再次接通时，定时器 T37 复位，则 SV 被复位清零(SV=0)，T37 的常开触点也断开，线圈 Q0.0 没有信号流过。

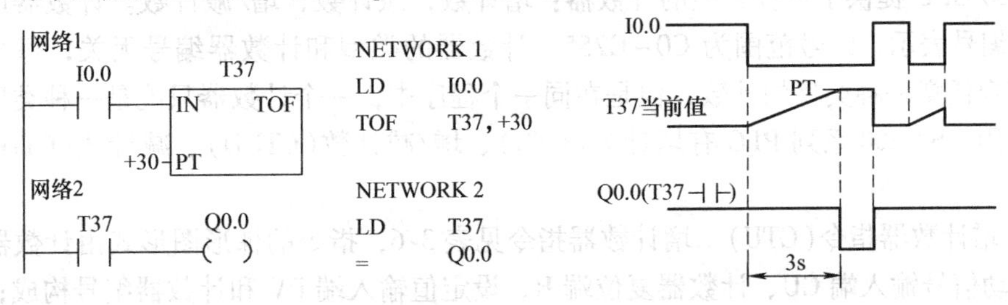

图 3-5　断电延时型定时器的应用

如果在达到设定值之前，起动信号 I0.0 重新接通，断电延时型定时器则停止当前计时，自动复位，线圈 Q0.0 也不能接通。

定时器与继电器-接触器电路中的哪个元器件的功能一样呢？

对于 S7-200 系列 PLC 的定时器，时基分别为 1ms、10ms、100ms 定时器的刷新方式是不同的。1ms 时基定时器，每隔 1ms 定时器刷新一次当前值，与扫描周期和程序处理无关，扫描周期较长时，定时器在一个周期内可能多次被刷新，其当前值在一个周期内不一定保持一致；10ms 定时器，在每个扫描周期开始时刷新，在每个扫描周期内，当前值不变；100ms 定时器在该定时器指令执行时被刷新。

对于如图 3-6 所示的程序，使用定时器本身的常闭触点作激励输入，希望经过延时产生一个机器扫描周期的时钟脉冲输出。图中，T32 为 1ms 时基定时器，由于定时器刷新机制的原因，不能保证得到理想的运行结果。若将图 3-6 改成图 3-7 ，无论何种时基都能正常工作。

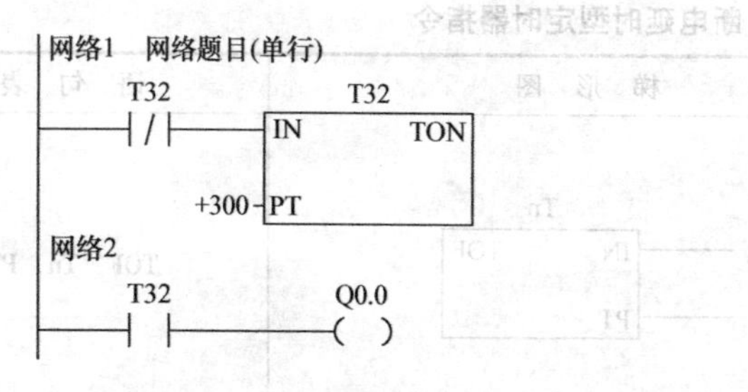

图 3-6 自身激励输入

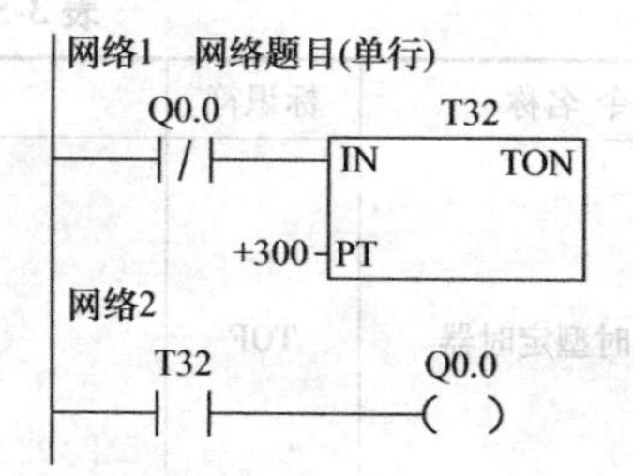

图 3-7 非自身激励输入

（4）使用定时器指令的注意事项

1）定时器的作用是进行精确定时，应用时要注意恰当地使用不同时基的定时器，以提高定时器的时间精度。

2）定时器指令与定时器编号应保证一致，符合表 3-2 的规定，否则会显示编译错误。

3）同一个程序中，不能使用两个相同的定时器编号，否则会导致程序执行时出错，无法实现控制目的。

2. 计数器及计数器指令

计数器主要用来累计输入脉冲个数，其结构与定时器相似，其设定值(预置值)在程序中赋予，有一个 16 位的当前值寄存器和一位状态位。当前值寄存器用以累计脉冲个数，计数器当前值大于或等于预置值时，状态位置 1。

S7-200 CPU 提供了三种类型的计数器：增计数，减计数，增/减计数。计数器可用符号 C 和地址编号表示，编号范围为 C0~C255。计数器的类型和计数器编号无关，每个计数器都可以实现任意一种类型的计数，但是在同一个程序中，一个计数器只能是一种类型，不可以重复使用。S7-200 系列 PLC 有增计数(CTU)、增/减计数(CTUD)、减计数(CTD)三类计数指令。

（1）增计数器指令(CTU)　增计数器指令见表 3-6，指令的梯形图形式由计数器标识符 CTU、起动信号输入端 CU、计数器复位端 R、设定值输入端 PV 和计数器编号构成；计数器语句表形式由计数器标识符 CTU、计数器编号 Cn 和设定值 PV 构成。

表 3-6　增计数器指令

指令名称	标识符	梯形图	语句表
增计数器指令	CTU	???? CU　CTU R PV	CTU　Cn，PV

增计数器指令在 CU 端输入脉冲上升沿，计数器的当前值增 1 计数。当前值大于或等于预置值(PV)时，计数器状态位置 1。当前值累加的最大值为 32767。复位端(R)有效时，计数器状态位复位(置 0)，当前计数值清零。

增计数器指令的应用如图 3-8 所示。当 I0.0 通电时，CU 端每接收到一个上升沿，计数器 C0 当前值增加 1，直到计数值达到设定值 10 时停止计数，计数器常开触点闭合，Q0.0 通电。当 I0.1 通电时，计数器复位端有效，计数器复位，当前值清零，常开触点断开，Q0.0 断电。

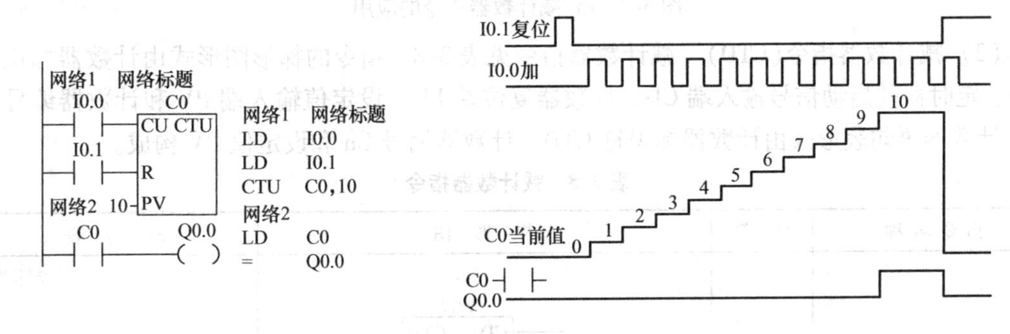

图 3-8　增计数器指令的应用

(2) 增/减计数器指令(CTUD)　增/减计数器指令见表 3-7，指令的梯形图形式由计数器标识符 CTUD、起动信号输入端 CU 及 CD、计数器复位端 R、设定值输入端 PV 和计数器编号构成；计数器语句表形式由计数器标识符 CTUD、计数器编号 Cn 和设定值 PV 构成。

表 3-7　增/减计数器指令

指令名称	标识符	梯形图	语句表
增/减计数器指令	CTUD	???? CU　CTUD CD R PV	CTUD　Cn，PV

增/减计数器有两个脉冲输入端，其中 CU 端用于递增计数，CD 端用于递减计数，执行增/减计数器指令时，CU/CD 端的计数脉冲上升沿增 1/减 1 计数。当前值大于或等于计数器预置值(PV)时，计数器状态位置位。复位输入端(R)有效或执行复位指令时，计数器状态

位复位，当前值清零。达到计数器最大值32767后，下一个CU输入上升沿将使计数值变为最小值(-32678)。同样达到最小值(-32678)后，下一个CD输入上升沿将使计数值变为最大值(32767)。

增/减计数器指令的应用如图3-9所示。当I0.1通电时，CU端每接收到一个上升沿，计数器C50当前值增加1，直到计数值达到设定值4时，计数器常开触点闭合，Q0.0通电，计数器继续计数。当I0.2通电时，CD端每接收到一个上升沿，计数器C50当前值减1；当I0.3通电时，计数器复位端有效，计数器复位，当前值清零，常开触点断开，Q0.0断电。

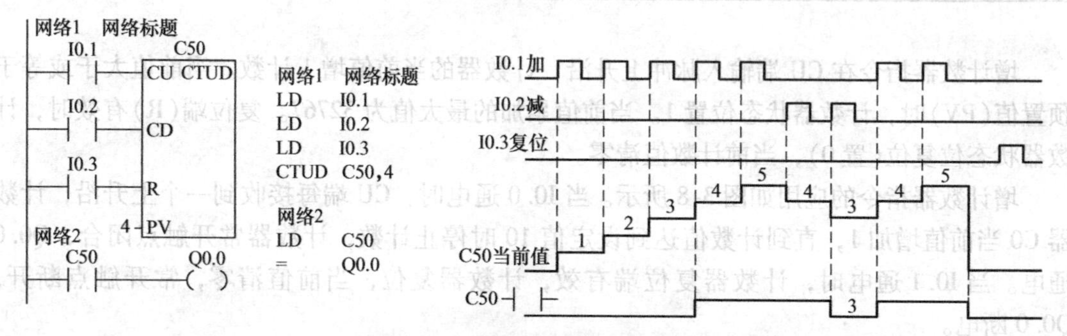

图3-9 增/减计数器指令的应用

(3) 减计数器指令(CTD) 减计数器指令见表3-8，指令的梯形图形式由计数器标识符CTD、定时器的启动信号输入端CD、计数器复位端LD、设定值输入端PV和计数器编号构成；计数器语句表形式由计数器标识符CTD、计数器编号Cn和设定值PV构成。

表3-8 减计数器指令

指令名称	标识符	梯形图	语句表
减计数器指令	CTD	???? CD CTD LD PV	CTD Cn, PV

复位端LD有效时，计数器把预置值(PV)装入当前值存储器，计数器状态位复位(置0)。CD端每输入一个脉冲上升沿，减计数器的当前值从预置值开始递减计数，当前值等于0时，计数器状态位置位(置1)，停止计数。

减计数器指令的应用如图3-10所示。当I1.0通电时，复位端LD有效，预置值3装入当前值存储器，当I3.0通电时，CD端每接收一个上升沿，当前值减1，直至为0，计数器常开触点接通，Q0.0通电。

3. 定时和计数范围的扩展

PLC的定时器和计数器都有一定的定时范围和计数范围，如果需要的设定值超过机器范围，则可以通过几个定时器和计数器的串联组合来扩充设定值的范围。

S7-200 PLC中定时器的最长定时时间为3276.7s，如果需要更长的定时时间，可以采用几个定时器延长定时范围。图3-11所示的电路中，I0.0断开时，定时器T37、T38都不能工

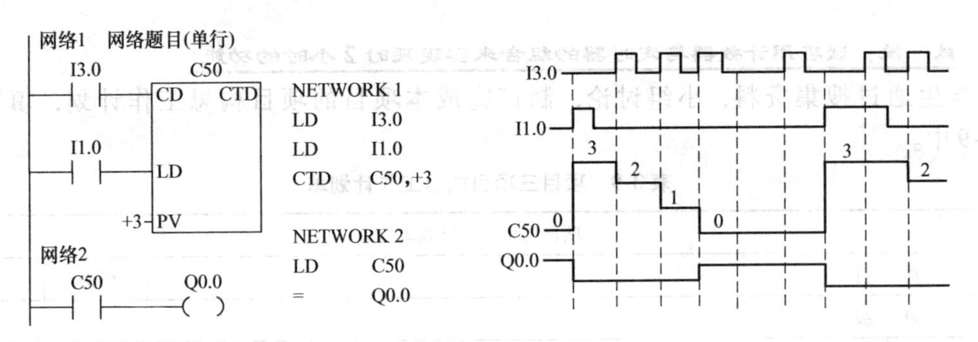

图 3-10　减计数器指令的应用

作。I0.0 接通时，定时器 T37 有信号流流过，定时器开始计时。当 PT = 18000 时，定时器 T37 延时时间(0.5h)到，T37 的常开触点由断开变为接通，定时器 T38 有信号流流过，开始计时。当 PT = 18000 时，定时器 T38 延时时间(0.5h)到，T38 的常开触点由断开变为接通，线圈 Q0.0 有信号流流过。这种延长定时范围的方法形象地称为接力定时法。

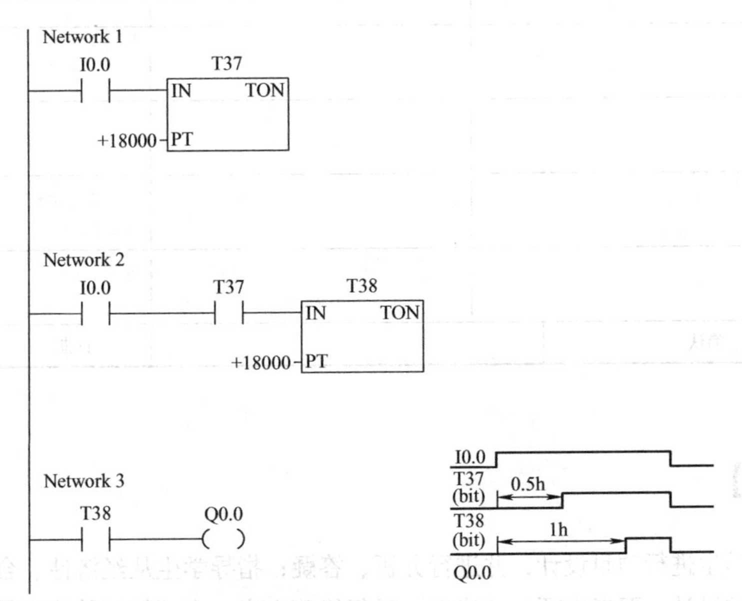

图 3-11　定时范围的扩展

计数器也可以采用类似的方法进行扩展。如图 3-12 所示。

I0.1　C0　CU　CTU
I0.0　R
+20　PV
I0.2　C1　CD　CTD
C0　LD
+30　PV

图 3-12　计数范围的扩展

做一做，试着用计数器与定时器的组合来实现延时 2 小时的功能！

学生通过搜集资料、小组讨论，制订完成本项目的项目构思工作计划，填写在表3-9中。

表 3-9　项目三项目构思工作计划单

项目构思工作计划单			
项　目		学时	
班　级			
组　长		组　员	
序号	内容	人员分工	备注
学生确认		日期	

【项目设计】

教师引导学生进行项目设计，并进行分析、答疑；指导学生从经济性、合理性和适用性进行项目方案的设计，要考虑项目的成本，反复修改方案，点评修订并确定最终设计方案

学生分组讨论设计三相交流异步电动机Y-△减压起动的 PLC 控制项目方案。在教师的指导与参与下，学生从多个角度、根据工作特点和工作要求制订多种方案计划，并讨论各个方案的合理性、可行性与经济性，判断各个方案的综合优劣，进行方案决策，并最终确定实施计划，分配好每个人的工作任务，择优选取出合理的设计方案，完成项目设计方案。经过分组讨论设计，项目的最优设计方案如图 3-13 所示：

一、三相交流异步电动机Y-△减压起动的 PLC 控制硬件设计

想一想：三相交流异步电动机Y-△减压起动控制电路需要有多少个输入、多少个输出？

1. 根据控制要求选择 PLC 外部输入/输出设备

三相交流异步电动机Y-△减压起动控制电路 PLC 所连接的外部输入/输出设备见表

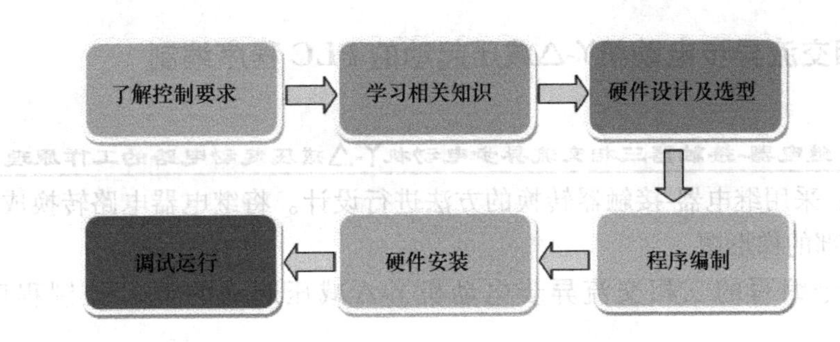

图 3-13　项目的最优设计方案

3-10。

表 3-10　PLC 外部输入/输出设备

I/O 类型	设　备	I/O 类型	设　备
输入	起动按钮 SB1	输出	主接触器 KM1 线圈
	停止按钮 SB2		Y联结接触器 KM2 线圈
	热继电器常闭触点 FR		△联结接触器 KM3 线圈

2. PLC　I/O 端口分配并选型

三相交流异步电动机Y-△减压起动控制电路 PLC 的 I/O 端口分配表见表 3-11。

表 3-11　PLC 的 I/O 端口分配表

I/O 类型	设　备	PLC 端口	I/O 类型	设　备	PLC 端口
输入	起动按钮 SB1	I0. 0	输出	接触器 KM1 线圈	Q0. 0
	停止按钮 SB2	I0. 1		接触器 KM2 线圈	Q0. 1
	热继电器常闭触点 FR	I0. 2		接触器 KM3 线圈	Q0. 2

3. 画出 PLC 外部接线图

PLC 外部接线图如图 3-14 所示。

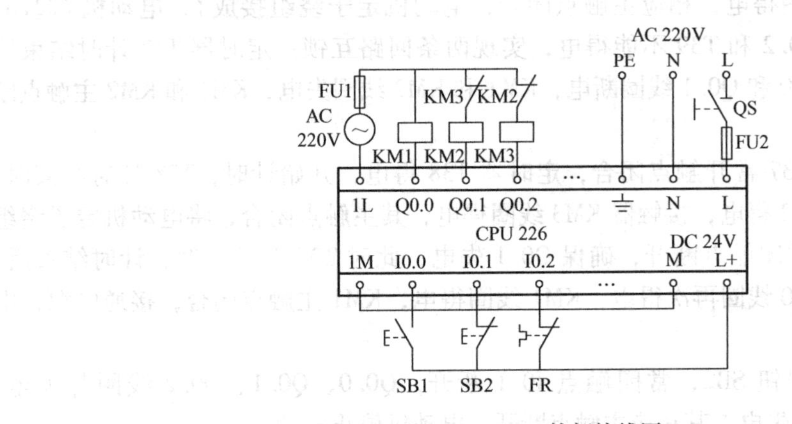

图 3-14　PLC 外部接线图

二、三相交流异步电动机Y-△减压起动的PLC程序编制

想一想：继电器-接触器三相交流异步电动机Y-△减压起动电路的工作原理是怎样的?

设计思路：采用继电器-接触器转换的方法进行设计。将继电器电路转换成与原有功能相同的PLC内部的梯形图。

定时器指令编写的三相交流异步电动机Y-△减压起动的PLC控制程序如图3-15所示。

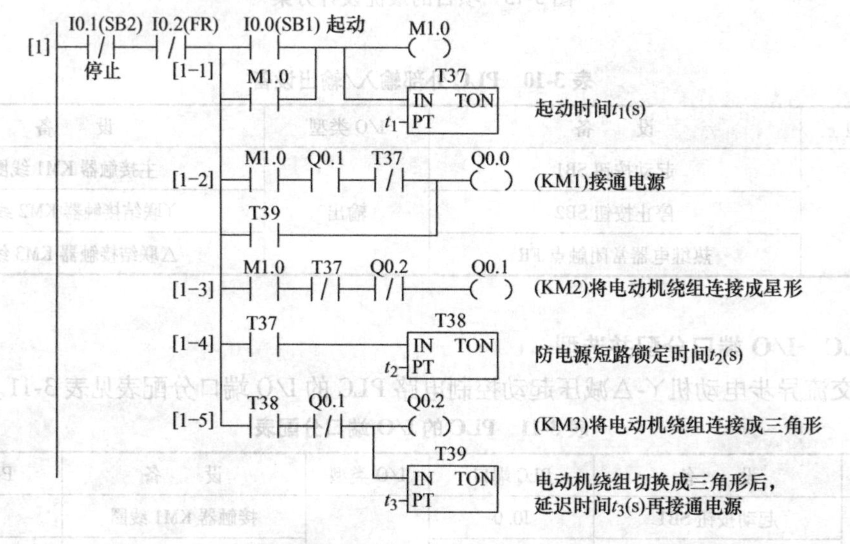

图3-15 三相交流异步电动机Y-△减压起动PLC控制程序

想一想：程序中的定时器还可以换用哪种类型的?

起动：按下起动按钮SB1，常开触点I0.0闭合，M1.0线圈得电，M1.0常开触点闭合，定时器T37得电，开始起动时间延时，此时T37常闭触点导通，Q0.0和Q0.1线圈得电，即接触器KM1和KM2线圈得电，相应主触点闭合，电动机定子绕组接成Y，电动机Y起动，Q0.1常闭触点断开，Q0.2和T39不能得电，实现两条回路互锁；定时器T37计时结束后T37常闭触点断开，Q0.0和Q0.1线圈断电，KM1和KM2线圈失电，KM1和KM2主触点断开，电动机解除Y联结。

T37计时结束后，T37常开触点闭合，定时器T38得电，开始计时，T38计时结束时，T38常开触点闭合，Q0.2得电，接触器KM3线圈得电，其主触点闭合，将电动机定子绕组连接成△，同时Q0.2常闭触点断开，确保Q0.1失电；此时T39开始计时，计时结束后，T39常开触点闭合，Q0.0线圈再次得电，KM1线圈得电，KM1主触点闭合，接通电源，电动机△运行。

停止：按下停止按钮SB2，常闭触点I0.1断开，Q0.0、Q0.1、Q0.2线圈都失电，KM1，KM2和KM3线圈失电，其相应主触点断开，电动机停止转动。

做一做，同学们要记得填写表3-12所示的项目设计记录单啊!

表 3-12　项目三的项目设计记录单

课程名称	PLC 控制系统的设计与应用			总学时	84
项目三	三相交流异步电动机Y-△减压起动的 PLC 控制			参考学时	
班级		团队负责人		团队成员	
项目设计方案一					
项目设计方案二					
项目设计方案三					
最优方案					
电气图					
设计方法					
相关资料及资源	实训指导书、视频录像、PPT 课件、电气安装工艺及职业资格考试标准等				

【项目实现】

教师：指导学生进行项目实施，进行系统安装，讲解项目实施的工艺规程和安全注意事项。

学生：分组进入实训工作区，实际操作，在教师指导下先把元器件选好，并列出明细，列出 PLC 外部 I/O 分配表，画出 PLC 外部接线图，并进行 PLC 接线与调试，填写好项目实施记录。

一、三相交流异步电动机Y-△减压起动的 PLC 控制整机安装准备

1. 工具

测试笔、螺钉旋具、斜口钳、尖嘴钳、剥线钳、电工刀等。

2. 仪表

绝缘电阻表、万用表、钳形电流表。

3. 器材

1）控制板一块(包括所用的低压电器)。

2）导线及规格：主电路导线由电动机容量确定；控制电路一般采用截面积为 0.5mm^2 的铜芯导线(RV)；要求主电路与控制电路导线的颜色必须有明显区别。

3）备好编码套管。

二、三相交流异步电动机Y-△减压起动的 PLC 控制安装步骤及工艺要求

1. 选配并检验元器件和电气设备

1）配齐电气设备和元器件，并逐个检验其规格和质量。

2）根据电动机的容量、线路走向及要求和各元器件的安装尺寸，正确选配导线的规格和数量、接线端子板、控制板和紧固件等。

2. 安装元器件

在控制板上固定卡轨和元器件，并做好与原理图相同的标记。

3. 布线

按接线图在控制板上进行线槽软线布线，并在导线端部套上编码套管，号码与原理图一致。导线的走向要合理，尽量不要有交叉和架空。

填写出本项目实现工作记录单，见表 3-13。

表 3-13　项目实现工作记录单

课程名称	PLC 控制系统的设计与应用			总学时	84
项目名称	三相交流异步电动机Y-△减压起动的 PLC 控制			参考学时	
班级		团队负责人		团队成员	
项目工作情况					
项目实施遇到的问题					
相关资料及资源					
执行标准或工艺要求					
注意事项					
备注					

【项目运行】

教师：指导学生进行Y-△减压起动程序调试与系统调试、运行，讲解调试运行的注意事项及安全操作规程，并对学生的成果进行评价。

学生：检查三相交流异步电动机Y-△减压起动 PLC 控制电路任务的完成情况，在教师指导下进行调试与运行，发现问题及时解决，直到调试成功为止。分析不足，汇报学习、工作心得，展示工作成果；对项目完成情况进行总结，完成项目报告。

一、三相交流异步电动机Y-△减压起动的 PLC 控制程序调试及运行

1. 程序录入、下载

1）打开 STEP 7-Micro/WIN 应用程序，新建一个项目，选择 CPU 类型为 CPU 226，打开程序块中的主程序编辑窗口，录入三相交流异步电动机Y-△减压起动的 PLC 控制程序。

2）录入完程序后单击其工具按钮进行编译，当状态栏提示程序没有错误，且检测 PLC 与计算机的连接正常、PLC 工作正常时，便可下载程序了。

3）单击下载按钮后，程序所包含的程序块、数据块、系统块自动下载到 PLC 中。

2. 程序调试运行

下载完程序后，对程序进行调试。将 S7-200 PLC 模式开关设置为“TERM”或“RUN”状态。单击工具条上的“运行”按钮或执行菜单命令“PLC”→“运行”，会出现一个对话框提示是否切换运行模式，单击“确认”按钮即可。

3. 程序的监控

在运行 STEP7-Micro/WIN 的计算机与 PLC 之间建立通信，执行菜单命令“调试”→“开始程序监控”，或单击工具条中的按钮，可以用程序状态功能监视程序运行的情况。

运用监视功能，在程序状态打开的情况下，观察 PLC 运行时，程序执行的过程中各元器件的工作状态及运行参数的变化。

二、三相交流异步电动机Y-△减压起动的 PLC 控制整机调试及运行

调试前先检查所有元器件的技术参数设置是否合理，若不合理则重新设置。

先空载调试，此时不接电动机，观察 PLC 输入及输出端子对应的指示灯是否亮及接触器是否吸合。

然后带负载调试，接上电动机，观察电动机运行情况。

调试成功后，先拆掉负载，再拆掉电源。清理工作台和工具，填写表 3-14 所示的记录单。

表 3-14　项目三的项目运行记录单

课程名称	PLC 控制系统的设计与应用			总学时	84
项目名称	三相交流异步电动机Y-△减压起动的 PLC 控制			参考学时	
班级		团队负责人		团队成员	
项目构思是否合理					

（续）

项目设计是否合理	
项目实现遇到了哪些问题	
项目运行时故障点有哪些?	
调试运行是否正常	
备注	

三、三相交流异步电动机Y-△减压起动的 PLC 控制项目验收

项目完成后，应对各组完成情况进行验收和评定，具体验收指标包括：

1）硬件设计。包括 I/O 点数确定、PLC 选型及接线图的绘制。

2）软件设计。

3）程序调试。

4）整机调试。

具体考核要求和评分标准见表 3-15。

表 3-15　三相交流异步电动机Y-△减压起动的 PLC 控制考核要求及评分标准

序号	考核内容	考核要求	评分标准	配分	扣分	得分
1	硬件设计（I/O 点数确定）	根据继电器-接触器控制电路确定 PLC 点数	（1）点数确定得过少，扣 10 分 （2）点数确定得过多，扣 5 分 （3）不能确定点数，扣 10 分	25 分		
2	硬件设计（PLC 选型、接线图的绘制及接线）	根据 I/O 点数选择 PLC 型号、画接线图并接线	（1）PLC 型号选择不能满足控制要求，扣 10 分 （2）接线图绘制错误，扣 5 分 （3）接线错误，10 分	25 分		

（续）

序号	考核内容	考核要求	评分标准	配分	扣分	得分
3	软件设计（程序编制）	根据控制要求编制梯形图程序	(1) 程序编制错误，扣 10 分 (2) 程序繁琐，扣 5 分 (3) 程序编译错误，扣 10 分	25 分		
4	调试（程序调试和整机调试）	用软件输入程序监控调试；运行设备整机调试	(1) 程序调试监控错误，扣 10 分 (2) 整机调试一次不成功，扣 5 分 (3) 整机调试二次不成功，扣 5 分	25 分		
5	安全文明生产	按生产规程操作	违反安全文明生产规程，扣 10~30 分			
6	定额工时	4h	每超 5 分钟（不足 5 分钟以 5 分钟计）扣 10 分			
起始时间			合计	100 分		
结束时间			教师签字	年　月　日		

【知识拓展】

较大容量的笼型异步电动机（大于 10kW）因起动电流较大，一般都采用减压起动方式来起动，即起动时降低加在电动机定子绕组上的电压，起动后再将电压恢复到额定值，常用方法有串电阻（或电抗）起动、星形-三角形起动、自耦变压器起动等。星形-三角形起动方式前面已经介绍，这里再介绍一下另外两种方式的 PLC 控制。

一、定子绕组串电阻起动的 PLC 控制

定子绕组串电阻起动继电器-接触器电路图如图 3-16 所示。电动机在起动时，在三相定子绕组中串接电阻，使电动机定子绕组电压降低，起动结束后再将电阻短接，主电路中 KM1 实现串电阻起动，KM2 实现全压运行。

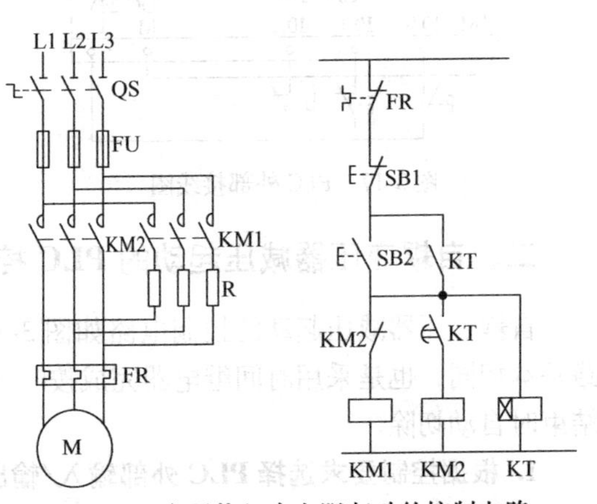

图 3-16　定子绕组串电阻起动的控制电路

定子绕组串电阻起动工作过程为：SB2 按下，KM1 动作→电动机减压起动；KT 绕组上电开始计时→KT 延时时间到，KT 延时闭合的常开触点闭合→KM2 线圈上电→KM2 主触点闭合→电动机全压起动；KM2 延时断开的常闭触点断开→KM1 线圈失电→KM 主触点断开→减压起动回路断开。

1. 根据控制要求选择 PLC 外部输入/输

出设备

定子绕组串电阻起动控制电路的PLC所连接的外部输入/输出设备见表3-16。

表3-16 PLC外部输入/输出设备

I/O类型	设 备	I/O类型	设 备
输入	停止按钮SB1	输出	接触器KM1线圈
	起动按钮SB2		接触器KM2线圈
	热继电器常闭触点FR		

2. PLC I/O端口分配并选型

定子绕组串电阻起动控制电路PLC的I/O端口分配表见表3-17。

表3-17 PLC的I/O端口分配表

I/O类型	设 备	PLC端口	I/O类型	设 备	PLC端口
输入	起动按钮SB2	I0.0	输出	接触器KM1线圈	Q0.1
	停止按钮SB1	I0.1		接触器KM2线圈	Q0.2
	热继电器常闭触点FR	I0.2			

3. 画出PLC外部接线图

PLC外部接线图如图3-17所示。

4. 定子绕组串电阻起动的PLC控制程序编制

采用继电器-接触器转换的方法进行设计。将继电器电路转换成与原有功能相同的PLC内部的梯形图，程序如图3-18所示。

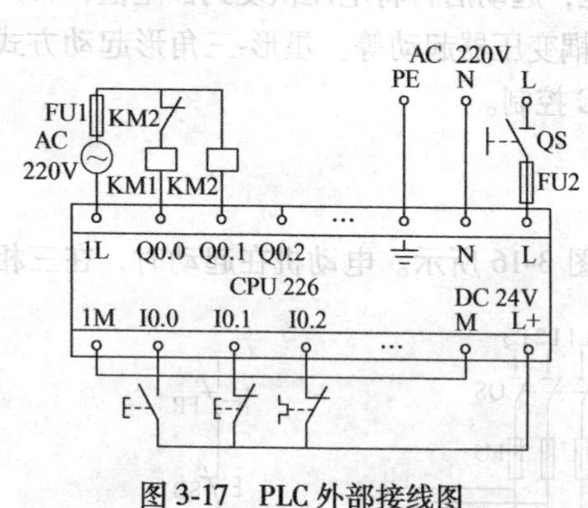

图3-17 PLC外部接线图

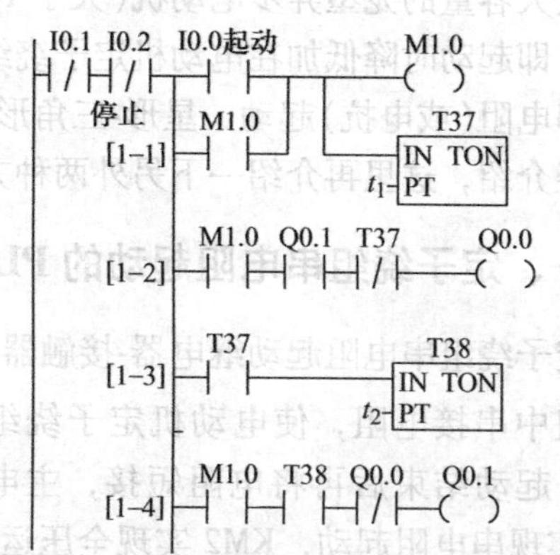

图3-18 定子绕组串电阻起动PLC程序

二、自耦变压器减压起动的PLC控制

自耦变压器减压起动的控制电路如图3-19所示。这一电路的设计思想和串电阻起动电路基本相同，也是采用时间继电器完成按时动作，所不同的是起动时串入自耦变压器，起动结束时自动切除。

1. 根据控制要求选择PLC外部输入/输出设备

自耦变压器减压起动的控制电路的PLC所连接的外部输入/输出设备见表3-18。

表 3-18　PLC 外部输入/输出设备

I/O 类型	设　备	I/O 类型	设　备
输入	停止按钮 SB1	输出	接触器 KM1 线圈
	起动按钮 SB2		接触器 KM2 线圈
	热继电器常闭触点 FR		

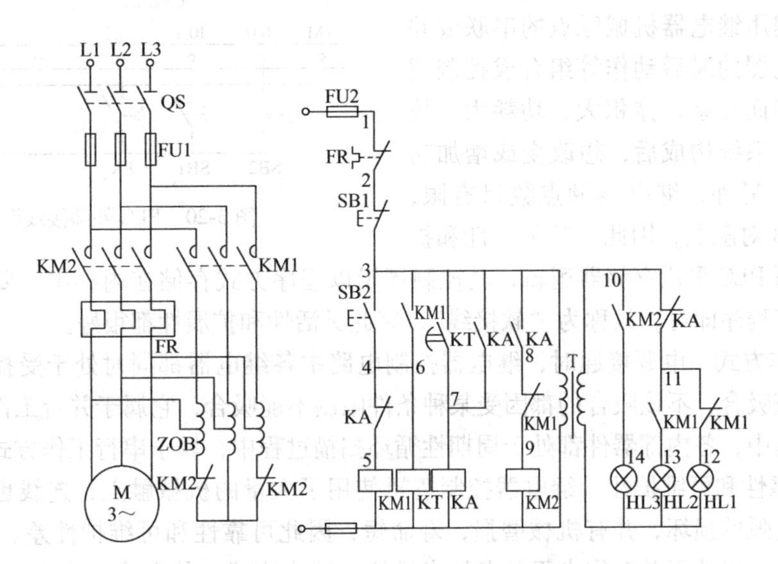

图 3-19　自耦变压器减压起动的控制电路

2. PLC I/O 端口分配及选型

自耦变压器减压起动的 PLC 控制电路的 I/O 端口分配表见表 3-19。

表 3-19　PLC 的 I/O 端口分配表

I/O 类型	设　备	PLC 端口	I/O 类型	设　备	PLC 端口
输入	起动按钮 SB2	I0. 0	输出	接触器 KM1 线圈	Q0. 1
	停止按钮 SB1	I0. 1		接触器 KM2 线圈	Q0. 2
	热继电器常闭触点 FR	I0. 2			

3. 画出 PLC 外部接线图

PLC 外部接线图如图 3-20 所示。

4. 自耦变压器减压起动的 PLC 控制程序编制

采用继电器-接触器转换的方法进行设计。将继电器电路转换成与原有功能相同的 PLC 内部的梯形图。

做一做：试着编写一个定子绕组串电阻起动的 PLC 程序吧！

三、PLC 控制系统与继电器控制系统的区别

PLC 梯形图与继电器控制电路图非常相似，主要原因是 PLC 梯形图大致上沿用了继电

器控制的元件符号和术语，仅个别之处有不同。同时，信号的输入/输出形式及控制功能也基本上是相同的，但是 PLC 控制与继电器控制又有根本的不同之处，主要表现在以下几个方面。

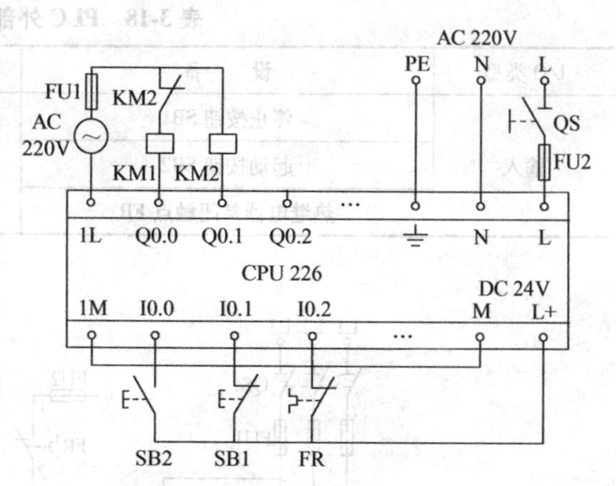

图 3-20　PLC 外部接线图

（1）逻辑控制　继电器控制逻辑采用硬接线逻辑，利用继电器机械触点的串联或并联及延时继电器的滞后动作等组合成控制逻辑，其接线多而复杂、体积大、功耗大、故障率高，一旦系统构成后，想改变或增加功能都很困难。另外，继电器触点数目有限，每个只有 4~8 对触点，因此，其灵活性和扩展性很差。而 PLC 采用存储器逻辑，其控制逻辑以程序方式存储在内存中，要改变控制逻辑，只需改变程序即可，故称为“软接线”，因此灵活性和扩展性都很好。

（2）工作方式　电源接通时，继电器控制电路中各继电器都同时处于受控状态，即该吸合的都应该吸合，不该吸合的都因受某种条件限制不能吸合，它属于并行工作方式。而在 PLC 控制逻辑中，各内部器件都处于周期性循环扫描过程中，属于串行工作方式。

（3）可靠性和可维护性　继电器控制逻辑使用了大量的机械触点，连线也多。触点开闭时会受到电弧的损坏，并有机械磨损，寿命短，因此可靠性和可维护性差。而 PLC 采用微电子技术，大量的开关动作由无触点的半导体电路来完成，体积小、寿命长、可靠性高。PLC 还配有自检和监督功能，能检查出自身的故障，并随时显示给操作人员，还能动态地监视控制程序的执行情况，为现场调试和维护提供了方便。

（4）控制速度　继电器控制逻辑依靠触点的机械动作实现控制，工作频率低，触点的开闭动作一般在几十毫秒数量级。另外，机械触点还会出现抖动问题。而 PLC 是由程序指令控制半导体电路来实现控制的，属于无触点控制，速度极快，一条用户指令的执行时间一般在微秒数量级，且不会出现抖动。

（5）定时控制　继电器控制逻辑利用时间继电器进行时间控制。一般来说，时间继电器存在定时精度不高、定时范围窄、易受环境湿度和温度变化的影响、调整时间困难等问题。PLC 使用半导体集成电路作定时器，时基脉冲由晶体振荡器发生，精度相当高，且定时时间不受环境的影响，定时范围一般从 0.001s 到若干天或更长。用户可根据需要在程序中设定定时值，然后用软件来控制定时时间。

（6）设计和施工　使用继电器控制逻辑完成一项控制工程，其设计、施工、调试必须依次进行，周期长而且修改困难，工程越大这一点就越突出。而用 PLC 完成一项控制工程，在系统设计完成以后，现场施工和控制逻辑的设计(包括梯形图的设计)可以同时进行，周期短，且调试和修改都很方便。

从以上几个方面的比较可知，PLC 在性能上比继电器控制逻辑优异，特别是可靠性高、通用性强、设计施工周期短、调试修改方便，而且体积小、功耗低、使用维护方便。但是在很小的系统中使用时，价格要高于继电器系统。

PLC 控制和继电器-接触器控制各适用于什么情况呢?

【工程训练】

1. 利用定时器指令设计十字路口交通灯一个工作过程的 PLC 控制程序。

东西向的交通灯绿灯亮 30s，黄灯亮 3s，然后红灯亮 40s；在东西向绿灯亮的同时，南北向红灯亮绿灯灭，东西向红灯亮时，南北向绿灯亮红灯灭，东西向黄灯与南北向黄灯同时亮。由一个起动按钮控制整个过程的开始，完成一个过程后，所有的灯都熄灭。

1）确定 PLC 选用的 I/O 点数，并列出 I/O 分配表。

2）编写程序，并利用在线功能监控，查看运行过程。

3）有实训装置的可以在实训台上连接模拟模块观察程序运行状态。

2. 自动门的 PLC 控制系统设计。

自动门在工厂、企业、军队系统、医院、银行、超市、酒店等行业应用非常广泛。图 3-21 为自动门控制示意图，利用两套不同的传感器系统来完成控制要求。超声开关发射声波，当有人进入超声开关的作用范围时，超声开关便检测出物体反射的回波。光电开关由两个元件组成：内光源和接收器。光源连续地发射光束，由接收器加以接收。如果人或其他物体遮断了光束，光电开关便检测到这个人或物体。作为对这两个开关的输入信号的响应，PLC 产生输出控制信号去驱动门电动机，从而实现升门和降门。除此之外，PLC 还接收来自门顶和门底两个限位开关的信号输入，用以控制升门动作和降门动作的完成。

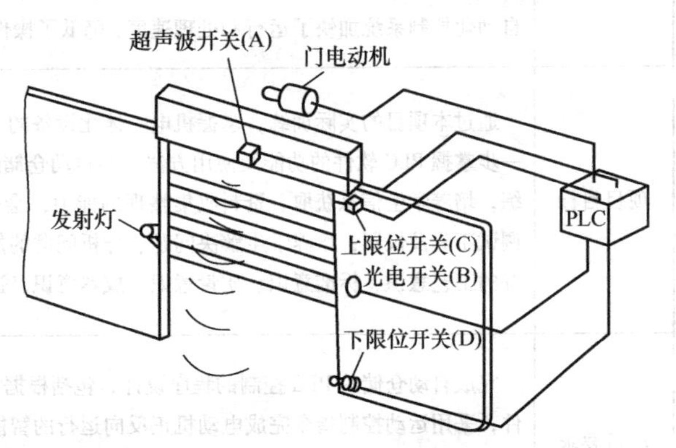

图 3-21　自动门的 PLC 控制系统

1）根据自动门的工作过程选择 PLC 型号和所需低压元器件。

2）列出 PLC 的 I/O 分配表，并画出 PLC 硬件连接图。

3）编写 PLC 控制程序。

4）联机调试，记录调试结果，形成书面项目报告。

项目四

自动仓储的 PLC 控制

项目名称	自动仓储的 PLC 控制	参考学时	10 学时
项目引入	随着社会经济和计算机、自动化技术的快速发展，作为物流业关键节点的仓储系统已经从原始的人工仓储逐步向先进的自动仓储发展，并呈现出自动化、集成化、智能化的特点。 目前自动化立体仓库在发达国家已经较为普遍，日本是自动化仓库发展最为迅速、时间较早、数量最多的国家，此外，美国、德国等国家也建造了许多自动化仓库。发展至今，自动化仓库在设计、制造、自动化控制等方面的技术已经日趋成熟。我国对立体仓库机器物料搬运设备的研制开始于 20 世纪 60 年代初期，1963 年我国成功研制了第一台桥式堆垛起重机，1973 年开始研制我国第一座由计算机控制的自动化立体仓库，并于 1980 年投入运行，到 2010 年我国的自动化立体仓库已经超过 300 多座。采用合理的自动化控制系统加快了运行和处理速度，降低了操作人员的劳动强度，提高了劳动生产率。		
项目目标	通过本项目的实际训练，掌握机电一体化设备的 PLC 控制机理，熟练运用运动指令进行简单编程，进一步掌握 PLC 软件的功能及使用方法，为自动仓储的 PLC 控制项目设计实现打下基础。通过该项目的训练，培养学生信息获取、资料收集整理的能力；会使用万用表、绝缘电阻表等测量工具和常用的安装、调试工具及仪器；培养学生解决问题、分析问题的能力；培养学生知识的综合运用能力。使学生具有良好的工艺意识、标准意识、质量意识、成本意识，达到初步的 CDIO 工程项目的实践能力。		
项目要求	完成自动仓储的 PLC 控制的程序设计，包括根据需求画出 PLC 外部接线图，选择合适型号的 PLC 及硬件，采用运动控制指令完成电动机正反向运行的智能程序编制，并完成整体系统的安装接线和调试运行。通过本项目的知识和技能的学习，进一步掌握中断处理指令、高速处理指令、时钟指令等，并能熟练运用。同时完成“电动机高速转速测量的 PLC 控制系统”、“步进电动机的 PLC 控制系统”拓展项目。		
（CDIO）项目实施	构思(C)：项目构思与任务分解，学习相关知识，制订出工作计划及工艺流程，建议参考学时为 2 学时； 设计(D)：学生分组设计项目方案，建议参考学时为 2 学时； 实现(I)：绘图、元器件安装与布线，建议参考学时为 5 学时； 运行(O)：调试运行与项目评价，建议参考学时为 1 学时。		

【项目构思】

随着企业国际化程度的提高，生产规模的扩大，企业管理水平的提高，企业对于高效、可靠的自动仓储系统的需求越来越大。自动仓储实体仓库如图 4-1 所示。

项目实施教学方法建议为项目引导法、小组教学法、案例教学法、启发式教学法、实物教学法。

教师首先下发项目工单，布置本项目需要完成的任务及控制要求，介绍本项目的应用情况，进行项目分析，引导学生分析PLC对电动机的运动控制；引导学生完成项目所需的知识、能力及软硬件准备；讲解PLC运动控制的指令、工作原理，讲解编程软件的相关知识。

图4-1　自动仓储实体仓库

学生进行小组分工，明确项目工作任务，团队成员讨论项目如何实施，进行任务分解，学习完成项目所需的知识，查找自动仓储方面的PLC控制知识，制订项目实施工作计划，制订出工艺流程。本项目工单见表4-1。

表4-1　项目四的项目工单

<table>
<tr><td>课程名称</td><td colspan="5">PLC控制系统的设计与应用</td><td>总学时</td><td>84</td></tr>
<tr><td>项目四</td><td colspan="5">自动仓储的PLC控制</td><td>本项目参考学时</td><td>10</td></tr>
<tr><td>班级</td><td></td><td>组别</td><td></td><td>团队负责人</td><td></td><td>团队成员</td><td></td></tr>
<tr><td>项目描述</td><td colspan="7">通过本项目的实际训练，掌握PLC编程常用的软件硬件设计方法及PLC选型依据，掌握PLC运动控制的方法，自动仓储的PLC控制，进一步提高学生的CDIO工程项目的实践能力、团队合作精神、语言表达能力和职业素养。具体任务如下：
1. 自动仓储的PLC控制外部接线图的绘制；
2. 程序编制及程序调试；
3. 选择元器件、导线及耗材；
4. 元器件的检测及安装、布线；
5. 整机调试并排除故障；
6. 带负载运行。</td></tr>
<tr><td>项目目标</td><td colspan="7">通过自动仓储PLC控制电路的硬件设计和软件设计，能够正确识读电气原理图，正确选择元器件，熟悉自动仓储PLC的控制过程，掌握定时器PLC程序的编制方法、安装调试的要领和注意事项，掌握布线的工艺要求和相应的国家标准，明确电工安全注意事项。</td></tr>
<tr><td>相关资料及资源</td><td colspan="7">PLC、编程软件、编程手册、实训指导书、视频录像、PPT课件、电气安装工艺及标准等。</td></tr>
<tr><td>项目成果</td><td colspan="7">1. 自动仓储PLC控制电路板；
2. CDIO项目报告；
3. 评价表。</td></tr>
<tr><td>注意事项</td><td colspan="7">1. 遵守布线要求；
2. 每组在通电试车前一定要经过指导教师的允许才能通电；
3. 安装调试完毕后先断电源后断负载；
4. 严禁带电操作；
5. 安装完毕及时清理工作台，工具归位。</td></tr>
</table>

（续）

引导性问题	1. 你已经准备好完成自动仓储的 PLC 控制的所有资料了吗？如果没有，还缺少哪些？应该通过哪些渠道获得？ 2. 在完成本项目前，你还缺少哪些必要的知识？如何解决？ 3. 你选择哪种方法进行编程？ 4. 在进行安装前，你准备好器材了吗？ 5. 在安装接线时，你选择导线的规格多大？根据什么进行选择？ 6. 你采取什么措施来保证制作质量，符合制作要求吗？ 7. 在安装和调试过程中，你会用到哪些工具？ 8. 在安装完毕后，你所用到的工具和仪器是否已经归位？

一、自动仓储的 PLC 控制项目分析

自动仓储是存储系统的重要组成部分，它是在不直接进行人工处理的情况下能自动地存储和取出物品的系统。在仓库进货过程中，使用运输车设备将物品存入仓库。主计算机与 PLC 之间以及 PLC 与 PLC 之间的通信可以及时地汇总信息，仓库计算机及时记录订货和到货时间，显示库存量，计划人员可以方便地做出供货决策，管理人员随时掌握货源及需求。

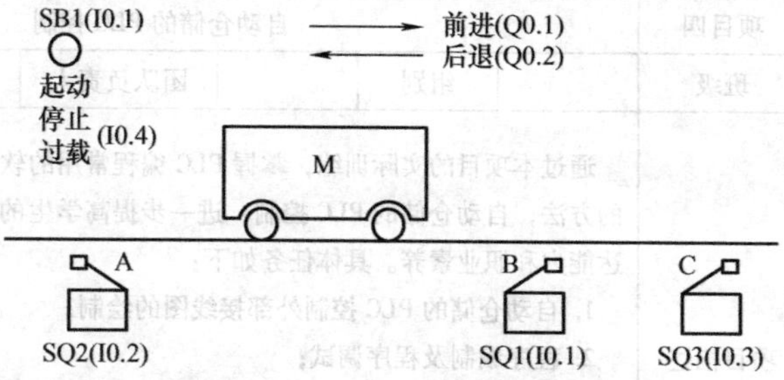

SB1(I0.1)
起动
停止
过载 (I0.4)
前进(Q0.1)
后退(Q0.2)
M
A
B
C
SQ2(I0.2)
SQ1(I0.1)
SQ3(I0.3)

图 4-2　运输车运送货物示意图

图 4-2 是自动仓储运输车运送货物示意图，其中送料小车进行三点自动往返控制，其一个工作周期的控制工艺要求如下。

总的控制要求如下：

1）按下起动按钮 SB1，送料小车电动机 M 正转，送料小车前进，碰到限位开关 SQ1 后，送料小车电动机反转，送料小车后退。

2）送料小车后退碰到限位开关 SQ2 后，送料小车电动机 M 停转，停 5s。第二次前进，碰到限位开关 SQ3，再次后退。

3）当后退再次碰到限位开关 SQ2 时，送料小车停止。延时 5s 后重复上述动作。

让我们首先了解一下程序控制类指令吧！

二、自动仓储的 PLC 控制相关知识

（一）程序控制类指令

程序控制类指令用于程序运行状态的控制，主要包括有条件结束、暂停、监视计时器复位、跳转、循环、子程序调用、顺序控制等指令。

1. 有条件结束(END)指令

所谓有条件结束(END)指令，就是执行条件成立时结束主程序，返回主程序起点。有

条件结束指令用在无条件结束(MEND)指令前。用户程序必须以无条件结束指令结束主程序。西门子可编程序系列编程软件自动在主程序结束时加上一个无条件结束(MEND)指令。有条件结束指令不能在子程序或中断程序中使用。其指令格式如图4-3所示。

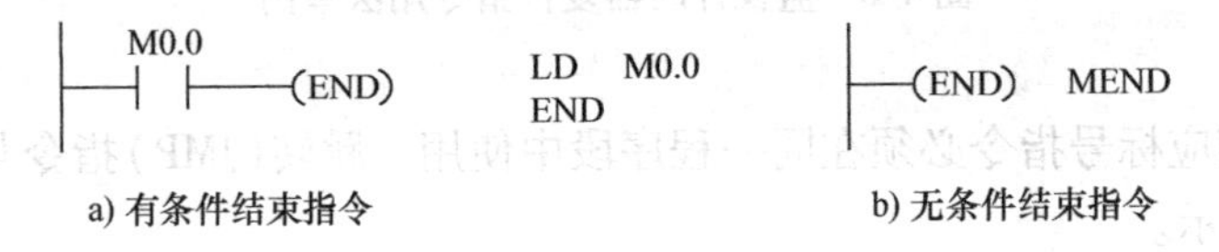

图4-3　END/MEND指令格式

2. 暂停(STOP)指令

所谓暂停(STOP)指令，是指当条件符合时，能够引起CPU的工作方式发生变化，从运行方式(RUN)进入停止方式(STOP)，立即终止程序执行的指令。如果STOP指令在中断程序中执行，那么该中断程序立即终止，并且忽略所有挂起的中断，继续扫描主程序的剩余部分。在本次扫描的最后，完成CPU从RUN到STOP方式的转换。其指令格式如图4-4所示。

```
SM5.0
──┤ ├──(STOP)      LD     SM5.0    //SM5.0为检测到I/O错误时置1
                   STOP            //强制转换到STOP(停止)模式
```

图4-4　STOP指令格式

注意END和STOP是有区别的，如图4-5所示，它实现CPU从RUN到STOP方式的转换，在这个过程中，当I0.0接通时，Q0.0有输出，若I0.1接通，中止用户程序，Q0.0仍保持接通，下面的程序不会执行，并返回主程序起始点。若I0.0断开，接通I0.2，则Q0.1有输出，若将I0.3接通，则Q0.0和Q0.1均复位，CPU转为STOP。

3. 监视计时器复位(WDR)指令

监视计时器复位(WDR)指令(又称看门狗定时器复位指令)，是指为了保证系统可靠运行，PLC内部设置了系统监视计时器WDT，用于监视扫描周期是否超时，每当扫描到WDT计时器时，WDT计时器将复位。

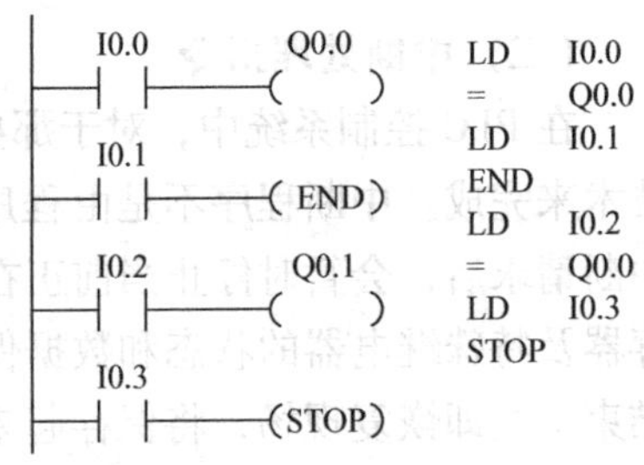

图4-5　END/STOP指令的区别

WDT计时器有一个设定值(100~300ms)。系统正常工作时，所需扫描时间小于WDT的设定值，WDT计时器被复位；系统故障下，扫描周期会大于WDT计时器设定值。

若该计时器不能及时复位，则报警并停止CPU运行，同时复位输出、输入，这种故障称为WDT故障，用以防止因系统故障或程序进入死循环而引起的扫描周期过长。

系统正常工作时，有时会因为用户程序过长或使用中断指令、循环指令使扫描时间过长而超过WDT计时器的设定值，为防止这种情况下监视计时器动作，可使用监视计时器复位(WDR)指令，使WDT计时器复位。使用WDT计时器复位，在终止本次扫描之前，下列操作过程将被禁止：通信(自由端口方式除外)、I/O(立即I/O除外)、强制更新、SM位更新(SM0,SM5~SM29不能被更新)、运行时间诊断、中断程序中的STOP指令。监视计时器复位(WDR)指令的用法如图4-6所示。

4. 跳转(JMP)与标号(LBL)指令

跳转(JMP)指令是指当指令执行后，可使程序流程转到同一程序中的具体标号(n)处。标号(LBL)指令，是指标记跳转目的地的位置(n)指令。指令操作数n为常数，通常为

M2.5
(WDR)
LD M2.5 //M2.5接通时
WDR //重新触发WDR，允许扩展扫描时间

图 4-6 监视计时器复位指令用法举例

0~255。

跳转指令和相应标号指令必须在同一程序段中使用。跳转(JMP)指令与标号(LBL)指令的用法如图 4-7 所示。

如图 4-7 所示的梯形图中，当 JMP 条件满足(即 I0.3 为 ON)时，程序跳转到 LBL 标号以后的指令，而在 JMP 和 LBL 之间的指令一概不执行，在这个过程中，即使 I0.0 接通也不会有 Q0.0 输出。当 JMP 条件不满足时，则当 I0.1 接通时 Q0.1 有输出。

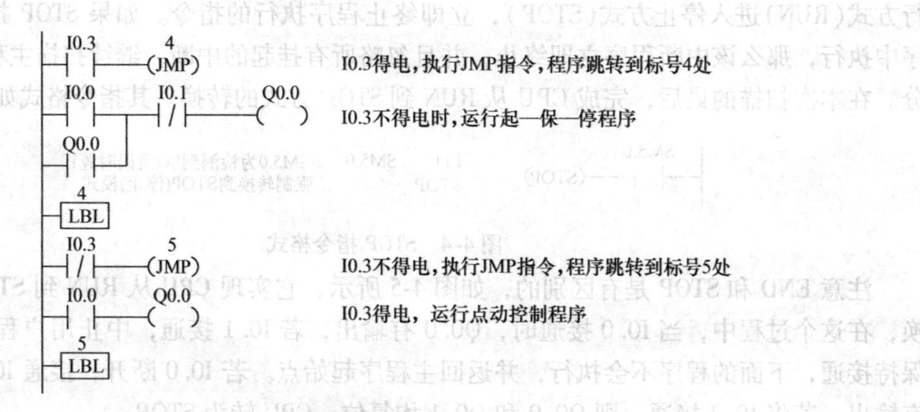

图 4-7 跳转与标号指令用法举例

(二) 中断处理指令

在 PLC 控制系统中，对于那些不定期产生的急需处理的事件，常常通过采用中断处理技术来完成。中断程序不是由程序调用，而是在中断事件发生时由系统调用。当 CPU 响应中断请求后，会暂时停止当前正在执行的程序，进行现场保护，在将累加器、逻辑堆栈、寄存器及特殊继电器的状态和数据保存起来后，转到相应的中断服务程序中去处理。一旦处理结束，立即恢复现场，将保存起来的现场数据和状态重新装入，返回到原程序继续执行。

在 S7-200 PLC 中，中断服务程序的调用和处理由中断指令来完成。

1. 中断事件

在 PLC 中，很多信息和事件都能够引起中断，如系统内部中断和用户操作引起的中断。系统的内部中断是由系统来处理的，如编程器、数据处理器和某些智能单元等，可能随时会向 CPU 发出中断请求，而对这种中断请求的处理，PLC 是自动完成的。由用户引起中断的中断一方面是来自控制过程的中断，常称为过程中断；另一方面是来自 PLC 内部的定时功能，这种中断常称为时基中断。应用中多以用户引起的中断为主，以下分别介绍。

(1) 过程中断　在 S7-200 PLC 中，过程中断可分为通信口中断和 I/O 中断。通信口中断包括通信口 0 和通信口 1 产生的中断；I/O 中断包括外部输入中断、高速计数器中断和高速脉冲串输出中断。

1) 通信口中断：S7-200 PLC 的串行通信口可以由用户程序来控制。用户可以通过编程的方法来设置波特率、奇偶校验和通信协议等参数。对通信口的这种操作方式，又称为自由

口通信。利用接收和发送中断可简化程序对通信的控制。

2）外部输入中断：中断的信息可以通过I0.0、10.1、10.2、10.3的上升沿或下降沿输入到PLC中，系统将对此中断信息进行快速响应。

3）高速计数器中断：在应用高速计数器的场合下，允许响应高速计数器的当前值等于设定值，或者计数方向发生改变，或者高速计数器外部复位等事件发生时都会使高速计数器向CPU提出的中断请求。

4）高速脉冲串输出中断：允许PLC响应完成输出给定数量的高速脉冲串时引起的中断。

（2）时基中断　在S7-200 PLC中，时基中断可以分为定时中断和定时器中断。

1）定时中断：定时中断响应周期性的事件，按指定的周期时间循环执行。周期时间以1 ms为计量单位，周期时间范围为1~255ms。

定时中断有两种类型：定时中断0和定时中断1，它们分别把周期时间写入特殊寄存器SMB34和特殊寄存器SMB35。对模拟量信号运算控制时，利用定时中断可以设定采样周期，实现对模拟量的数据采样。

2）定时器中断：定时器中断是利用指定的定时器设定的时间产生中断。在S7-200 PLC中，指定的定时器是时基为1ms的定时器T32和定时器T96。中断允许后，定时器T32和T96的当前值等于预置值时就发生中断。

在S7-200 PLC的CPU 22X中，可以响应最多34个中断事件，每个中断事件分配不同的编号，中断事件号见表4-2。

表4-2　中断事件号及优先级表

事件号	中断事件描述	优先级		CPU 221	CPU 222	CPU 224	CPU 226
		组	组内				
0	I0.0上升沿中断	外部输出I/O中断（中优先级）	2	Y	Y	Y	Y
1	I0.0下降沿中断		3	Y	Y	Y	Y
2	I0.1上升沿中断		4	Y	Y	Y	Y
3	I0.1下降沿中断		5	Y	Y	Y	Y
4	I0.2上升沿中断		6	Y	Y	Y	Y
5	I0.2下降沿中断		7	Y	Y	Y	Y
6	I0.3上升沿中断		8	Y	Y	Y	Y
7	I0.3下降沿中断		9	Y	Y	Y	Y
8	通信口0：接收字符	通信中断（高优先级）	0	Y	Y	Y	Y
9	通信口0：发送字符完成		0	Y	Y	Y	Y
10	定时中断0，SMB34	时基中断	0	Y	Y	Y	Y
11	定时中断1，SMB35		1	Y	Y	Y	Y

（续）

事件号	中断事件描述	优先级		CPU 221	CPU 222	CPU 224	CPU 226
		组	组内				
12	HSC0 CV=PV （当前值=预置值）	高速计数器 I/O 中断（中优先级）	10	Y	Y	Y	Y
13	HSC1 CV=PV （当前值=预置值）		13			Y	Y
14	HSC1：输入方向改变		14			Y	Y
15	HSC1 外部复位		15			Y	Y
16	HSC2 CV=PV （当前值=预置值）		16			Y	Y
17	高速计数器 2：输入方向改变		17			Y	Y
18	高速计数器 2：外部复位		18			Y	Y
19	PTO0 脉冲串输出完成中断	脉冲串输出 I/O 中断（中优先级）	0	Y	Y	Y	Y
20	PTO1 脉冲串输出完成中断		1	Y	Y	Y	Y
21	定时器 T32 CT=PT 中断	时基中断（低优先级）	2	Y	Y	Y	Y
22	定时器 T96 CT=PT 中断		2	Y	Y	Y	Y
23	端口 0：接收消息完成	通信中断（高优先级）	1	Y	Y	Y	Y
24	端口 1：接收消息完成		1				Y
25	端口 1：接收字符		1				Y
26	端口 1：发送完成		1				Y

（续）

事件号	中断事件描述	优先级 组	优先级 组内	CPU 221	CPU 222	CPU 224	CPU 226
27	HSC0 输入方向改变	高速计数器I/O中断（中优先级）	11	Y	Y	Y	Y
28	HSC0 外部复位		12	Y	Y	Y	Y
29	HSC4 CV=PV （当前值=预置值）		20	Y	Y	Y	Y
30	HSC4 输入方向改变		21	Y	Y	Y	Y
31	HSC4 外部复位		22	Y	Y	Y	Y
32	HSC3 CV=PV （当前值=预置值）		19	Y	Y	Y	Y
33	HSC5 CV=PV （当前值=预置值）		23	Y	Y	Y	Y

注：CV（Current Value）：当前值；PV（Preset Value）：预置值；CT（Current Time）：当前时间；PT（Preset Time）：预设时间。

2. 中断指令

中断指令包括中断允许指令ENI、中断禁止指令DISI、中断连接指令ATCH、中断分离指令DTCH、中断返回指令RETI和CRETI及中断服务程序标号指令INT。其指令格式见表4-3。

表4-3　中断指令语句表

梯形图LAD	语句表 操作码	语句表 操作数	功能
——(ENI)	ENI	—	中断允许指令ENI全局地允许所有被连接的中断事件
——(DISI)	DISI	—	中断禁止指令DISI全局地禁止处理所有中断事件
ATCH EN INT EVNT	ATCH	INT，EVNT	中断连接指令ATCH把一个中断事件（EVNT）和一个中断服务程序连接起来，并允许该中断事件

（续）

梯形图 LAD	语句表		功能
	操作码	操作数	
DTCH EN EVNT	DTCH	EVNT	中断分离指令 DTCH 截断一个中断事件(EVNT)和所有中断程序的联系，并禁止该中断事件
n INT	INT	n	中断服务程序标号指令 INT 指定中断服务程序(n)的开始
(CRETI)	CRETI	—	中断返回指令 CRETI 在前面的逻辑条件满足时，退出中断服务程序而返回主程序
(RETI)	RETI	—	执行 RETI 指令将无条件返回主程序

注：

1. 操作数 INT 及 n 用来指定中断服务程序标号，取值范围为 0~127。
2. EVNT 用于指定被连接或被分离的中断事件，对于 22X 系列 PLC，其编号为 0~33。
3. 在 STEP 7-Micro/WIN 编程软件中无 INT 指令，中断服务程序的区分由不同的中断程序窗口来辨识。
4. 无条件返回指令 RETI 是每一个中断程序所必须有的，在 STEP 7-Micro/WIN 编程软件中可自动在中断服务程序后加入该指令。

3. 中断程序的调用原则

（1）中断优先级　在 S7-200 PLC 的中断系统中，将全部中断事件按中断性质和轻重缓急分配不同的优先级，使得当多个中断事件同时发出中断请求时，按照优先级从高到低进行排队。优先级的顺序按照中断性质分，依次是通信中断、高速脉冲串输出中断、外部输入中断、高速计数器中断、定时中断、定时器中断。各个中断事件的优先级见表 4-12。

（2）中断队列　在 PLC 中，CPU 一般在指定的优先级内按照先来先服务的原则响应中断事件的中断请求，在任何时刻，CPU 只执行一个中断程序。当 CPU 按照中断优先级响应并执行一个中断程序时，就不会响应其他中断事件的中断请求(尽管此时可能会有更高级别的中断事件发出中断请求)，直到将当前的中断程序执行结束。在 CPU 执行中断程序期间，对新出现的中断事件仍然按照中断性质和优先级的顺序分别进行排队，形成中断队列。CPU 22X 系列的中断队列的长度及溢出位见表 4-4。如果超过规定的中断队列长度，则产生溢出，使特殊继电器置位。

表 4-4　中断队列的长度及溢出位

队　列	CPU 类型							中断队列溢出标志位	
	212	214	215	216	221 222	224	224XP 226		
通信中断队列	4	4	4	8	4	4	8	SM4.0	溢出为 ON
I/O 中断队列	4	16	16	16	16	16	16	SM4.1	溢出为 ON
时基中断队列	2	4	8	8	8	8	8	SM4.2	溢出为 ON

在 S7-200 PLC 中，无中断嵌套功能，但在中断程序中可以调用一个嵌套子程序，因为累加器和逻辑堆栈在中断程序和被调用的子程序中是公用的。

多个中断事件可以调用同一个中断服务程序，但是同一个中断事件不能同时指定调用多个中断服务程序，否则，当某个中断事件发生时，CPU 只调用为该事件指定的最后一个中断服务程序。

4. 中断指令应用举例

【例 4-1】 编程完成采样工作，要求每 10ms 采样一次。

分析：完成每 10ms 采样一次，需用定时中断，查表 4-2 可知，定时中断 0 的中断事件号为 10。因此在主程序中将采样周期(10ms)，即定时中断的时间间隔写入定时中断 0 的特殊存储器 SMB34，并将中断事件 10 和 INT_ 0 连接，全局开中断。在中断程序 0 中，将模拟量输入信号读入，程序如图 4-8 所示。

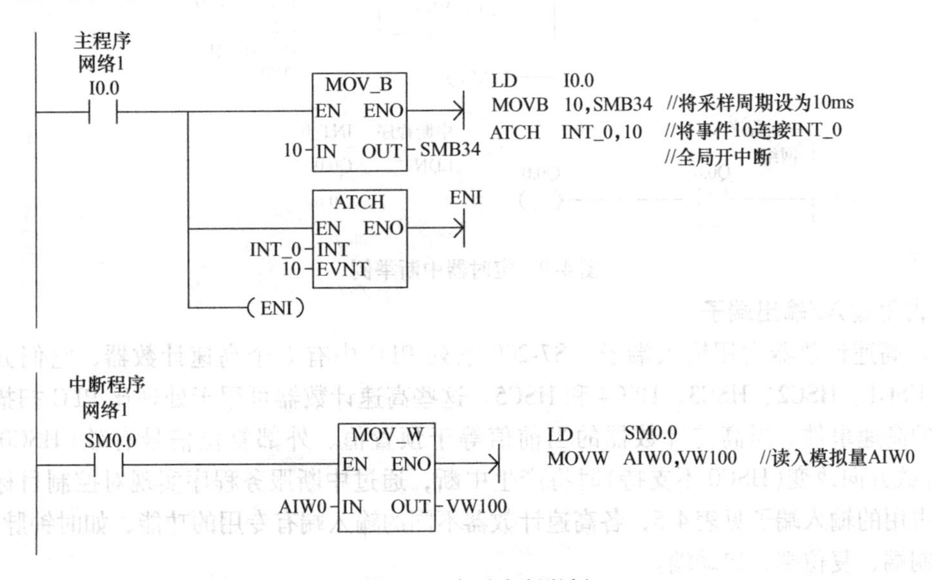

图 4-8　定时中断举例

【例 4-2】 利用定时器中断功能编制一个程序，实现如下功能：当 I0.0 由 OFF 变为 ON 时，Q0.0 亮 1s、灭 1s，如此循环反复直至 I0.0 由 ON 变为 OFF，Q0.0 变为 OFF，程序如图 4-9 所示。

（三）高速处理指令

PLC 的普通计数器的计数过程与扫描工作方式有关，CPU 通过每一扫描周期读取一次被测信号的方法来捕捉被测信号的上升沿，被测信号的频率较高时，会丢失计数脉冲，因此普通计数器的工作频率很低，一般仅有几十赫兹。高速计数器可以对普通计数器无能为力的事件进行计数，计数频率取决于 CPU 的类型，CPU 22X 系列最高计数频率为 30kHz，用于捕捉比 CPU 扫描速度更快的事件，并产生中断，执行中断程序，完成预定的操作。高速计数器在现代自动控制的精确定位控制领域有重要的应用价值。

S7-200 系列 PLC 还设有高速脉冲输出，输出频率可达 20kHz，用于 PTO(输出一个频率可调、占空比为 50%的脉冲)和 PWM(输出一个周期一定、占空比可调的脉冲)。高速脉冲输出的功能可用于对电动机进行速度控制及位置控制。

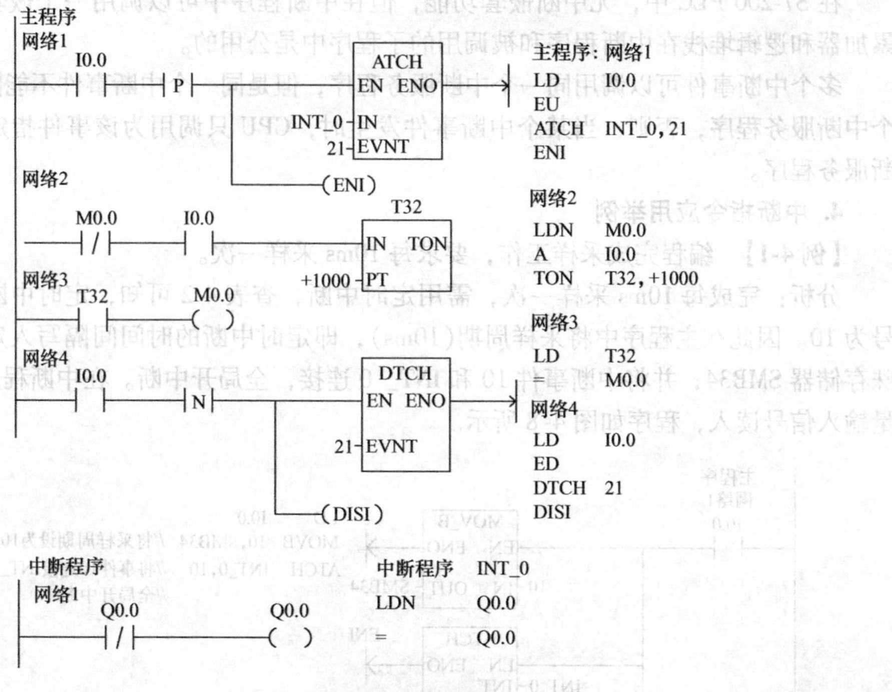

图 4-9 定时器中断举例

1. 占用输入/输出端子

（1）高速计数器占用输入端子　S7-200 系列 PLC 中有 6 个高速计数器，它们分别是 HSC0、HSC1、HSC2、HSC3、HSC4 和 HSC5。这些高速计数器可用于处理比 PLC 扫描周期还要短的高速事件。当高速计数器的当前值等于预置值、外部复位信号有效（HSC0 不支持）、计数方向改变（HSC0 不支持）时将产生中断，通过中断服务程序实现对控制目标的控制。其占用的输入端子见表 4-5，各高速计数器不同的输入端有专用的功能，如时钟脉冲端、方向控制端、复位端、启动端。

表 4-5 占用的输入端子

高速计数器	使用的输入端子	高速计数器	使用的输入端子
HSC0	I0.0，I0.1，I0.2	HSC3	I0.1
HSC1	I0.6，I0.7，I1.0，I1.1	HSC4	I0.3，I0.4，I0.5
HSC2	I1.2，I1.3，I1.4，I1.5	HSC5	I0.4

在表 4-5 中所用到的输入点，如 I0.0～I0.3，既可以作为普通输入点使用，又可以作为边沿中断输入点，还可以在使用高速计数器时作为指定的专用输入点使用，但对于同一个输入点，同时只能作为上述其一功能使用。如果不使用高速计数器，这些输入点可作为一般的数字量输入点，或者作为输入/输出中断的输入点。只要使用高速计数器，相应输入点就分配给相应的高速计数器，实现由高速计数器产生的中断。也就是说，在 PLC 的实际应用中，每个输入点的作用是唯一的，不能对某一个输入点分配多个用途，因此要合理分配每一个输入点的用途。

（2）高速计数器占用输出端子　S7-200 系列中晶体管输出型的 PLC（如 CPU 224DC/

DC/DC)有 PTO、PWM 两台高速脉冲发生器。PTO 脉冲串功能是可输出指定个数、指定周期的方波脉冲(占空比为 50%)；PWM 的功能是输出脉宽可变化的脉冲信号，用户可以指定脉冲的周期和脉冲的带宽。若一台发生器指定给数字输出点 Q0.0，另一台发生器则指定数字输出点 Q0.1，当 PTO、PWM 脉冲发生器输出时，将禁止输出点 Q0.0、Q0.1 的正常使用；当不使用 PTO、PWM 脉冲发生器时，输出点 Q0.0、Q0.1 恢复正常使用。

2. 高速计数器的工作方式

(1) 高速计数器的计数方式

1) 单路脉冲输入的内部方向控制加/减计数。只有一个脉冲输入端，通过高速计数器控制字节(见表 4-6)的第 3 位来控制加计数或者减计数。该位为 1 时，加计数；该位为 0 时，减计数。内部方向控制的单路加/减计数方式如图 4-10 所示。

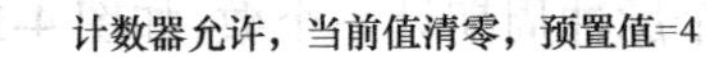

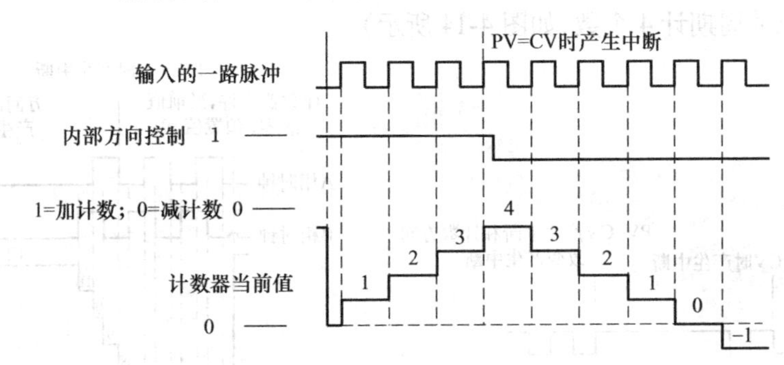

图 4-10 内部方向控制的单路加/减计数方式

2) 单路脉冲输入的外部方向控制加/减计数。有一个脉冲输入端和一个方向控制端，方向输入信号等于 1 时，加计数；方向输入信号等于 0 时，减计数。外部方向控制的单路加/减计数方式如图 4-11 所示。

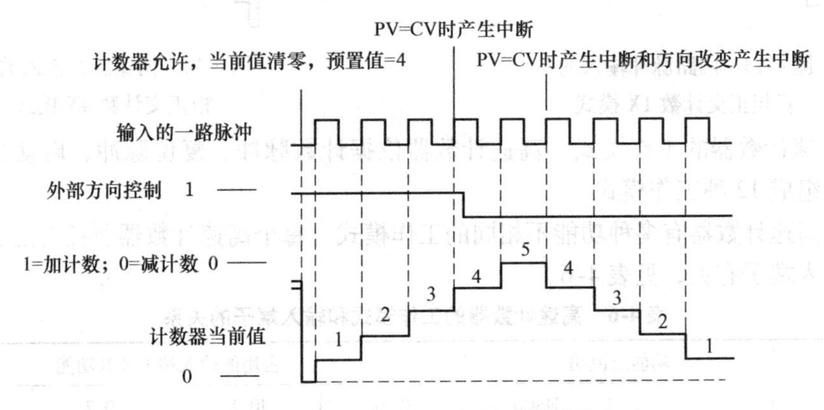

图 4-11 外部方向控制的单路加/减计数方式

3) 两路脉冲输入的单相加/减计数。有两个脉冲输入端，一个是加计数脉冲输入端，一个是减计数脉冲输入端，计数值为两个输入端脉冲的代数和。两路脉冲输入的加/减计数方式如图 4-12 所示。

4) 两路脉冲输入的双相正交计数。有两个脉冲输入端，输入的两路脉冲 A 相、B 相相

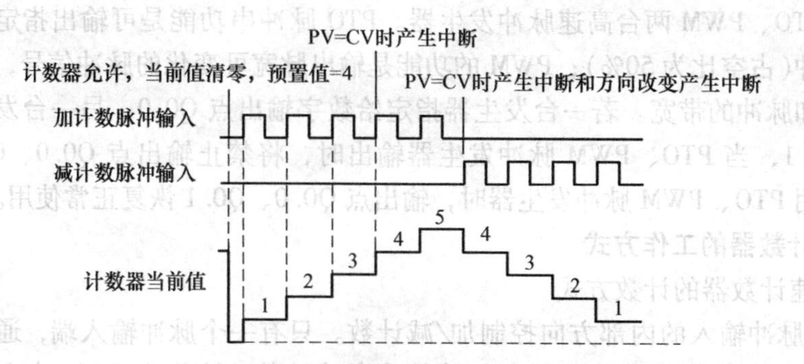

图 4-12　两路脉冲输入的加/减计数方式

位互差 90°(正交)。A 相超前 B 相 90°时，加计数；A 相滞后 B 相 90°时，减计数。在这种计数方式下，可选择 1X 模式(单倍频,一个脉冲周期计一个数,如图 4-13 所示)和 4X 模式(四倍频,一个脉冲周期计 4 个数,如图 4-14 所示)。

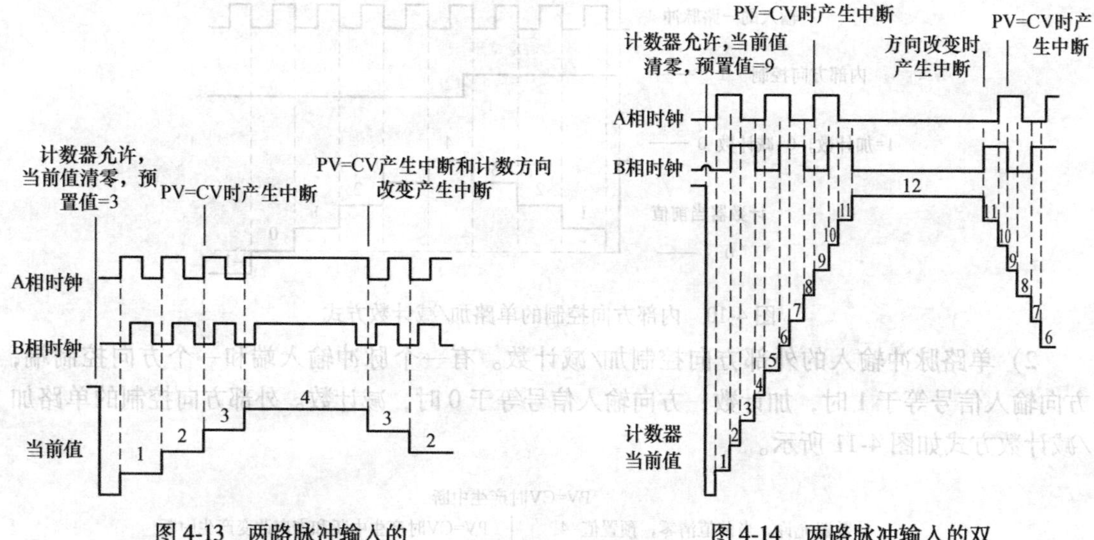

图 4-13　两路脉冲输入的双相正交计数 1X 模式

图 4-14　两路脉冲输入的双相正交计数 4X 模式

(2) 高速计数器的工作模式　高速计数器依据计数脉冲、复位脉冲、启动脉冲端子的不同接法可组成 12 种工作模式。

不同的高速计数器有多种功能不相同的工作模式。每个高速计数器所拥有的工作模式和其占有的输入端子有关，见表 4-6。

表 4-6　高速计数器的工作模式和输入端子的关系

	功能及说明		占用的输入端子及其功能			
高速计数器 HSC 的工作模式	高速计数器编号	HSC0	I0.0	I0.1	I0.2	×
		HSC4	I0.3	I0.4	I0.5	×
		HSC1	I0.6	I0.7	I1.0	I1.1
		HSC2	I1.2	I1.3	I1.4	I1.5
		HSC3	I0.1	×	×	×
		HSC5	I0.4	×	×	×

（续）

0	单路脉冲输入的内部方向控制加/减计数 控制字第3位为0，减计数；控制字第3位为1，加计数	脉冲输入端	×	×	×
1			×	复位端	×
2			×	复位端	启动
3	单路脉冲输入的外部方向控制加/减计数 方向控制端=0，减计数；方向控制端=1，加计数	脉冲输入端	方向控制端	×	×
4				复位端	×
5				复位端	启动
6	两路脉冲输入的单向加/减计数 加计数端有脉冲输入，加计数；减计数端有脉冲输入，减计数	加计数脉冲输入端	减计数脉冲输入端	×	×
7				复位端	×
8				复位端	启动
9	两路脉冲输入的双相正交计数 A相脉冲超前B相脉冲，加计数；A相脉冲滞后B相脉冲，减计数	A相脉冲输入端	B相脉冲输入端	×	×
10				复位端	×
11				复位端	启动

由表4-6可知，高速计数器的工作模式确定以后，高速计数器所使用的输入端子便被指定。如选择HSC1模式11下工作，则必须用I0.6作为A相脉冲输入端，I0.7作为B相脉冲输入端，I1.0作为复位端，I1.1作为起动端。

3. 高速计数器指令

（1）指令格式及功能　指令格式及功能见表4-7。

表4-7　高速计数器指令格式及功能

梯形图LAD	语句表STL	功　能
HDEF —EN ENO— ????—HSC ????—MODE	HDEF　HSC，　MODE	当使用输入有效时，根据高速计数器特殊存储器位的状态及HDEF指令指定的工作模式，设置高速计数器并控制其工作
HSC —EN ENO— ????—N	HSC　　　N	当使能输入有效时，为高速计数器分配一种工作模式

注：

1. 高速计数器定义指令HDEF中，操作数HSC指定高速计数器号(0~5)，MODE指定高速计数器的工作模式(0~11)。每个高速计数器只能用一条HDEF指令。
2. 高速计数器指令HSC中，操作数N指定高速计数器号(0~5)。

（2）高速计数的控制字节　高速计数器的控制字节用于设置计数器的计数允许、计数方向等，各高速计数器的控制字节含义见表 4-8。

表 4-8　各高速计数器的控制字节含义

HSC0	HSC1	HSC2	HSC3	HSC4	HSC5	含　义
SM37.0	SM47.0	SM57.0	SM137.0	SM147.0	SM157.0	复位信号有效电平 0=高电平有效；1=低电平有效
SM37.1	SM47.1	SM57.1	SM137.1	SM147.1	SM157.1	启动信号有效电平 0=高电平有效；1=低电平有效
SM37.2	SM47.2	SM57.2	SM137.2	SM147.2	SM157.2	正交计数器的倍率选择 0=4 倍率；1=1 倍率
SM37.3	SM47.3	SM57.3	SM137.3	SM147.3	SM157.3	计数方向控制位 0=减计数；1=加计数
SM37.4	SM47.4	SM57.4	SM137.4	SM147.4	SM157.4	向 HSC 写入计数方向 0=不更新；1=更新
SM37.5	SM47.5	SM57.5	SM137.5	SM147.5	SM157.5	向 HSC 写入新的预置值 0=不更新；1=更新
SM37.6	SM47.6	SM57.6	SM137.6	SM147.6	SM157.6	向 HSC 写入新的当前值 0=不更新；1=更新
SM37.7	SM47.7	SM57.7	SM137.7	SM147.7	SM157.7	启用 HSC 0=关 HSC；1=开 HSC

（3）高速计数器的当前值及预置值寄存器　每个高速计数器都有一个 32 位当前值寄存器和一个 32 位预置值寄存器，当前值和预置值均为带符号的整数值。高速计数器的值可以通过高速计数器标识符 HSC 加计数器号码(0、1、2、3,4 或 5)寻址来读取。要改变高速计数器的当前值和预置值，必须使控制字节(见表 4-8)的第 5 位和第 6 位为 1，在允许更新预置值和当前值的前提下，新当前值和新预置值才能写入当前值及预置值寄存器。当前值和预置值占用的特殊内部寄存器见表 4-9。

表 4-9　高速计数器当前值和预置值寄存器

寄存器名称	HSC0	HSC1	HSC2	HSC3	HSC4	HSC5
当前值寄存器	SMD38	SMD48	SMD58	SMD 138	SMD148	SMD158
预置值寄存器	SMD42	SMD52	SMD62	SMD142	SMD152	SMD162

（4）高速计数器的状态字节　高速计数器的状态字节位存储当前的计数方向、当前值是否等于预置值、当前值是否大于预置值。PLC 通过监控高速计数器状态字节，可产生中断事件，以便用以完成用户希望的重要操作。各高速计数器的状态字节描述见表 4-10。

表4-10　高速计数器的状态字节描述

HSC0	HSC1	HSC2	HSC3	HSC4	HSC5	含　义
SM36.0	SM46.0	SM56.0	SM136.0	SM146.0	SM156.0	未用
SM36.1	SM46.1	SM56.1	SM136.1	SM146.1	SM156.1	
SM36.2	SM46.2	SM56.2	SM136.2	SM146.2	SM156.2	
SM36.3	SM46.3	SM56.3	SM136.3	SM146.3	SM156.3	
SM36.4	SM46.4	SM56.4	SM136.4	SM146.4	SM156.4	
SM36.5	SM46.5	SM56.5	SM136.5	SM146.5	SM156.5	当前计数方向状态位：0=减计数；1=加计数
SM36.6	SM46.6	SM56.6	SM136.6	SM146.6	SM156.6	当前值等于预置值状态位：0=不等；1=相等
SM36.7	SM46.7	SM56.7	SM136.7	SM146.7	SM156.7	当前值大于预置值状态位：0=小于或等于；1=大于

注：HSC0、HSC1、HSC2、HSC3、HSC4和HSC5的状态位，仅当高速计数器中断程序执行时才有效。

（5）高速计数器指令的使用

1）每个高速计数器都有一个32位当前值和一个32位预置值，当前值和预置值均为带符号的整数值。要设置高速计数器的新当前值和新预置值，必须设置控制字节（见表4-8），令其第5位和第6位为1，允许更新预置值和当前值，新当前值和新预置值写入特殊内部标志位存储区。然后执行HSC指令，将新数值传输到高速计数器。

2）执行HDEF指令之前，必须将高速计数器控制字节的位设置成需要的状态，否则将采用默认设置。默认设置为：复位和起动输入高电平有效，正变计数速率选择4X模式。执行HDEF指令后，就不能再改变计数器的设置，除非CPU进入停止模式。

3）执行HSC指令时，CPU检查控制字节及有关的当前值和预置值。

4）高速计数器指令的初始化步骤：

① 用首次扫描时接通一个扫描周期的特殊内部存储器SM0.1去调用一个子程序，完成初始化操作。因为采用了子程序，在随后的扫描中，不必再调用这个子程序，以减少扫描时间，使程序结构更好。

② 在初始化的子程序中，根据希望的控制设置控制字（SMB37、SMB47、SMB57、SMB137、SMB147、SMB157），如设置SMB47=16#F8，则为：允许计数，写入新当前值，写入新预置值，更新计数方向为加计数，若为正交计数则设为4X模式，复位和起动设置为高电平有效。

③ 执行HDEF指令，设置HSC的编号(0~5)，设置工作模式(0~11)。如HSC的编号设置为1，工作模式输入设置为11，则为既有复位又有起动的正交计数工作模式。

④ 用新的当前值写入32位当前值寄存器（SMD38、SMD48、SMD58、SMD138、SMD148、SMD158）。

⑤ 用新的预置值写入32位预置值寄存器（SMD42、SMD52、SMD62、SMD142、SMD152、SMD162）。如执行指令“MOVD 1000，SMD52”，则设置预置值为1000。若写入预置值为16#00，则高速计数器处于不工作状态。

⑥ 为了捕捉当前值等于预置值的事件，将条件 CV=PV 中断事件(事件 13)与一个中断程序相联系。

⑦ 为了捕捉计数方向的改变，将方向改变的中断事件(事件 14)与一个中断程序相联系。

⑧ 为了捕捉外部复位，将外部复位中断事件(事件 15)与一个中断程序相联系。

⑨ 执行全局中断允许指令(ENI)允许 HSC 中断。

⑩ 执行 HSC 指令使 S7-200 PLC 对高速计数器进行编程，然后结束子程序。

(6) 高速计数器指令向导的应用　高速计数器程序可以通过 STEP 7-Micro/WIN 编程软件的指令向导自动生成，指令向导编程的步骤如下。

1) 打开 STEP 7-Micro/WIN 软件，选择主菜单“工具”→“指令向导”，进入向导编程界面，如图 4-15 所示。

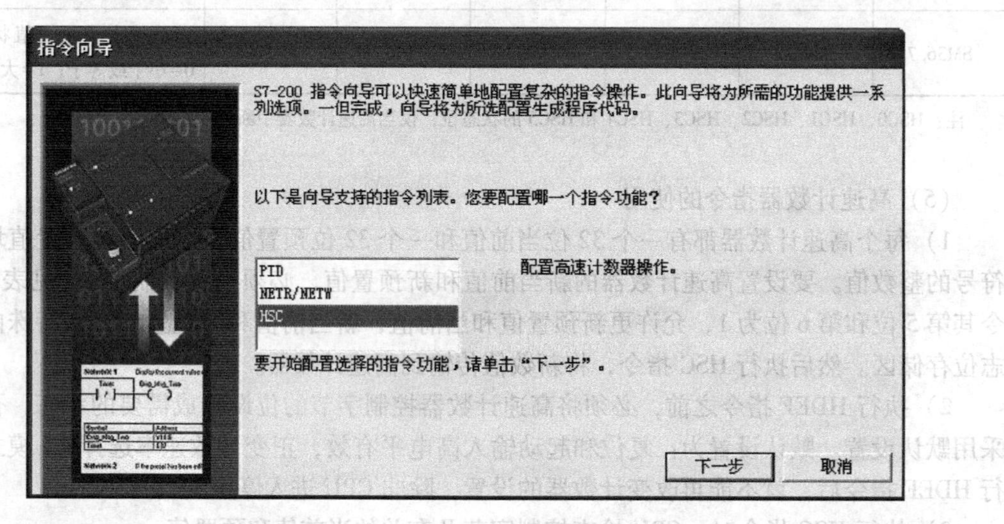

图 4-15　高速计数器指令向导编程界面

2) 选择“HSC”，单击“下一步”按钮，出现如图 4-15 所示的对话框。只能在符号地址的编程方式下使用指令向导，单击“是”按钮进行确认。

3) 确认符号地址后，出现如图 4-16 所示的计数器编号和计数模式选择界面，可以选择计数器的编号和计数模式。在该对话框中选择“HC1”和“模式 11”，然后单击“下一步”按钮。

4) 在图 4-17 所示的高速计数器初始化设定界面中分别输入高速计数器初始化子程序的符号名(默认的符号名为“HSC-INIT”)、高速计数器的预置值(输入为“10000”)、计数器当前值的初始值(输入“0”)、初始计数方向(选择“增”)、重设输入(即复位信号)的极性(选择高电平有效)、起始输入(即启动信号)的极性(选择高电平有效)、计数器的倍率选择(选择 4 倍频“4X”)。完成后单击“下一步”按钮。

5) 在完成高速计数器的初始化设定后，出现高速计数器中断设置界面，如图 4-18 所示。本例中为当前值等于预置值时产生中断，并输入中断程序的符号名(默认为“COUNT-EQ”)。在“您希望为 HC1 编程多少步?”栏，选择需要中断的步数，本例中只有当前值清零这一步，因此选择“1”。完成后单击“下一步”按钮。

6) 高速计数器中断处理方式设定界面如图 4-19 所示。当 CV=PV 时需要将当前值清

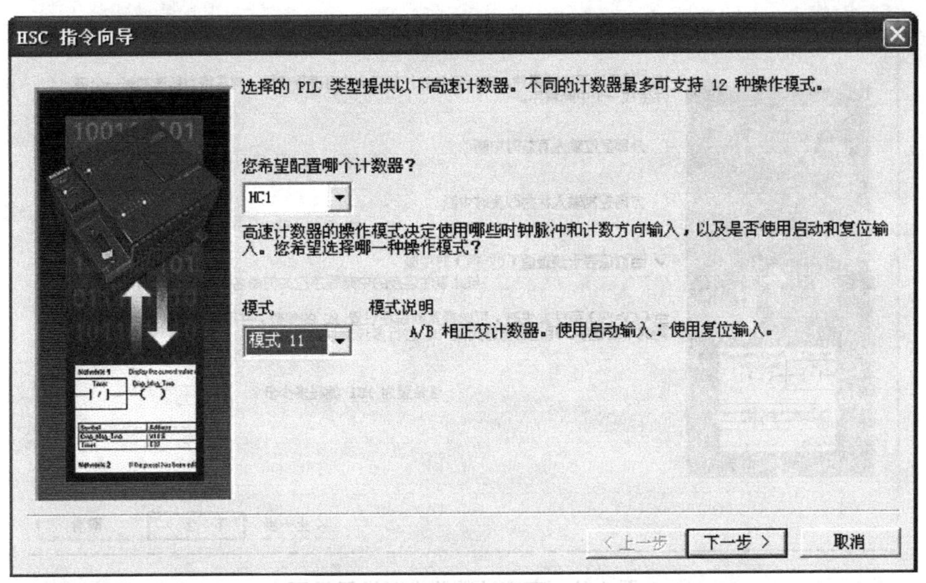

图 4-16 计数器编号和计数模式选择界面

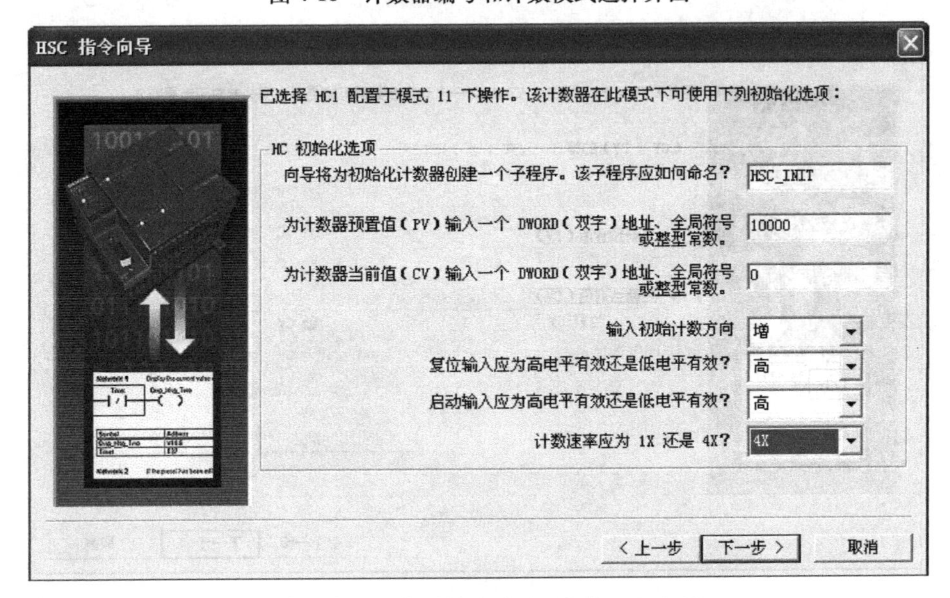

图 4-17 高速计数器初始化设定界面

除，所以选择“更新当前值”选项，并在“新 CV”栏内设置新的当前值“0”。完成后单击“下一步”按钮。

7）高速计数器中断处理方式设定完成后，出现高速计数器编程确认界面，如图 4-20 所示，该界面显示了由向导编程完成的程序及使用说明，单击“完成”按钮结束编程。

8）向导编辑完成后在程序编辑器界面自动增加了“HSC-INIT”子程序和“COUNT-EQ”中断程序。分别单击“HSC-INIT”子程序和“COUNT-EQ”中断程序标签，可见其程序，如图 4-21 所示。

（四）时钟指令及应用

利用时钟指令可以实现调用系统实时时钟或根据需要设定时钟，时钟指令有两条：读实

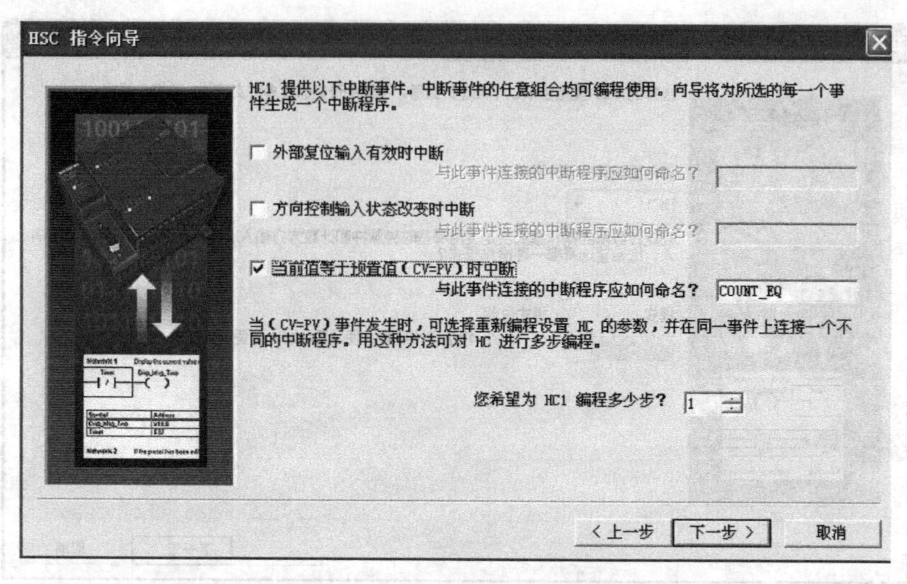

图 4-18　高速计数器中断设置界面

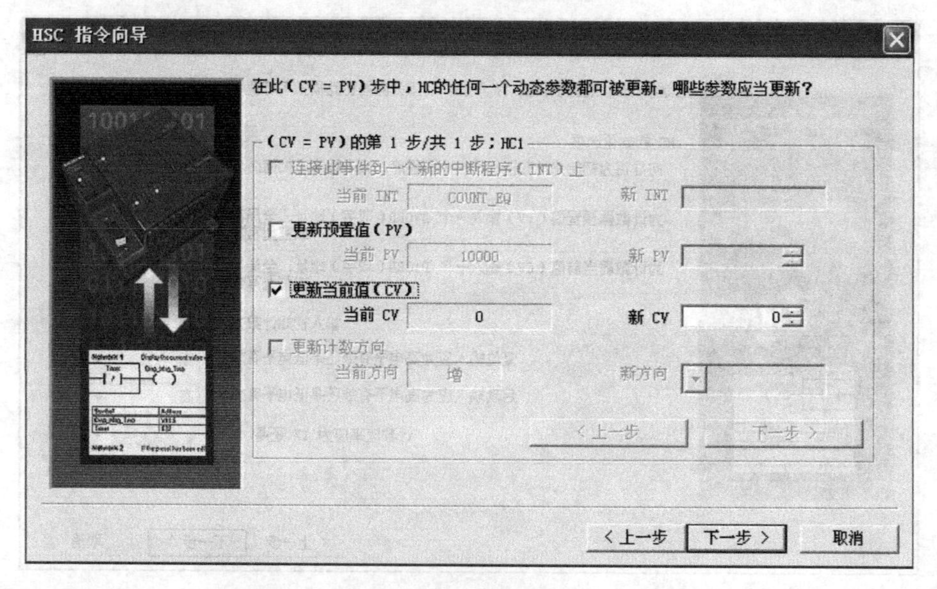

图 4-19　高速计数器中断处理方式设定界面

时时钟指令（TODR）和设定实时时钟指令（TODW），其指令格式及功能见表 4-11。

表 4-11　读实时时钟和设定实时时钟指令格式及功能

LAD	STL	功　能
READ_RTC EN　ENO ????-T	TODR　T	系统读取实时时钟当前时间和日期，并将其载入以地址 T 起始的 8 字节的缓冲区

（续）

LAD	STL	功　能
SET_RTC —EN　ENO— ????—T	TODW　T	系统将包含当前时间和日期以地址T起始的8字节的缓冲区装入PLC的时钟
输入/输出T的操作数：VB、IB、QB、MB、SMB、SB、LB、＊VD、＊AC、＊LD。数据类型：字节		

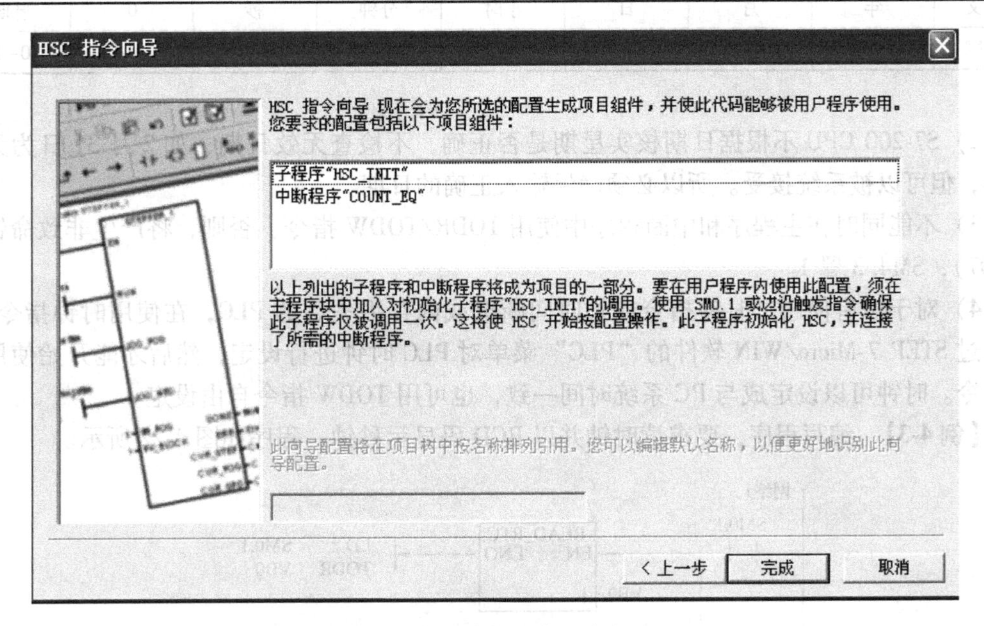

图4-20　高速计数器编程确认界面

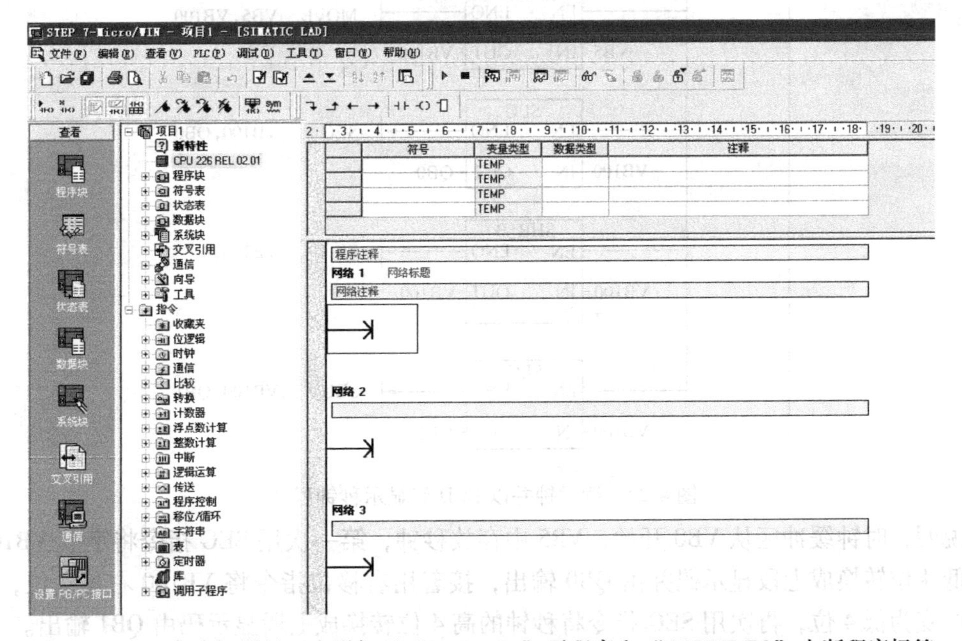

图4-21　在程序编辑器界面中增加了“HSC-INIT”子程序和“COUNT-EQ”中断程序标签

说明：

1）8 字节缓冲区(T)的格式见表 4-12。所有日期和时间值必须采用 BCD 码表示，例如，对于年仅使用年份最低的两个数字表示，如 16#05 代表 2005 年：对于星期，1 代表星期日，2 代表星期一，7 代表星期六，0 表示禁用星期。

表 4-12　8 字节缓冲区(T)的格式

地址	T	T+1	T+2	T+3	T+4	T+5	T+6	T+7
含义	年	月	日	小时	分钟	秒	0	星期
范围	00~99	01~12	01~31	00~23	00~59	00~59		0~7

2）S7-200 CPU 不根据日期核实星期是否正确，不检查无效日期，如 2 月 31 日为无效日期，但可以被系统接受。所以必须确保输入正确的日期。

3）不能同时在主程序和中断程序中使用 TODR/TODW 指令，否则，将产生非致命错误(0007)，SM4.3 置 1。

4）对于没有使用过时钟指令或长时间断电或内存丢失后的 PLC，在使用时钟指令前，要通过 STEP 7-Micro/WIN 软件的“PLC”菜单对 PLC 时钟进行设定，然后才能开始使用时钟指令。时钟可以设定成与 PC 系统时间一致，也可用 TODW 指令自由设定。

【例 4-3】 编写程序，要求读时钟并以 BCD 码显示秒钟，程序如图 4-22 所示。

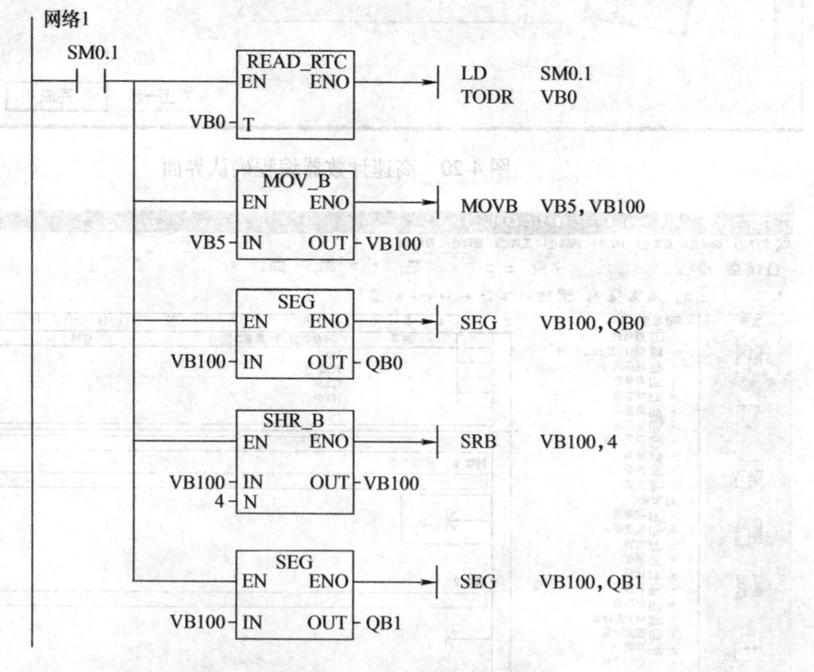

图 4-22　读时钟并以 BCD 码显示秒钟程序

说明：时钟缓冲区从 VB0 开始，VB5 中存放秒钟，第一次用 SEG 指令将字节 VB100 的秒钟低 4 位转换成七段显示码并由 QB0 输出，接着用右移位指令将 VB100 右移 4 位，将其高 4 位变为低 4 位，再次用 SEG 指令将秒钟的高 4 位转换成七段显示码由 QB1 输出。

想一想

学生通过搜集资料、小组讨论，制订完成本项目的项目构思工作计划单，填写在表 4-13 中。

表 4-13　自动仓储的 PLC 控制项目构思工作计划单

<table>
<tr><td colspan="6">项目构思工作计划单</td></tr>
<tr><td colspan="2">项　目</td><td colspan="2"></td><td>学时</td><td></td></tr>
<tr><td colspan="2">班　级</td><td colspan="4"></td></tr>
<tr><td>组　长</td><td></td><td>组　员</td><td colspan="3"></td></tr>
<tr><td>序号</td><td>内容</td><td colspan="2">人员分工</td><td colspan="2">备注</td></tr>
<tr><td></td><td></td><td colspan="2"></td><td colspan="2"></td></tr>
<tr><td></td><td></td><td colspan="2"></td><td colspan="2"></td></tr>
<tr><td></td><td></td><td colspan="2"></td><td colspan="2"></td></tr>
<tr><td></td><td></td><td colspan="2"></td><td colspan="2"></td></tr>
<tr><td></td><td></td><td colspan="2"></td><td colspan="2"></td></tr>
<tr><td colspan="2">学生确认</td><td colspan="2"></td><td>日期</td><td></td></tr>
</table>

【项目设计】

教师引导学生进行项目设计，并进行分析、答疑；指导学生从经济性、合理性和适用性进行项目方案的设计，要考虑项目的成本，反复修改方案，点评修订并确定最终设计方案。

学生分组讨论设计自动仓储的 PLC 控制项目方案。在教师的指导与参与下，学生从多个角度、根据工作特点和工作要求制订多种方案计划，并讨论各个方案的合理性、可行性与经济性，判断各个方案的综合优劣，进行方案决策，并最终确定实施计划，分配好每个人的工作任务，择优选取出合理的设计方案，完成项目设计方案。经过分组讨论设计，项目的最优设计方案如图 4-23 所示。

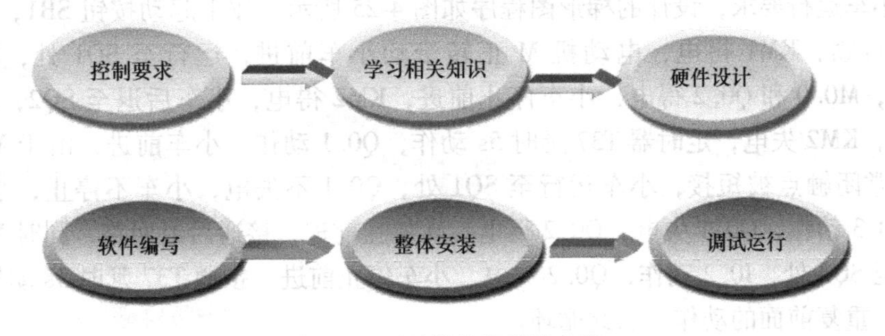

图 4-23　项目的最优设计方案

想一想：我们将怎样进行硬件设计呢？

一、自动仓储的PLC控制硬件设计

设计主电路：主电路仍然是电气控制的正反转主电路，如图4-24a所示。设计输入/输出分配，编写元器件I/O分配表，见表4-14，设计PLC接线图，如图4-24b所示。

表4-14 运料小车往返运行I/O分配表

输入信号			输出信号		
名称	功能	编号	名称	功能	编号
SB1	起动	I0.0	KM1	正转	Q0.1
SQ1	B位置开关	I0.1	KM2	反转	Q0.2
SQ2	A限位开关	I0.2			
SQ3	C位置开关	I0.3			
SB2、FR	停止、过载	I0.4			

由于停止和过载保护控制过程相同，为了节省输入点，可以采用控制同一个输入点I0.4的方式。

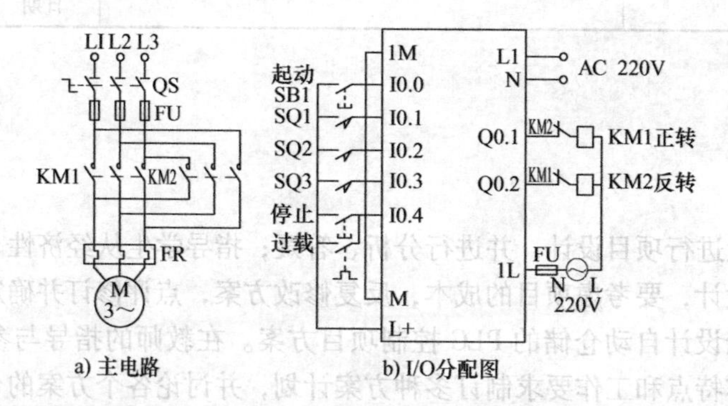

图4-24 运料小车往返运行PLC控制主电路和PLC接线图

二、自动仓储的PLC控制程序编制

根据小车运行要求，设计的梯形图程序如图4-25所示。按下起动按钮SB1，I0.0闭合，Q0.1得电自锁，KM1得电，电动机M正转带动小车前进，运行至SQ1处，I0.1动作，Q0.1失电，M0.0和Q0.2得电，小车停止前进，KM2得电，小车后退至SQ2，I0.2动作，Q0.2失电，KM2失电，定时器T37延时5s动作，Q0.1动作，小车前进，由于M0.0动作，因此I0.1常闭触点被短接，小车运行至SQ1处，Q0.1不失电，小车不停止，小车运行至SQ3处，I0.3动作，Q0.1失电，Q0.2得电，M停止前进，接通后退回路，同时M0.0复位，小车后退至SQ2处，I0.2动作，Q0.2失电，小车停止前进，接通T37延时5s动作，小车又开始前进，重复前面的动作，以此循环。

做一做，同学们要记得填写如下项目设计记录单啊！

自动仓储的PLC控制项目设计记录单见表4-15。

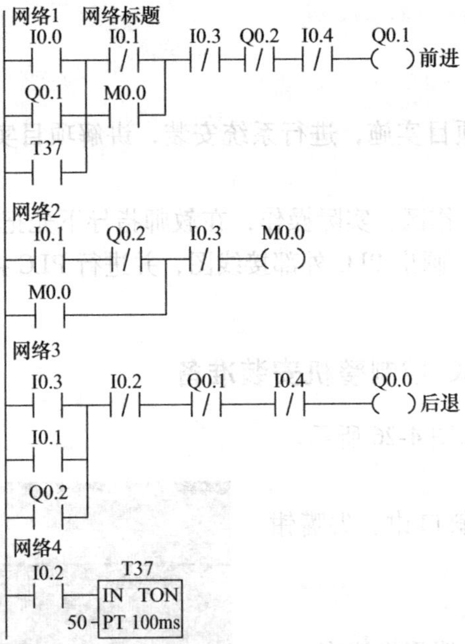

网络1 网络标题
I0.0 I0.1 I0.3 Q0.2 I0.4 Q0.1 前进
Q0.1 M0.0
T37
网络2
I0.1 Q0.2 I0.3 M0.0
M0.0
网络3
I0.3 I0.2 Q0.1 I0.4 Q0.0 后退
I0.1
Q0.2
网络4
I0.2 T37
IN TON
50 PT 100ms

图 4-25 运料小车往返运行 PLC 控制梯形图

表 4-15 自动仓储的 PLC 控制项目设计记录单

<table>
<tr><td>课程名称</td><td colspan="3">PLC 控制系统的设计与应用</td><td>总学时</td><td>84</td></tr>
<tr><td>项目四</td><td colspan="3">自动仓储的 PLC 控制</td><td>参考学时</td><td></td></tr>
<tr><td>班级</td><td></td><td>团队负责人</td><td></td><td>团队成员</td><td></td></tr>
<tr><td>项目设计
方案一</td><td colspan="5"></td></tr>
<tr><td>项目设计
方案二</td><td colspan="5"></td></tr>
<tr><td>项目设计
方案三</td><td colspan="5"></td></tr>
<tr><td>最优方案</td><td colspan="5"></td></tr>
<tr><td>电气图</td><td colspan="5"></td></tr>
<tr><td>设计方法</td><td colspan="5"></td></tr>
<tr><td>相关资料
及资源</td><td colspan="5">实训指导书、视频录像、PPT 课件、电气安装工艺及职业资格考试标准等</td></tr>
</table>

【项目实现】

教师：指导学生进行项目实施，进行系统安装，讲解项目实施的工艺规程和安全注意事项。

学生：分组进入实训工作区，实际操作，在教师指导下先把元器件选好，并列出明细，列出 PLC 外部 I/O 分配表，画出 PLC 外部接线图，并进行 PLC 接线与调试，填写好项目实施记录。

一、自动仓储的 PLC 控制整机安装准备

PLC 整机安装示意图如图 4-26 所示。

1. 工具

测试笔、螺钉旋具、斜口钳、尖嘴钳、剥线钳、电工刀等。

2. 仪表

绝缘电阻表、万用表、钳形电流表。

3. 器材

1）控制板一块(包括所用的低压电器)。

2）导线及规格：主电路导线由电动机容量确定；控制电路一般采用截面积为 0.5mm^2 的铜芯导线(RV)；要求主电路与控制电路导线的颜色必须有明显区别。

3）备好编码套管。

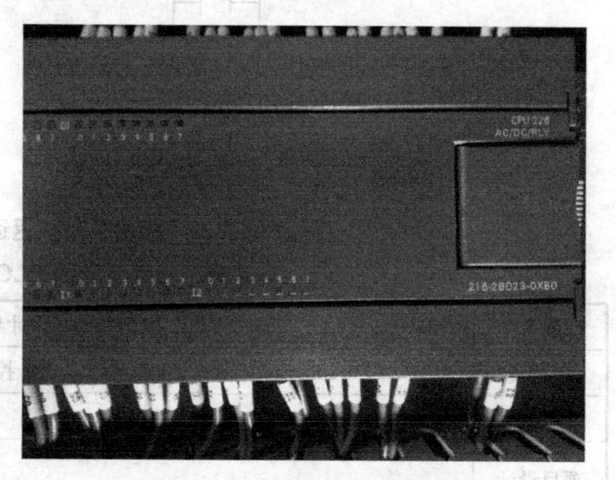

图 4-26　PLC 整机安装示意图

二、自动仓储的 PLC 控制安装步骤及工艺要求

1. 选配并检验元器件和电气设备

1）配齐电气设备和元器件，并逐个检验其规格和质量。

2）根据电动机的容量、线路走向及要求和各元器件的安装尺寸，正确选配导线的规格和数量、接线端子板、控制板和紧固件等。

2. 安装元器件

在控制板上固定卡轨和元器件，并做好与原理图相同的标记。

3. 布线

按接线图在控制板上进行线槽软线布线，并在导线端部套上编码套管，号码与原理图一致。导线的走向要合理，尽量不要有交叉和架空。

填写出本项目实现工作记录单，见表 4-16。

表 4-16　项目实现工作记录单

课程名称				总学时	84
项目名称				参考学时	
班级		团队负责人		团队成员	
项目工作情况					
项目实施遇到的问题					
相关资料及资源					
执行标准或工艺要求					
注意事项					
备注					

【项目运行】

教师：指导学生进行自动仓储的 PLC 程序调试与系统调试、运行，讲解调试运行的注意事项及安全操作规程，并对学生的成果进行评价。

学生：检查运料小车往返运行 PLC 控制电路任务的完成情况，在教师指导下进行调试与运行，发现问题及时解决，直到调试成功为止。分析不足，汇报学习、工作心得，展示工作成果；对项目完成情况进行总结，完成项目报告。

1）按照 PLC 的 I/O 端对应的外部接线图连接硬件电路，检查无误后将实验装置上电。

2）打开 SIEMENS S7-200 PLC 编程软件，键入所编程序。经编译检查无误后，下载该程序到编程软件中，然后执行该程序。

3）程序调试。

按下起动按钮 SB1，I0.0 闭合，Q0.1 得电自锁，KM1 得电，电动机 M 正转带动小车前进，运行至 SQ1 处，I0.1 动作，Q0.1 失电，M0.0 和 Q0.2 得电，小车停止前进，KM2 得电，小车后退至 SQ2，I0.2 动作，Q0.2 失电，KM2 失电，定时器 T37 延时 5s 动作，Q0.1

动作，小车前进，由于 M0.0 动作，因此 I0.1 常闭触点被短接，小车运行至 SQ1 处，Q0.1 不失电，小车不停止，小车运行至 SQ3 处，I0.3 动作，Q0.1 失电，Q0.2 得电，M 停止前进，接通后退回路，同时 M0.0 复位，小车后退至 SQ2 处，I0.2 动作，Q0.2 失电，小车停止前进，接通 T37 延时 5s 动作，小车又开始前进，重复前面的动作，以此循环。

其余多个运料小车呼叫均可实现其控制要求，这里仅以上述过程简明表述。

一、自动仓储的 PLC 控制程序调试及运行

（一）程序录入、下载

1）打开 STEP 7-Micro/WIN 应用程序，新建一个项目，选择 CPU 类型为 CPU 226，打开程序块中的主程序编辑窗口，录入上述程序。

2）录入完程序后单击其工具按钮进行编译，当状态栏提示程序没有错误，且检测 PLC 与计算机的连接正常，PLC 工作正常后，便可下载程序了。

3）单击下载按钮后，程序所包含的程序块、数据块、系统块自动下载到 PLC 中。

（二）程序调试运行

下载完程序后，需要对程序进行调试。通过 STEP 7-Micro/WIN 软件控制 S7-200 PLC，模式开关必须设置为“TERM”或“RUN”。单击工具条上的“运行”按钮或执行菜单命令“PLC”→“运行”，出现一个对话框提示是否切换运行模式，单击“确认”按钮即可。

（三）程序的监控

在运行 STEP 7-Micro/WIN 的计算机与 PLC 之间建立通信，执行菜单命令“调试”→“开始程序监控”，或单击工具条中的按钮，可以用程序状态功能监视程序运行的情况。

运用监视功能，在程序打开状态下，观察 PLC 运行时，程序执行过程中各元器件的工作状态及运行参数的变化。

二、自动仓储的 PLC 控制整机调试及运行

调试前先检查所有元器件的技术参数设置是否合理，若不合理则重新设置。

先空载调试，此时不接电动机，观察 PLC 输入及输出端子对应的指示灯是否亮及接触器是否吸合。

带负载调试，接上电动机，观察电动机运行情况。

调试成功后，先拆掉负载，再拆掉电源。清理工作台和工具，填写记录单，见表 4-17。

表 4-17　项目四的项目运行记录单

课程名称	PLC 控制系统的设计与应用			总学时	84
项目名称				参考学时	
班级		团队负责人		团队成员	
项目构思是否合理					
项目设计是否合理					

（续）

项目实现遇到了哪些问题	
项目运行时故障点有哪些？	
调试运行是否正常	
备注	

三、自动仓储的 PLC 控制项目验收

项目完成后，应对各组完成情况进行验收和评定，具体验收指标包括：

1）硬件设计。包括 I/O 点数确定、PLC 选型及接线图的绘制。

2）软件设计。

3）程序调试。

4）整机调试。

自动仓储的 PLC 控制考核要求及评分标准见表 4-18。

表 4-18　自动仓储的 PLC 控制考核要求及评分标准

序号	考核内容	考核要求	评分标准	配分	扣分	得分
1	硬件设计（I/O 点数确定）	根据继电器-接触器控制电路确定 PLC 点数	（1）点数确定得过少，扣 10 分 （2）点数确定得过多，扣 5 分 （3）不能确定点数，扣 10 分	25 分		
2	硬件设计（PLC 选型、接线图的绘制及接线）	根据 I/O 点数选择 PLC 型号、画接线图并接线	（1）PLC 型号选择不能满足控制要求，扣 10 分 （2）接线图绘制错误，扣 5 分 （3）接线错误，扣 10 分	25 分		
3	软件设计（程序编制）	根据控制要求编制梯形图程序	（1）程序编制错误，扣 10 分 （2）程序繁琐，扣 5 分 （3）程序编译错误，扣 10 分	25 分		

（续）

序号	考核内容	考核要求	评分标准	配分	扣分	得分
4	调试（程序调试和整机调试）	用软件输入程序监控调试；运行设备整机调试	（1）程序调试监控错误，扣10分 （2）整机调试一次不成功，扣5分 （3）整机调试二次不成功，扣5分	25分		
5	安全文明生产	按生产规程操作	违反安全文明生产规程，扣10~30分			
6	定额工时	4h	每超5分钟（不足5分钟以5分钟计）扣10分			
	起始时间		合计	100分		
	结束时间		教师签字	年　月　日		

【知识拓展】

做一做：让我们一起做电动机高速转速测量的PLC控制系统！

一、电动机高速转速测量PLC控制系统

电动机输出轴与齿轮刚性连接，齿轮的齿数为12。电动机旋转时通过齿轮传感器测量转过的齿轮齿数，进而可以计算出电动机的转速（r/min）。齿轮传感器与PLC的接线图如图4-27所示。

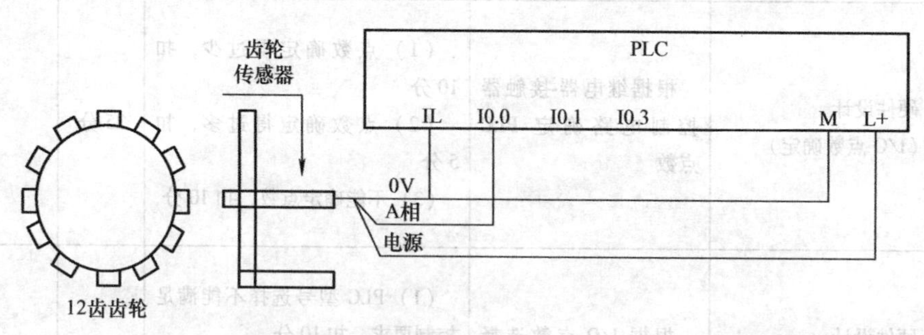

图4-27　齿轮传感器与PLC的接线图

采用高速计数器测量电动机转速的主程序如图4-28所示。

在PLC运行的第一个扫描周期，将用于记录累加数据次数和累加数据的中间变量VB8和VD0置0。

高速计数器初始化子程序如图4-29所示，转速计算中断子程序如图4-30所示。

做一做：让我们一起做步进电动机的PLC控制系统吧！

SM0.1
SBR_0
EN
在PLC运行的第一个扫描周期，将用于记录累加数据次数和累加数据的中间变量VB8和VD0置0

图 4-28 高速计数器测量电动机转速的主程序

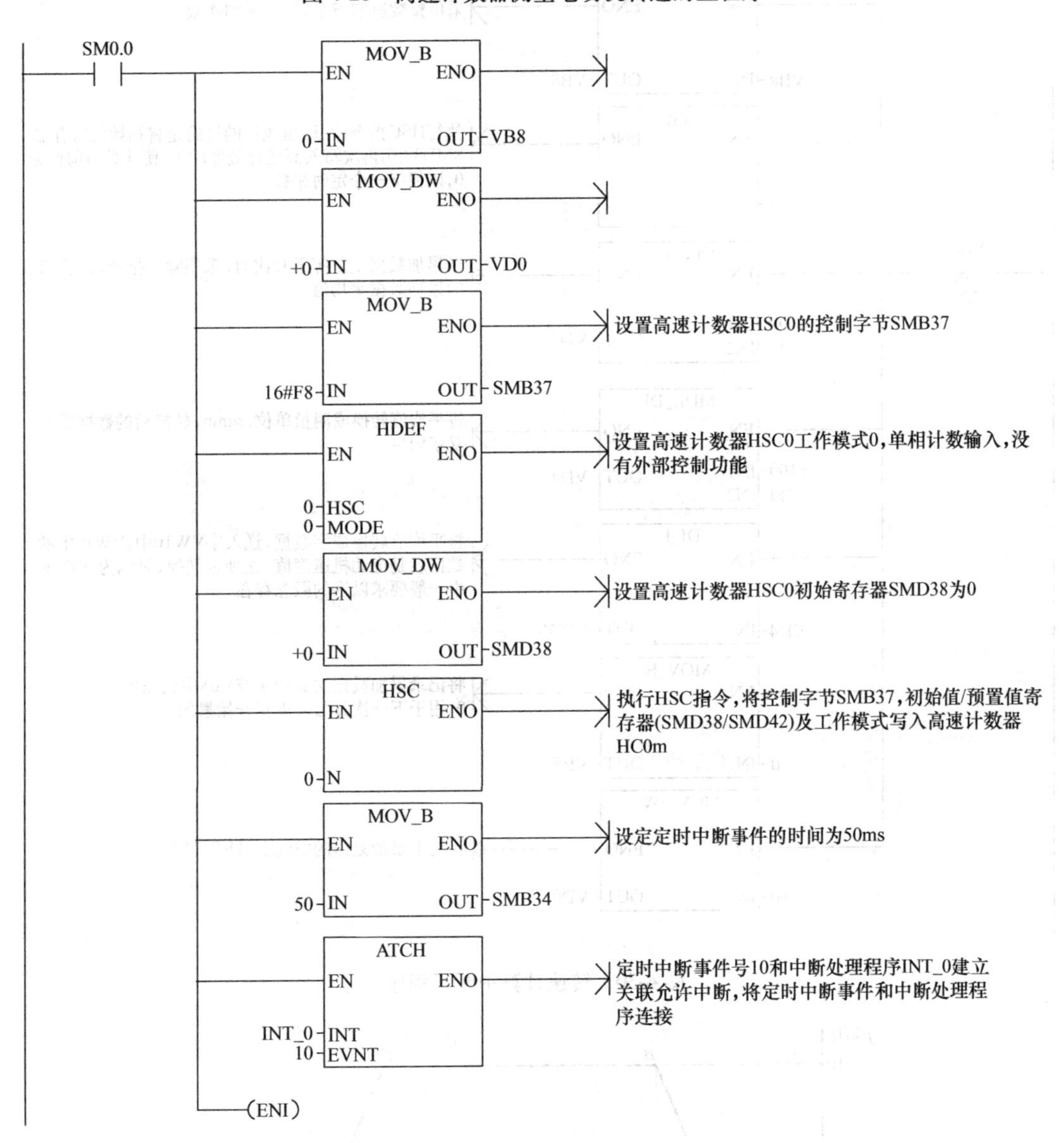

图 4-29 高速计数器初始化子程序

二、步进电动机的 PLC 控制系统

（1）控制要求 步进电动机的控制要求如图 4-31 所示。从 A 到 B 为加速过程，从 B 到 C 为恒速运行，从 C 到 D 为减速过程。

（2）脉冲输出包络线的设计 根据步进电动机的控制要求确定 PTO 为 3 段流水线输出。为实现 3 段流水线输出，需要建立 3 段脉冲的包络表。设起始和终止脉冲频率为 2kHz，最

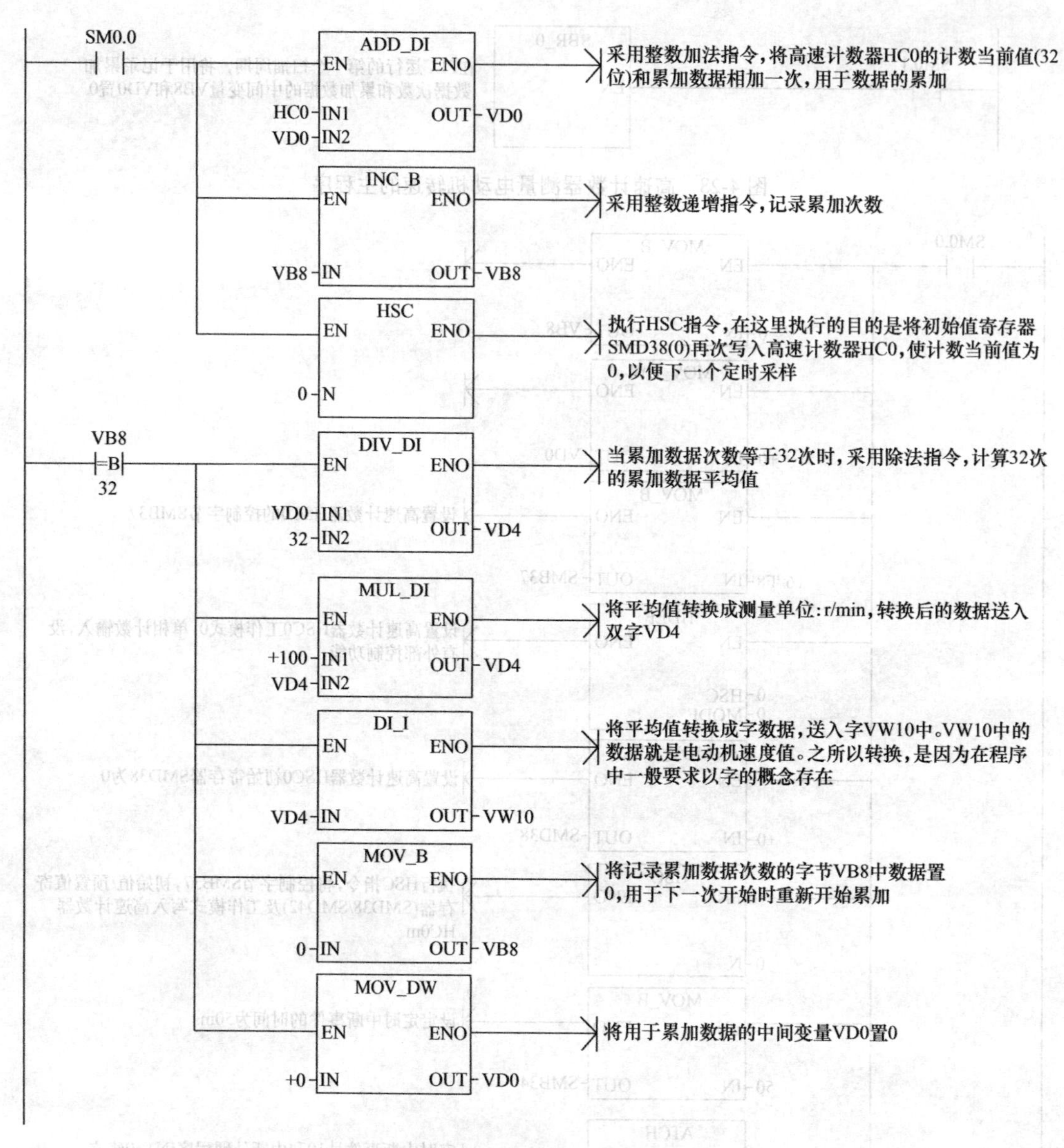

图 4-30 转速计算中断子程序

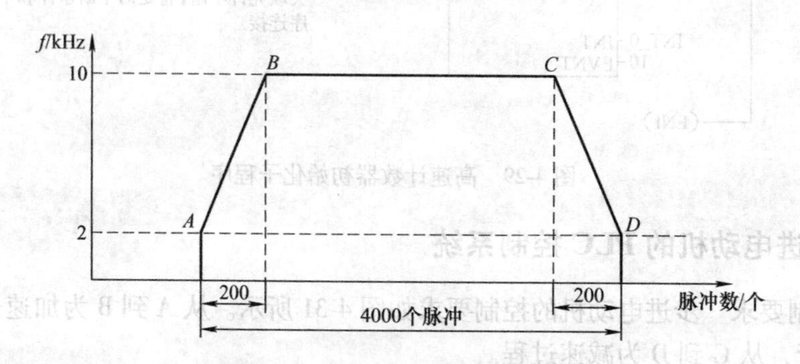

图 4-31 步进电动机的控制要求

大脉冲频率为 10kHz，则最小频率起始和终止周期为 500μs，最大频率周期为 100μs。由此

各段对应的脉冲数为：加速运行的第 1 段需约 200 个脉冲时达到最大脉冲频率；恒速运行的第 2 段需约 3600(4000−200−200=3600)个脉冲；减速运行的第 3 段需约 200 个脉冲完成。

根据周期增量值的计算公式【周期增量值Δ =(该段结束时的周期时间−该段初始的周期时间)/该段的脉冲数】，可计算出第 1 段的周期增量值Δ 为−2μs，第 2 段的周期增量值Δ 为 0，第 3 段的周期增量值Δ 为 2μs。假设包络表位于从 VB200 开始的 V 存储区中，则包络表见表 4-19。

表 4-19　包络表

V 变量存储器地址	段号	参数值	说　明
VB200		3	段数
VB201	段 1	500μs	初始周期
VB203		−2μs	每个脉冲的周期增量 Δ
VB205		200	脉冲数
VB209	段 2	100μs	初始周期
VB211		0	每个脉冲的周期增量 Δ
VB213		3600	脉冲数
VB217	段 3	500μs	初始周期
VB219		2μs	每个脉冲的周期增量 Δ
VB221		200	脉冲数

(3) 程序设计

分析：编程前首先选择高速脉冲发生器 Q0.0，并确定 PTO 为 3 段流水线。设置控制字节 SMB67 为 16#A0，表示允许 PTO 功能、选择 PTO 操作、选择多段操作及选择时基为微秒，不允许更新周期和脉冲数。建立 3 段的包络表(见表 4-19)，并将包络表的首地址装入 SMW168。PTO 完成调用中断程序，使 Q1.0 接通。

多段流水线 PTO 初始化和操作步骤：用一个子程序实现 PTO 初始化，首次扫描(SM0.1)时从主程序调用初始化子程序，执行初始化操作。对应的梯形图如图 4-32 和图 4-33 所示。

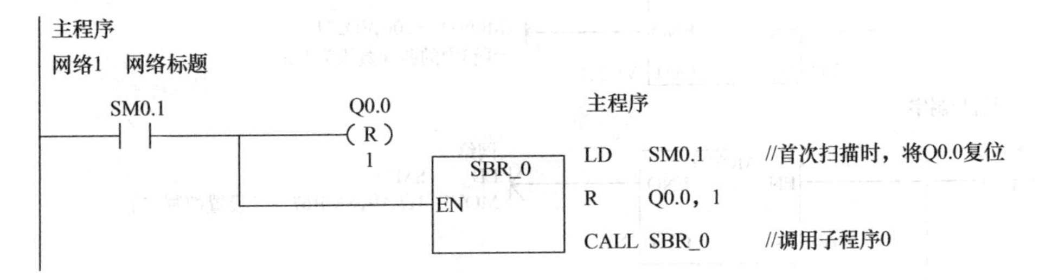

图 4-32　步进电动机控制主程序

PTO 完成的中断事件号为 19。用中断调用指令 ATCH 将中断事件 19 与中断程序 INT_ 0 连接，并全局开中断。执行 PLS 指令，退出子程序。对应的梯形图如图 4-34 所示。

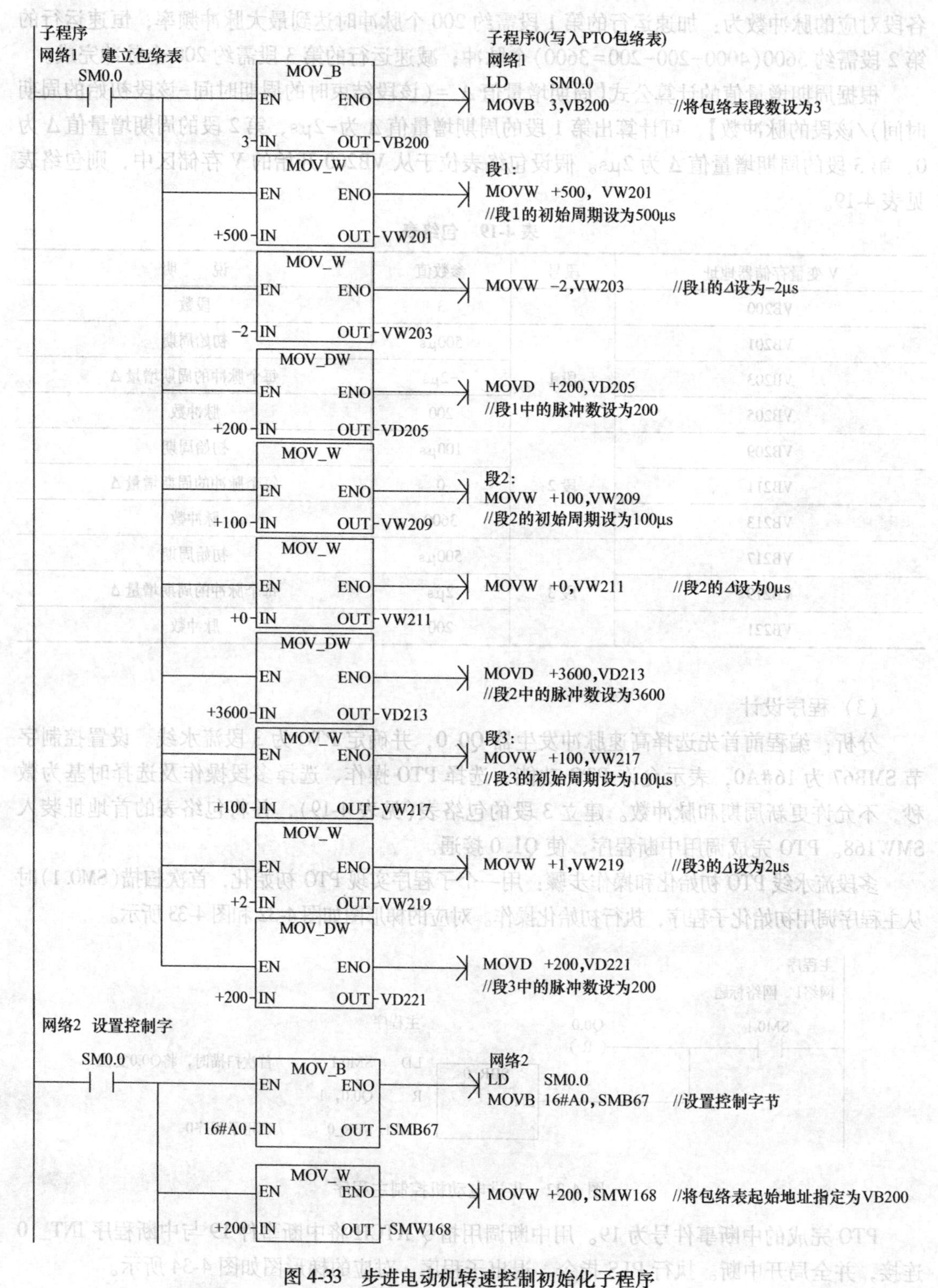

图 4-33 步进电动机转速控制初始化子程序

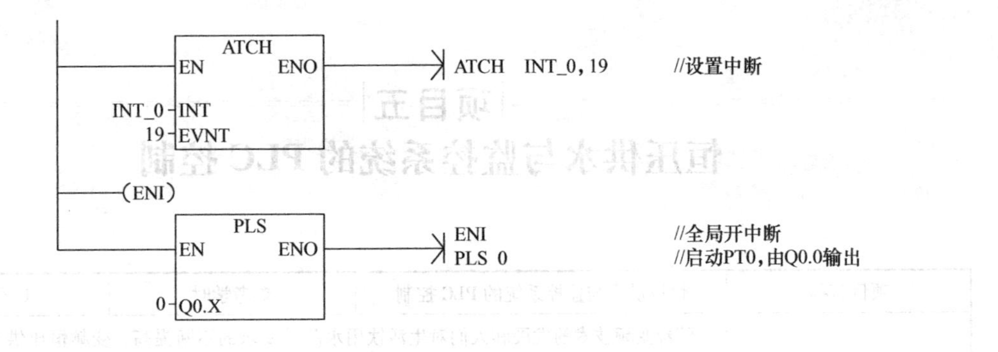

图 4-33　步进电动机转速控制初始化子程序(续)

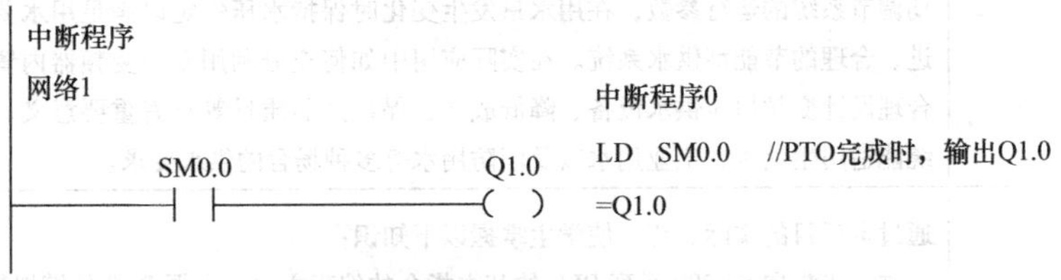

中断程序
网络1

中断程序0

SM0.0　Q1.0

LD　SM0.0　//PTO完成时，输出Q1.0

=Q1.0

图 4-34　步进电动机转速停止中断子程序

【工程训练】

训练一：试设计送料小车控制系统。

要求：小车有三种运动状态：左行、右行、停车。在现场有六个要求小车停止的位置，即行程开关 SQ1~SQ6，控制台有六个相应的请求停止信号 PB1~PB6，分别与每个行程开关相对应。并且当小车不在指定位置时，发出故障报警，不允许系统运行。系统还有一个起动按钮和一个停止按钮，示意图如图 4-35 所示。

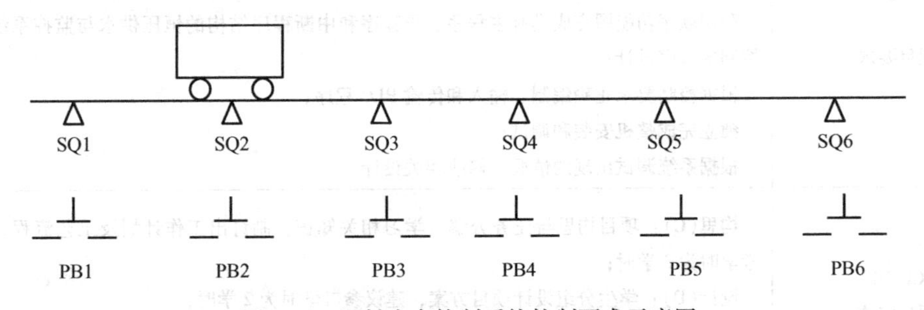

图 4-35　送料小车控制系统控制要求示意图

训练二：试设计一个工作台前进—退回的控制电路。工作台由电动机 M 拖动，行程开关 SQ1、SQ2 分别装在工作台的原位和终点。要求：

1）能自动实现前进—后退—停止到原位。

2）工作台前进到达终点后停一下再后退。

3）工作台在前进中可以立即后退到原位。

4）有终端保护。

项目五
恒压供水与监控系统的 PLC 控制

项目名称	恒压供水与监控系统的 PLC 控制	参考学时	16 学时
项目引入	随着变频技术的发展和人们对生活饮用水品质要求的不断提高，变频恒压供水系统以其环保、节能和高品质的供水质量等特点，广泛应用于多层住宅小区及高层建筑的生活、消防供水中。变频恒压供水的调速系统可以实现水泵电动机无级调速，依据用水量的变化自动调节系统的运行参数，在用水量发生变化时保持水压恒定以满足用水要求，是当今最先进、合理的节能型供水系统。在实际应用中如何充分利用专用变频器内置的各种功能，对合理设计变频恒压供水设备、降低成本、保证产品质量等有着重要意义。变频恒压供水系统能适用生活水、工业用水以及消防用水等多种场合的供水要求。		
项目目标	通过本项目的实际训练，使学生掌握以下知识： 进一步掌握 S7-200 系列 PLC 的基本指令的编程方法；掌握 PLC 的模拟量控制单元的结构特点、扩展方式；掌握模拟量输入输出模块的使用方法及模拟量数据在 PLC 程序中的处理方法；理解 PID 调节指令的格式及功能，会编写 PID 参数表的初始化程序；能使用模拟量输入/输出模块组成 PLC 模拟量控制系统，并能根据工艺要求设置模块参数、编写控制程序；能够编写包含主程序、子程序和中断程序的较复杂结构的程序。 通过该项目的训练，培养学生以下能力： 信息获取、资料收集整理能力；具备解决问题、分析问题能力；知识的综合运用能力；具有良好的工艺意识、标准意识、质量意识、成本意识，达到初步的 CDIO 工程项目的实践能力。		
项目要求	会根据项目分析系统控制要求，写出 I/O 分配表，正确设计出外部接线图； 根据控制要求选择 PLC 的编程方法； 利用顺序功能图完成具有主程序、子程序和中断程序结构的恒压供水与监控系统的 PLC 控制的程序设计； 根据控制要求正确编制、输入和传输 PLC 程序； 独立完成整机安装和调试； 根据系统调试出现的情况，修改相关设计。		
(CDIO1) 项目实施	构思(C)：项目构思与任务分解，学习相关知识，制订出工作计划及工艺流程，建议参考学时为 2 学时； 设计(D)：学生分组设计项目方案，建议参考学时为 2 学时； 实现(I)：绘图、元器件安装与布线，建议参考学时为 10 学时； 运行(O)：调试运行与项目评价，建议参考学时为 2 学时。		

【项目构思】

长期以来区域的供水系统都是由市政管网经过二次加压和水塔或天面水池来满足用户对

供水压力的要求。传统的恒压供水方式是采用水塔、高位水池等设施来实现，由于小区高楼用水有着季节和时段的明显变化，日常供水运行控制就常采用水泵的运行方式调整加上出口阀的开度调节供水的水量水压，大量能量因消耗在出口阀而浪费，而且存在着水池的“二次污染”。随着自动化技术的发展，变频恒压供水系统逐渐取代了原有的水塔供水系统。

恒压供水是指在供水管网中用水量发生变化时，出口压力保持不变的供水方式，如图 5-1 所示。它以 PLC 为主控器，配以变频技术，提高了保障用水的可靠性和安全性。主要应用在高层建筑、城乡居民小区、企事业等生活用水，各类工业需要恒压控制的用水、冷却水循环、热力网水循环、锅炉补水等，中央空调系统，自来水厂增压系统，农田灌溉，污水处理，人造喷泉，各种流体恒压控制系统等。

图 5-1 恒压供水系统

通过对该工程项目的了解、设计和改造，学生可以掌握 PLC 模拟量控制方法，掌握中断等指令的应用，进一步提高系统分析和综合编程的能力。

项目实施教学方法建议为项目引导法、小组教学法、案例教学法、启发式教学法、实物教学法。

教师首先下发项目工单，布置本项目需要完成的任务及控制要求，介绍本项目的应用情况，进行项目分析，引导学生分析 PLC 控制电动机单向运行与继电器-接触器控制系统的区别。引导学生完成项目所需知识、能力及软硬件准备，应查找的资料是 PLC 与变频器控制所需的知识。讲解 PLC 的结构组成、工作原理、PLC 的基本位操作指令。

学生进行小组分工，明确项目工作任务，团队成员讨论项目如何实施，进行任务分解，学习完成项目所需的知识，查找 PLC 与变频器控制的知识，制订项目实施工作计划、制订出工艺流程。本项目的项目工单见表 5-1。

表 5-1 项目五的项目工单

<table>
<tr><td>课程名称</td><td colspan="6">PLC 控制系统的设计与应用</td><td>总学时</td><td>84</td></tr>
<tr><td>项目五</td><td colspan="6">恒压供水与监控系统的 PLC 控制</td><td>本项目参考学时</td><td>16</td></tr>
<tr><td>班级</td><td></td><td>组别</td><td></td><td>团队负责人</td><td></td><td>团队成员</td><td colspan="2"></td></tr>
<tr><td>项目描述</td><td colspan="8">通过本项目的学习，掌握 PLC 恒压供水与监控系统硬件设计方法及 PLC 选型依据，掌握 PLC 模拟量指令的使用方法，进一步巩固 PLC 软件的基本功能及模拟量编程和调试方法，提高工程项目设计能力、语言表达能力、团队合作精神和职业素养。具体任务如下：
1. 恒压供水与监控系统的 PLC 控制外部接线图的绘制；
2. 程序编制及程序调试；
3. 选择元器件、导线及耗材；
4. 元器件的检测及安装、布线；
5. 整机调试并排除故障；
6. 带负载运行。</td></tr>
</table>

（续）

相关资料及资源	PLC、编程软件、编程手册、实训指导书、视频录像、PPT课件、电气安装工艺及标准等。
项目成果	1. 恒压供水与监控系统的PLC控制电路板； 2. CDIO项目报告； 3. 评价表。
注意事项	1. 遵守布线要求； 2. 每组在通电试车前一定要经过指导教师的允许才能通电； 3. 安装调试完毕后先断电源后断负载； 4. 严禁带电操作； 5. 安装完毕及时清理工作台，工具归位。
引导性问题	1. 你已经准备好完成恒压供水与监控系统的PLC控制的所有资料了吗？如果没有，还缺少哪些？应该通过哪些渠道获得？ 2. 在完成本项目前，你还缺少哪些必要的知识？如何解决？ 3. 你选择哪种方法进行编程？ 4. 在进行安装前，你准备好器材了吗？ 5. 在安装接线时，你选择导线的规格多大？根据什么进行选择？ 6. 你采取什么措施来保证制作质量，符合制作要求吗？ 7. 在安装和调试过程中，你会用到哪些工具？ 8. 在安装完毕后，你所用到的工具和仪器是否已经归位？

一、恒压供水与监控系统的PLC控制项目分析

恒压供水系统由哪几部分组成呢？

本项目以一个小区恒压供水系统为例说明其控制过程。

小区变频恒压供水与监控系统由PLC、变频器、气压罐、离心泵、压力变送器等组成，其系统组成框图如图5-2所示。工作过程是利用设置在管网上的压力传感器将管网系统内因用水量的变化引起的水压变化及时反馈给PID调节器，PID调节器将信号（4~20mA或0~

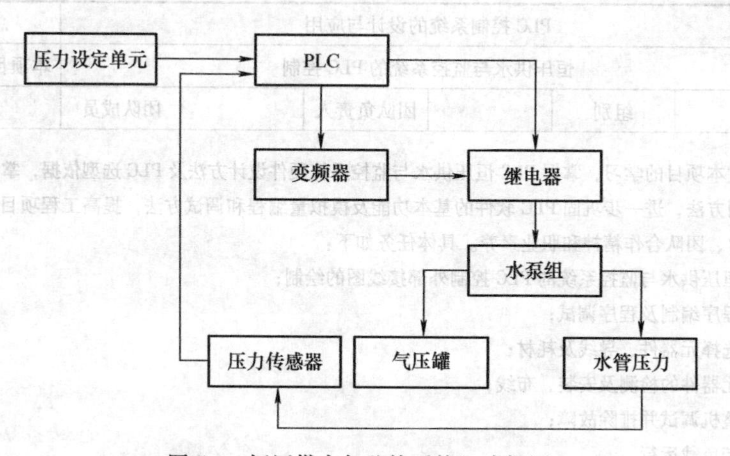

图5-2 恒压供水与监控系统组成框图

10V)与所设定的控制压力进行对比运算后给出相应的变频指令，调节水泵电动机的供电电压和频率，改变水泵的运行或转速，使得管网的水压与控制压力一致。

变频器的作用是为电动机提供可变频率的电源，实现电动机的无级调速，从而使管网水压连续变化。压力传感器的任务是检测管网水压，压力设定单元为系统提供满足用户需要的水压期望值。

水泵采用并联运行方式，当管网水压大于设定值时，通过断开交流接触器停止一台水泵；当管网水压小于设定值时，通过闭合交流接触器起动一台水泵。

图 5-3 为恒压供水与监控系统的系统原理图，其控制要求如下：

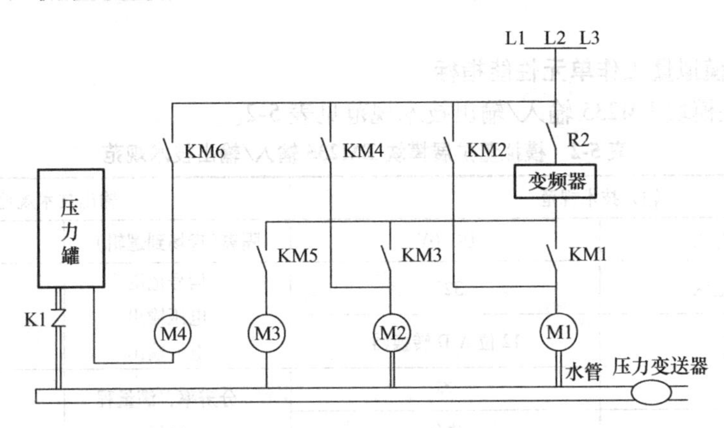

图 5-3 恒压供水与监控系统原理图

当用水量较小时接触器 KM6 得电闭合，小功率水泵 M4 运行，继电器 K1 得电，阀门打开，利用气压罐供水；

当用水量增大到气压罐不能保证管网的压力稳定时，K1 和 KM6 断电，PLC 自动将 M4 停止，同时 K2 得电闭合，起动变频器，KM1 得电闭合，把大功率水泵 M1 投入到变频运行；

若仍然不能保证管网的压力稳定，则 KM2 得电闭合，KM1 断电断开，把原来变频状态下的水泵 M1 投入到工频，同时 KM3 得电闭合，使下一台水泵 M2 变频运行，以保证管网的供水量稳定。

若两台水泵仍然不能满足管网的压力稳定，则 KM5 得电闭合，备用泵 M3 投入变频工作，同时 KM2、KM4 得电闭合，M1、M2 工频运行。

当水量减小时，未达到变频器的频率下限信号和管网的压力上限信号时，停止现在的变频泵，同时将上一台变为变频运行。若上述两个信号仍然存在，PLC 再重复以上工作。

当到达变频器的频率下限信号和管网上限信号时，停止正在运行的变频器和大功率水泵，将小功率的水泵 M4 投入运行，利用气压罐供水，以节约用电和休息变频器。

通过该项目的训练，使学生掌握 PLC 模拟量模块的结构特点和使用方法；掌握 PLC 模拟量控制的编程方法；具备较复杂系统的分析能力，具有设计和编写较复杂电气系统的 PLC 程序的能力；能够制订、实施工作计划；具有信息获取、资料收集整理能力。

二、恒压供水与监控系统的 PLC 控制相关知识

(一) S7-200 PLC 模拟量控制单元

模拟量输入、输出和之前学过的普通输入、输出有什么区别呢？

PLC的普通输入、输出端口均为开关量处理端口，为了使PLC能完成模拟量的处理，常见的方法是为整体式PLC加配模拟量扩展单元。模拟量扩展单元可将外部模拟量转化为PLC可处理的数字量及将PLC内部运算结果数字量转换为机外可以使用的模拟量。模拟量扩展单元有单独用于模-数转换和单独用于数-转换的，也兼有模-数和数-模两种功能的，与S7-22X CPU配套的A-D、D-A模块有EM231（4路12位模拟量输入）、EM232（2路12位模拟量输出）、EM235（4路12位模拟量输入/1路12位模拟量输出）。以下介绍S7-200系列PLC的模拟量扩展模块EM235，它具有四路模拟量输入及一路模拟量输入，可以用于恒压供水控制中。

1. EM235模拟量工作单元性能指标

模拟量扩展模块EM235输入/输出技术规范见表5-2。

表5-2 模拟量扩展模块EM235输入/输出技术规范

输入技术规范		输出技术规范	
最大输出电压	DC30V	隔离（现场到逻辑）	无
最大输入电压	32V	信号范围 电压输出 电流输出	 ±10V 0~20mA
分辨率	12位A-D转换器		
隔离	否	分辨率，满量程 电压 电流	 12位 11位
输入类型	差分		
输入范围			
电压单极性	0~10V，0~5V 0~1V，0~500mV	数据字格式 电压 电流	 -32000~+32000 0~+32000
电压双极性	0~100mV，0~50mV ±10V，±5V，±2.5V ±1V，±500mV，±250mV ±100mV，±50mV，±25mV	精度 最差情况0~55℃ 电压输出 电流输出	 ±2%满量程 ±2%满量程
电流	0~20mA		
A-D转换时间	<250μs	典型，25℃ 电压输出 电流输出	 ±5%满量程 ±5%满量程
模拟输入阶跃响应	1.5ms到95%		
共模电压	信号电压加共模电压≤±12V		
DC 24V电压范围	20.4~28.8V		
数据字格式 双极性，满量程 单极性，满量程	 -32000~+32000 0~32000	设置时间 电压输出 电流输出	 100μs 2ms

为了能适用各种规格的输入、输出，两模拟量处理模块都设计成可编程，而转换生成的数字量一般具有固定的长度及格式。模拟量输出则希望将一定范围的数字量转换为标准电流量或标准电压量，以方便与其他控制进行接口。表5-2中，输入、输出信号范围栏给出了EM235的输入、输出信号规格，以供选用。

2. 校准及配置

模拟量模块在接入电路工作前需完成配置及校准，配置指根据实际需要接入的信号类型对模块进行一些设定。校准可以简单地理解为仪器仪表使用前的调零以及调满度。

3. EM235 的安装使用

1）根据输入信号的类型及变化范围设置 DIP 开关，完成模块的配置工作。必要时进行校准工作。

校准调节影响所有的输入通道。即使在校准以后，如果模拟量多路转换器之前的输入电路的元器件值发生变化，从不同通道读入同一个输入信号，其信号值也会有微小的不同。校准输入的步骤如下：

- 切断模块电源，用 DIP 开关选择需要的输入范围。
- 接通 CPU 和模块电源，使模块稳定 15min。
- 用一个变送器、一个电压源或电流源，将零值信号加到模块的一个输入端。
- 读取该输入通道在 CPU 中的测量值。
- 调节模块上的 OFFSET(偏置)电位器，直到读数为零或所需要的数值。
- 将一个满刻度模拟量信号接到某一个输入端子上，读出 A-D 转换后的值。
- 调节模块上的 GAIN(增益)电位器，直到读数为 32 000 或所需要的数值。
- 必要时重复上述校准偏置和增益的过程。

2）完成硬件的接线工作。注意输入、输出信号的类型不同，采用的接入方式也不同。为防止空置端对接线端的干扰，空置端应短接。接线还应注意传感器的线路尽可能短，且应使用屏蔽双绞线，要保证 DC 24V 传感器电源无噪声、稳定可靠。EM235 输入、输出混合模块端子如图 5-4 所示。

3）确定模块安装入系统时的位置，并由安装位置确定模块的编号。S7-200 PLC 扩展单元安装时在主机的右边依次排列，并从模块 0 开始编号。模块安装完毕后，将模块自带的接线排插入主机上的扩展总线插口。

4）在主机的输入、输出过程中，输入模拟量需要转换为数字量，输出数字量需要转换为模拟量。在这两个过程中，需要在主机中安排一定的存储单元。一般使用模拟量输入单元 AIW 及模拟量输出单元 AQW 来实现模-数转换和数-模转换，在主机的变量存储区 V 区存放处理产生的中间数据。

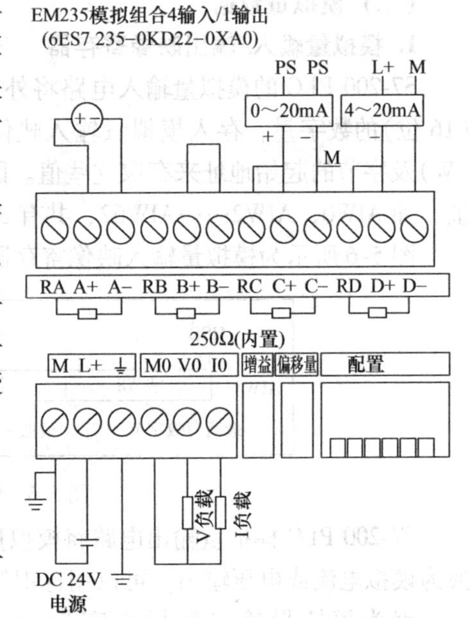

图 5-4 EM235 输入、输出混合模块端子

4. EM235 工作程序编制

EM235 的工作程序编制包括以下内容：

1）设置初始化主程序。完成采样次数预置和单元清零的工作，为开始工作做好准备。

2）设置模块检测子程序。该子程序用于检测模块连接的正确性以及模块工作的正确性。

3）设置子程序完成采样以及相关的计算工作。

4）工程所需的有关该模拟量的处理程序。

5）处理后模拟量的输出工作。

S7-200 PLC 硬件系统的配置方式采用整体式和积木式，即主机包含一定数量的输入/输出(I/O)点，同时还可以扩展 I/O 模块和各种功能的模块。

一个完整的系统组成如图 5-5 所示。

(1) 基本单元　基本单元(Basic Unit)又称 CPU 模块，也有的称为主机或本机。它包括 CPU、存储器、基本输入/输出点和电源等，是 PLC 的主要部分。实际上它就是一个完整的控制系统，可以单独完成一定的控制任务。

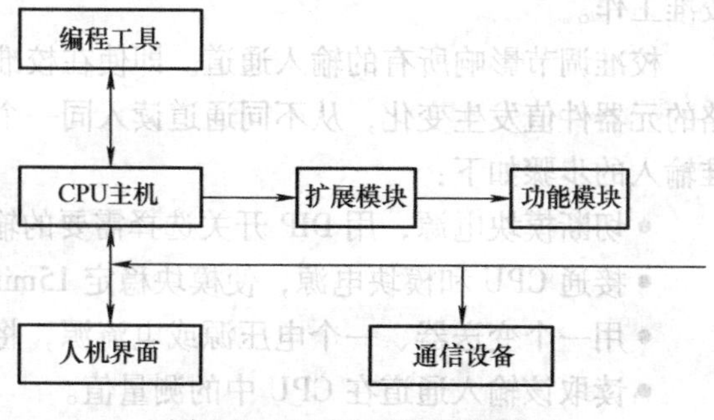

图 5-5　S7-200 PLC 系统组成

(2) 扩展单元　主机 I/O 点数量不能满足控制系统的要求时，用户可以根据需要扩展各种 I/O 模块，所能连接的扩展单元的数量和实际所能使用的 I/O 点数是由多种因素共同决定的。

(3) 特殊功能模块　当需要完成某些特殊功能的控制任务时，需要扩展功能模块。它们是完成某些特殊控制任务的一些装置。

(4) 相关设备　相关设备是为了充分和方便地利用系统的硬件和软件资源而开发和使用的一些设备，主要有编程设备、人机操作界面和网络设备等。

(5) 工业软件　工业软件是为了更好地管理和使用这些设备而开发的与之相配套的程序，它主要由标准工具、工程工具、运行软件和人机接口软件等几大类构成。

（二）模拟量数据

1. 模拟量输入/输出映像寄存器

S7-200 PLC 的模拟量输入电路将外部输入的模拟量(如温度、电压)等转换成 1 个字长(16 位)的数字量，存入模拟量输入映像寄存器区域，可以用区域标志符(AI)、数据长度(W)及字节的起始地址来存取这些值。因为模拟量为 1 个字长，起始地址定义为偶数字节地址，如 AIW0、AIW2……AIW62，共有 32 个模拟量输入点。模拟量输入值为只读数据。

图 5-6 所示为模拟量输入映像寄存器，图 5-7 所示为模拟量输出映像寄存器。

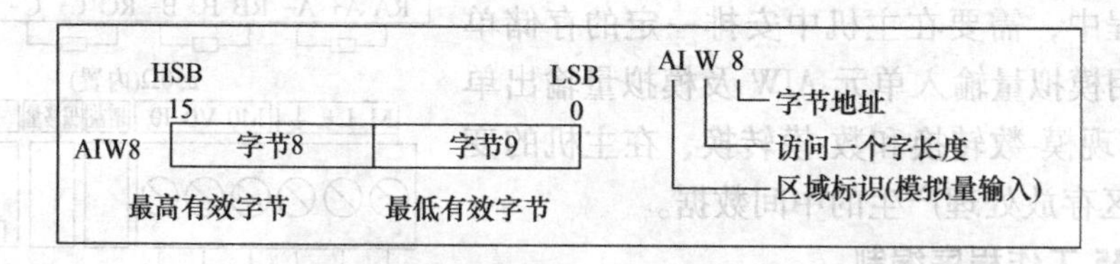

图 5-6　模拟量输入映像寄存器

S7-200 PLC 模拟量输出电路将模拟量输出映像寄存器区域的 1 个字长(16 位)数字值转换为模拟电流或电压输出，可以用标识符(AQ)、数据长度(W)及起始字节地址来设置。

因为模拟量输出数据长度为 16 位，起始地址也采用偶数字节地址，如 AQW0、QW2……AQW62，共有 32 个模拟量输出点。用户程序只能给输出映像寄存器区域置数，而不能读取。

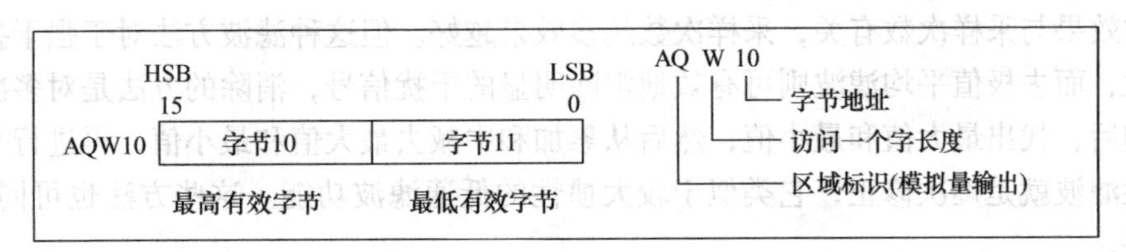

图5-7 模拟量输出映像寄存器

想一想：一个PLC有两个以上的模拟量输出模块，输入、输出映像寄存器应该怎样设置？

2. 模拟量数据的处理

（1）模拟量输入信号的整定 通过模拟量输入模块转换后的数字信号直接存储在S7-200系列PLC的模拟量输入存储器AIW中，这种数字量与被转换的过程之间有一定的函数对应关系，但在数值上并不相等，必须经过某种转换才能使用，这种将模拟量输入的数字信号在PLC内部按一定函数关系进行转换的过程称为模拟量输入信号的整定。

模拟量输入信号的整定通常需要考虑以下问题：

1）模拟量输入值的数字量表示方法。

即模拟量输入模块输入数据的位数是多少？是否从数据字的第0位开始？若不是，应进行移位操作使数据的最低位排列在数据字的第0位上，以保证数据的准确性。如EM231模拟量输入模块，在单极性信号输入时，其模拟量的数字值是从第3位开始的，因此数据整定的任务是把该数据字右移3位。

2）模拟量输入值的数字量表示范围。

该范围一方面由模拟量输入模块的转换精度位数决定，另一方面也可以由系统外部的某些条件使输入量的范围限定在某一数值区域，使输入量的范围小于模块可能表示的范围。

3）系统偏移量的消除。

系统偏移量是指在无模拟量信号输入的情况下，由测量元件的测量误差及模拟量输入模块的转换死区所引起的具有一定数值的转换结果。消除这一偏移量的方法是在硬件方面进行必要的调整（如调整EM235中偏置电位器）或使用PLC的运算指令去除其影响。

4）过程量的最大变化范围。

过程量的最大变化范围与转换后的数字量最大变化范围应有一一对应的关系，这样就可以使转换后的数字量精确地反映过程量的变化。如用0~0FH反映0~10V的电压与0~FFH反映0~10V的电压相比较，后者的灵敏度或精度显然要比前者高得多。

5）标准化问题。

从模拟量输入模块采集到的过程量都是实际的工程量，其幅度、范围和测量单位都会不同，在PLC内部进行数据运算之前，必须将这些值转换为无量纲的标准化格式。

6）数字量滤波问题。

电压、电流等模拟量常常会因为现场的瞬时干扰而产生较大波动，这种波动经A-D转换后也会反映在PLC的数字量输入端，若仅用瞬时采样值进行控制计算，将会产生较大误差，因此有必要进行数字滤波。

工程上的数字滤波方法有算术平均值滤波、去极值平均滤波以及惯性滤波等。算术平均值滤波的效果与采样次数有关，采样次数越多效果越好。但这种滤波方法对于强干扰的抑制作用不大，而去极值平均滤波则可有效地消除明显的干扰信号，消除的方法是对多次采样值进行累加后，找出最大值和最小值，然后从累加和中减去最大值和最小值，再进行平均值滤波。惯性滤波就是逐次修正，它类似于较大惯性的低通滤波功能。这些方法也可同时使用，效果更好。

（2）模拟量输出信号的整定　模拟量输出信号的整定就是将 PLC 的运算结果按照一定的函数关系转换为模拟量输出寄存器中的数字值，以备模拟量输出模块转换为现场需要的输出电压或电流。

已知某温度控制系统由 PLC 控制其温度的升降。当 PLC 的模拟量输出模块输出 10V 电压时，要求系统温度达到 500℃，现 PLC 运算结果为 230℃，则应向模拟量输出存储器 AQWX 写入的数字量为多少？这就是一个模拟量输出信号的整定问题。

（三）PLC 输入/输出及扩展

S7-200 系列 PLC 主机基本单元的最大输入/输出点数为 40（CPU 226 为 24 输入，16 输出）。

PLC 内部映像寄存器资源的最大数字量 I/O 映像区的输入点 I0～I15 为 16 个字节，输出点 Q0～Q15 也为 16 个字节，共 32 个字节、256 点（32×8）。最大模拟量 I/O 为 64 点，AIW0～AIW62 共 32 个输入点，AQW0～AQW62 共 32 个输出点（偶数递增）。S7-200 PLC 系统最多可扩展 7 个模块。

PLC 扩展模块的使用，除了增加 I/O 点数的需要外，还增加了 PLC 的许多控制功能。S7-200 PLC 系列目前总共可以提供 3 大类共 9 种数字量 I/O 模块、3 大类共 5 种模拟量 I/O 模块、2 种通信处理模块。扩展模块的种类见表 5-3。

1. 本机及扩展 I/O 编址

CPU 本机的 I/O 点具有固定的 I/O 地址，可以把扩展的 I/O 模块接至主机右侧来增加 I/O 点数，扩展模块 I/O 地址由扩展模块在 I/O 链中的位置决定。输入与输出模块的地址不会冲突，模拟量控制模块地址也不会影响数字量控制模块。例如以 CPU 224 为主机，扩展五块数字、模拟 I/O 模块，其 I/O 链的控制连接如图 5-8 所示。

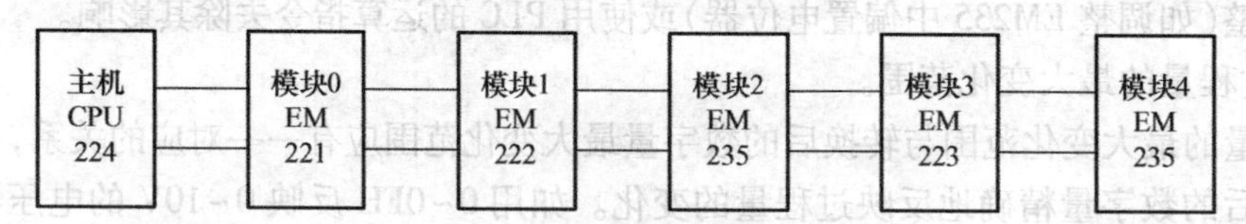

图 5-8　S7-200 系列 PLC 的 I/O 链的控制连接

表 5-3　模块对应 I/O 地址表

主机	模块 0	模块 1	模块 2	模块 3	模块 4
I0.0　Q0.0	I2.0	Q2.0	AIW0　AQW0	I3.0　Q3.0	AIW8　AQW4
I0.1　Q0.1	I2.1	Q2.1	AIW2	I3.1　Q3.1	AIW10
I0.2　Q0.2	I2.2	Q2.2	AIW4	I3.2　Q3.2	AIW12
I0.3　Q0.3	I2.3	Q2.3	AIW6	I3.3　Q3.3	AIW14
I0.4　Q0.4	I2.4	Q2.4			
I0.5　Q0.5	I2.5	Q2.5			
I0.6　Q0.6	I2.6	Q2.6			

（续）

主机		模块 0	模块 1	模块 2	模块 3	模块 4
I0.7	Q0.7	I2.7	Q2.7			
I1.0	Q1.0					
I1.1	Q1.1					
I1.2						
I1.3						
I1.4						
I1.5						

2. 扩展模块的安装与连接

S7-200 PLC 扩展模块具有与基本单元相同的设计特点，固定方式与 CPU 主机相同，主机及 I/O 扩展模块有导轨安装和直接安装两种方法，典型安装方式如图 5-9 所示。

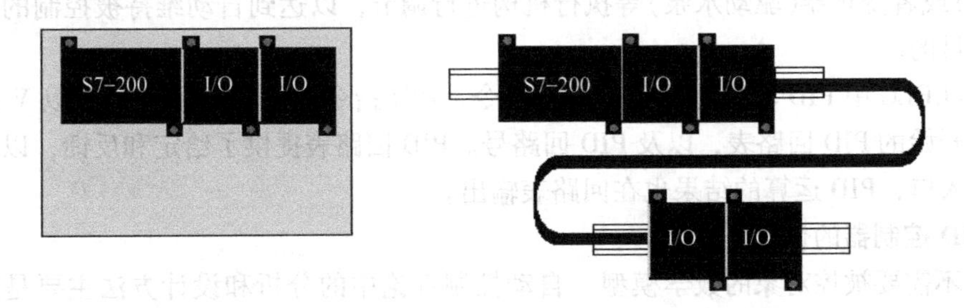

图 5-9 S7-200 PLC 扩展模块典型安装方式

导轨安装方式是在 DIN 标准导轨上的安装，I/O 扩展模块装在紧靠 CPU 右侧的导轨上，具有安装方便、拆卸灵活等优点。

直接安装是将螺钉通过安装固定螺孔将模块固定在配电盘上，具有安装可靠、防振性好的特点。当需要扩展的模块较多时，可以使用扩展连接电缆重叠排布(分行安装)。

扩展模块除了自身需要 24V 供电电源外，还要从 I/O 总线上产生 DC+5V 的电源损耗，必要时，需校验主机 DC+5V 的电流驱动能力。

想一想：S7-200 系列 PLC 最多可以扩展多少个模拟量模块？

（四）PID 控制及应用

在工业生产中，常需要用闭环控制方式来实现温度、压力、流量等连续变化的模拟量控制。无论是使用模拟控制器的模拟控制系统，还是使用计算机(包括 PLC)的数字控制系统，PID 控制都得到了广泛的应用。

过程控制系统在对模拟量进行采样的基础上，一般还要对采样值进行 PID(比例+积分+微分)运算，并根据运算结果，形成对模拟量的控制作用。这种作用的结构如图 5-10 所示。

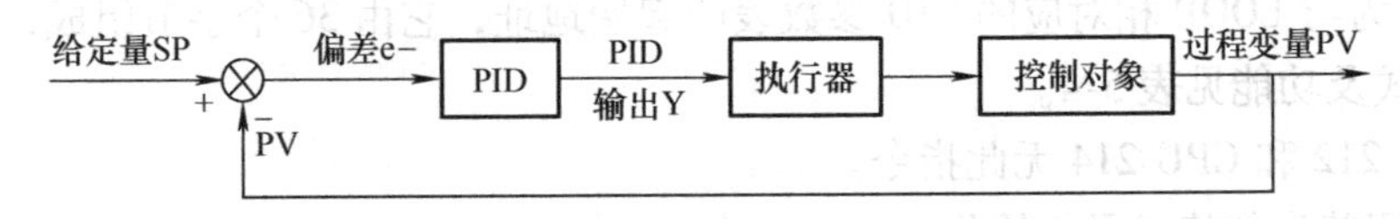

图 5-10 PID 控制系统结构图

PID 运算中的积分作用可以消除系统的静态误差，提高精度，加强对系统参数变化的适应能力；微分作用可以克服惯性滞后，提高抗干扰能力和系统的稳定性，可改善系统动态响应速度；比例作用可对偏差做出及时响应。因此，对于速度、位置等快过程及温度、化工合成等慢过程，PID 控制都具有良好的实际效果。若能将三种作用的强度作适当的配合，可以使 PID 回路快速、平稳、准确地运行，从而获得满意的控制效果。

PID 的三种作用是相互独立、互不影响的。改变一个参数，仅影响一种调节作用，而不影响其他的调节作用。

S7-200 CPU 提供了 8 个回路的 PID 功能，用以实现需要按照 PID 控制规律进行自动调节的控制任务，比如温度、压力和流量控制等。PID 功能一般需要模拟量输入，以反映被控制的物理量的实际数值，称为反馈；而用户设定的调节目标值，即为给定。PID 运算的任务就是根据反馈与给定的相对差值，按照 PID 运算规律计算出结果，输出到固态开关元件（控制加热棒）或者变频器（驱动水泵）等执行机构进行调节，以达到自动维持被控制的量跟随给定变化的目的。

S7-200 PLC 中 PID 功能的核心是 PID 指令。PID 指令需要为其指定一个以 V 为变量存储区地址开始的 PID 回路表，以及 PID 回路号。PID 回路表提供了给定和反馈，以及 PID 参数等数据入口，PID 运算的结果也在回路表输出。

1. PID 控制器的优点

（1）不需要被控对象的数学模型　自动控制理论中的分析和设计方法主要是建立在被控对象的线性定常数数学模型的基础上的。这种模型忽略了实际系统中的非线性和时变性，与实际系统有较大的差距。对于许多工业控制对象，根本就无法建立较为准确的数学模型，因此自动控制理论中的设计方法很难用于大多数控制系统。对于这一类系统，使用 PID 控制可以达到比较满意的效果。

（2）结构简单，容易实现　PID 控制器的结构典型，程序设计简单，计算工作量较小，各参数有明确的物理意义，参数调整方便，容易实现多回路控制、串级控制等复杂的控制。

（3）有较强的灵活性和适应性　根据被控对象的具体情况，可以采用 PID 控制器的多种变种和改进的控制方式，例如 PI、PD、被控量微分 PID、积分分离 PID 等，但比例控制一般是不可少的。随着智能控制技术的发展，PID 控制与神经网络控制等现代控制方法结合，可以实现 PID 控制器的参数自整定，使 PID 控制器具有经久不衰的生命力。

（4）使用方便　现在已有很多 PLC 厂家提供具有 PID 控制功能的产品，如 PID 控制模块、PID 控制系统功能块等，它们使用起来简单方便，只需要设置一些参数即可。STEP 7-Micro/WIN 的 PID 指令向导使 PID 指令的应用更加简便。

2. PID 调节指令格式及功能

1）LOOP 为 PID 调节回路号，可在 0~7 范围内选取。为保证控制系统的每一条控制回路都能正常得到调节，必须为调节回路号 LOOP 赋不同的值，否则系统将不能正常工作。

2）TBL 为与 LOOP 相对应的 PID 参数表的起始地址，它由 36 个字节组成，存储着 9 个参数。其格式及功能见表 5-4。

3）CPU 212 和 CPU 214 无此指令。

3. PID 回路表的格式及初始化

（1）PID 回路表　PLC 在执行 PID 调节指令时，须对算法中的 9 个参数进行运算，为此

S7-200 PLC 的 PID 指令使用一个存储回路参数的回路表，PID 回路表的格式及含义见表 5-5。

表 5-4　PID 调节指令的格式及功能

梯 形 图	语 句 表	功 能
PID EN　ENO TBL LOOP	PID TBL，LOOP	当使能端 EN 为 1 时，PID 调节指令对 TBL 为起始地址的 PID 参数表中的数据进行 PID 运算

表 5-5　PID 回路表

偏移地址(VB)	变 量 名	数据格式	输入/输出类型	取 值 范 围
T+0	反馈量(PVn)	双字实数	输入	应在 0.0~1.0 之间
T+4	给定值(SPn)	双字实数	输入	应在 0.0~1.0 之间
T+8	输出值(Mn)	双字实数	输入/输出	应在 0.0~1.0 之间
T+12	增益(K_C)	双字实数	输入	比例常数，可正可负
T+16	采样时间(T_S)	双字实数	输入	单位为 s，必须为正数
T+20	积分时间(T_I)	双字实数	输入	单位为 min，必须为正数
T+24	微分时间(T_D)	双字实数	输入	单位为 min，必须为正数
T+28	积分和/或积分项前值(Mx)	双字实数	输入/输出	应在 0.0~1.0 之间
T+32	反馈量前值(PVn-1)	双字实数	输入/输出	最后一次执行 PID 指令的过程变量值

1）PLC 可同时对多个生产过程(回路)实行闭环控制。由于每个生产过程的具体情况不同，其 PID 算法的参数也不同。因此，需建立每个控制过程的参数表，用于存放控制算法的参数和过程中的其他数据。当需要作 PID 运算时，从参数表中把过程数据送至 PID 工作台，待运算完毕后，将有关数据结果再送至参数表。

2）表中反馈量 PVn 和给定值 SPn 为 PID 算法的输入，只可由 PID 指令来读取而不可更改；通常反馈量来自模拟量输入模块，给定量来自人机对话设备，如 TD200、触摸屏、组态软件监控系统等。

3）表中回路输出值 Mn 由 PID 指令计算得出，仅当 PID 指令完全执行完毕才予以更新。该值还需用户按工程量标定通过编程转换为 16 位数字值，送往 PLC 的模拟量输出寄存器 AQWx。

4）表中增益(K_C)、采样时间(T_S)、积分时间(T_I)和微分时间(T_D)是由用户事先写入的值，通常也可通过人机对话设备，如 TD200、触摸屏、组态软件监控系统输入。

5）表中积分和 Mx 由 PID 算法来更新，且此更新值用作下一次 PID 运算的输入值。

(2) PID 回路表初始化　为执行 PID 指令，要对 PID 回路表进行初始化处理，即将 PID 回路表中有关的参数(给定值 SPn、增益 K_C、采样时间 T_S、积分时间 T_I、微分时间 T_D)，按照地址偏移量写入到变量寄存器 V 中。一般是调用一个子程序，在子程序中，对 PID 回路表进行初始化处理。在采用人机界面的系统中，初始化参数通过人机界面直接输入。

4. PID 向导的应用

STEP 7-Micro/WIN 提供了 PID Wizard(PID 指令向导)，可以帮助用户方便地生成一个闭环控制过程的 PID 算法。用户只要在向导的指导下填写相应的参数，就可以方便快捷地完成 PID 运算的自动编程。用户只要在应用程序中调用 PID 向导生成的子程序，就可以完成 PID 控制任务。向导最多允许配置 8 个 PID 回路。

PID 向导既可以生成模拟量输出的 PID 控制算法，也支持开关量输出；既支持连续自动调节，也支持手动参与控制，并能实现手动到自动的无扰切换。除此之外，它还支持 PID 反作用调节。

PID 功能块只接受 0.0~1.0 之间的实数作为反馈、给定与控制输出的有效数值，如果是直接使用 PID 功能块编程，必须保证数据在这个范围之内，否则会出错。其他如增益、采样时间、积分时间和微分时间都是实数。但 PID 向导已经把外围实际的物理量与 PID 功能块需要的输入、输出数据之间进行了转换，不再需要用户自己编程进行输入/输出的转换与标准化处理。

单击编程软件指令树中的“\ 向导 \ PID”图标，或执行菜单命令“工具”→“指令向导”，在弹出的对话框中，可以设置 PID 回路的编号、设定值的范围、增益、采样周期、积分时间、微分时间、输入/输出量是单极性还是双极性，以及它们的变化范围；还可以设置是否使用报警功能，以及占用的 V 存储区地址。

完成向导的设置工作后，将会自动生成子程序 PIDx_ INIT(x = 0 ~ 7)和中断程序 PID_ EXE。

完成向导配置后，会自动生成一个 PID 向导符号表，在这个符号表中可以找到 P(比例)、I(积分)、D(微分)等参数的地址。利用这些参数地址用户可以方便地在 Micro/WIN 中使用程序、状态表或从 HMI 上修改 PID 参数值进行编程调试。

S7-200 CPU 和 Micro/WIN 已经有了 PID 自整定功能。用户可以使用用户程序或 PID 调节控制面板来起动自整定功能，使用这些整定值可以使控制系统得到最优化的 PID 参数，达到最佳的控制效果。若要使用 PID 自整定功能，必须用 PID 向导完成编程任务。

做一做：试着编写一段顺序控制的程序！

(五) 顺序控制功能图

顺序控制功能图(SFC)主要用于设计具有明显阶段性工作顺序的系统。一个控制过程可以分为若干工序(或阶段)，将这些工序称为状态。状态与状态之间由转换条件分隔，相邻的状态具有不同的动作形式。

采用顺序控制功能图设计的小车自动往返程序比用基本指令设计的梯形图更直观、易懂，如图 5-11 所示。

在 PLC 中，每个状态用状态软元件——状态继电器 S 表示。S7-200 PLC 的状态继电器编号为 S0.0~S31.7。

如何应用顺序功能图呢？

1. 顺序控制指令

LSCR S_ bit：装载顺序控制继电器(Load Sequence Control Relay)指令，用来表示一个 SCR(即顺序功能图中的步)的开始。

SCRT S_ bit：顺序控制继电器转换（Sequence Control Relay Transition）指令，用来表示 SCR 段之间的转换，即活动状态的转换。

SCRE：顺序控制继电器结束（Sequence Control Relay End）指令，用来表示 SCR 段的结束。

2. 顺序控制功能图的三要素

1）驱动有关负载：在本状态下做什么。

2）指定转移条件：在顺序功能图中，相邻的两个状态之间实现转移必须满足一定的条件。如图 5-11 所示，当 T37 接通时，系统从 S0.2 转移到 S0.3。

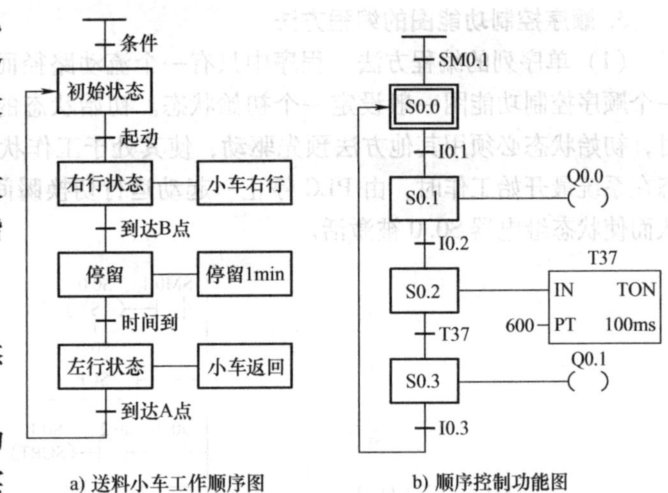

a) 送料小车工作顺序图　　b) 顺序控制功能图

图 5-11　顺序控制功能图设计的小车自动往返程序

3）转移方向（目标）：置位下一个状态。如图 5-11 所示，当 T37 动作时，如果原来处于 S0.2 这个状态，则程序将从 S0.2 转移到 S0.3。

想一想：三种编程方法各有什么特点？适用于什么情况？

PLC 的三种编程方法示例如图 5-12 所示。

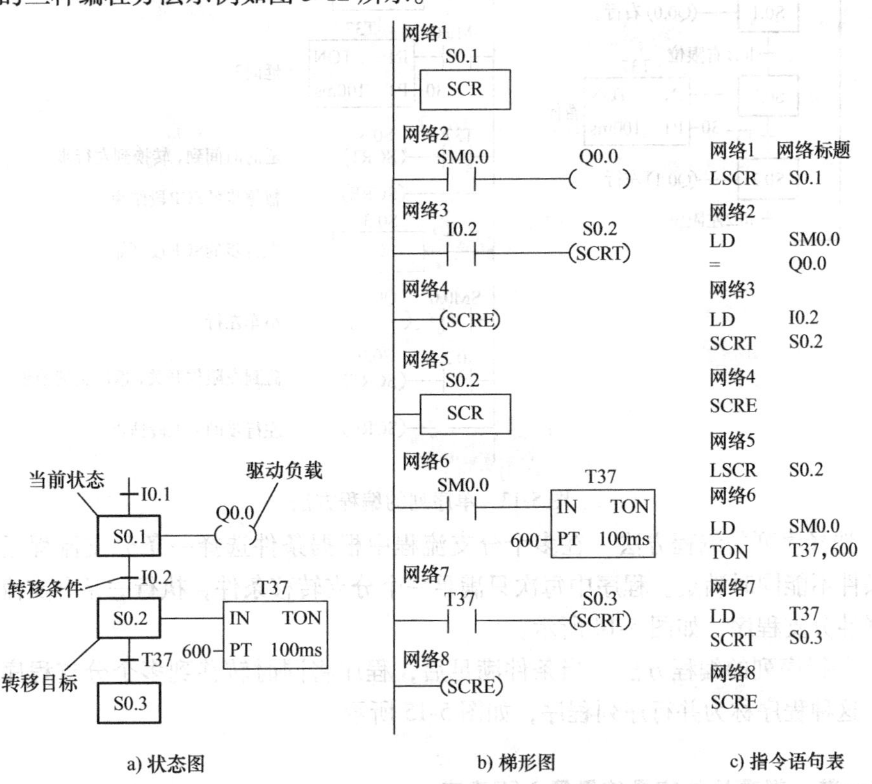

a) 状态图　　b) 梯形图　　c) 指令语句表

图 5-12　PLC 的三种编程方法

3. 顺序控制功能图的编程方法

（1）单序列的编程方法　程序中只有一个流动路径而没有程序的分支称为单流程。每一个顺序控制功能图一般设定一个初始状态。初始状态的编程要特别注意，在最开始运行时，初始状态必须用其他方法预先驱动，使其处于工作状态。例如，在图 5-13 中，初始状态在系统最开始工作时，由 PLC 停止→起动运行切换瞬间使特殊辅助继电器 SM0.1 接通，从而使状态继电器 S0.0 被激活。

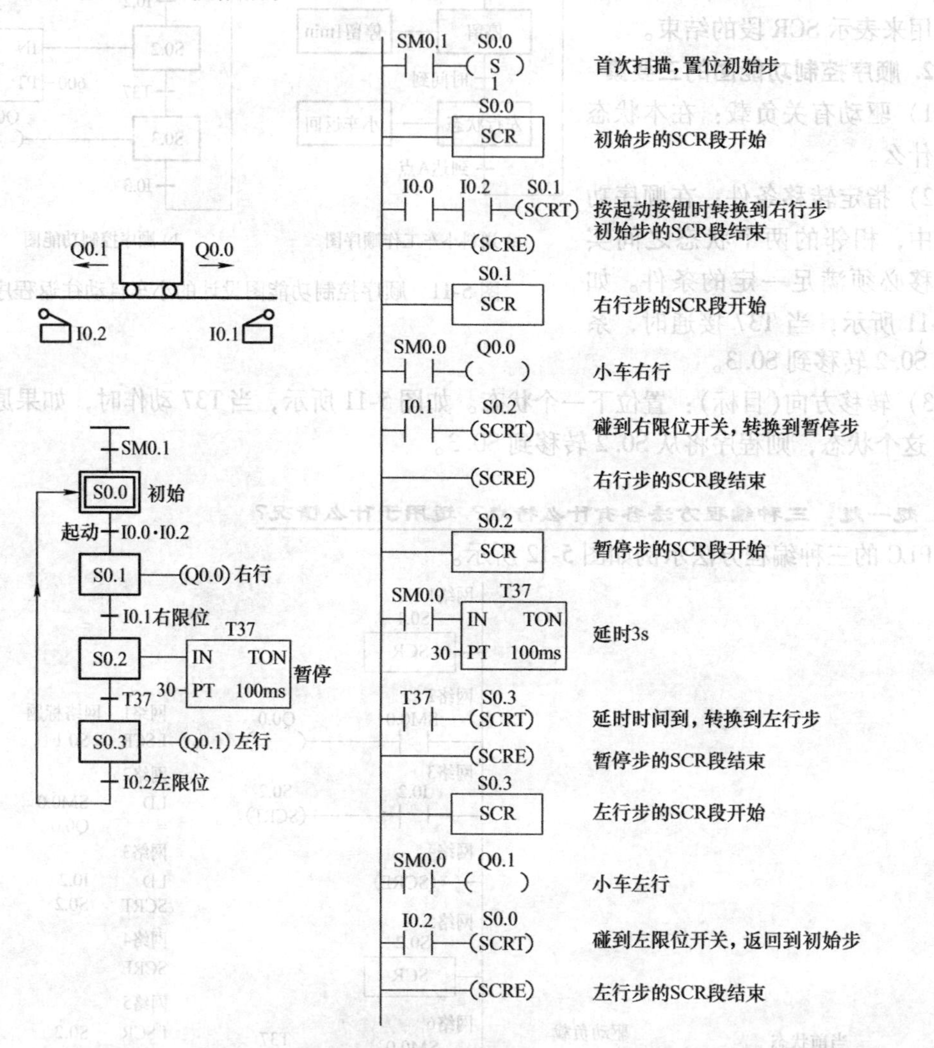

图 5-13　单序列的编程方法

（2）选择序列的编程方法　在多个分支流程中根据条件选择一条分支流程运行，其他分支的条件不能同时满足。程序中每次只满足一个分支转移条件，执行一条分支流程，就称之为选择性分支程序，如图 5-14 所示。

（3）并行序列的编程方法　当条件满足后，程序将同时转移到多个分支程序，执行多个流程，这种程序称为并行序列程序，如图 5-15 所示。

做一做：把项目的构思结果填入下表中。

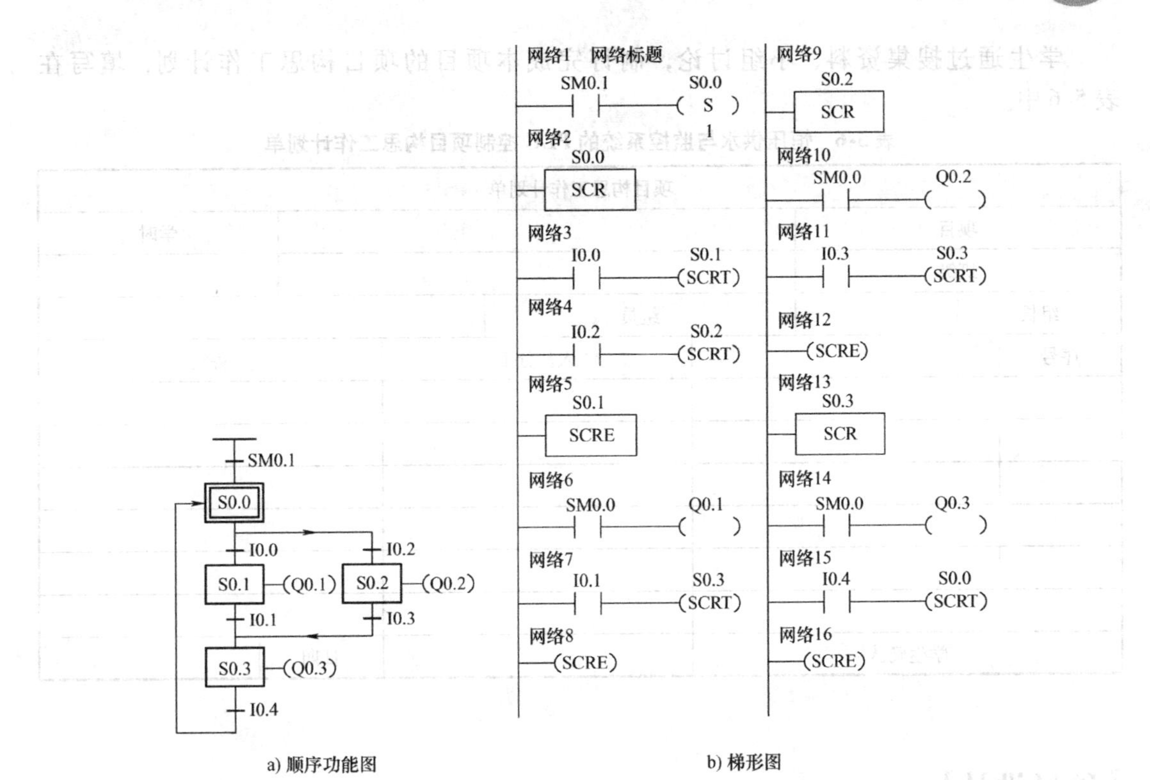

a) 顺序功能图　　b) 梯形图

图 5-14　选择序列的编程方法

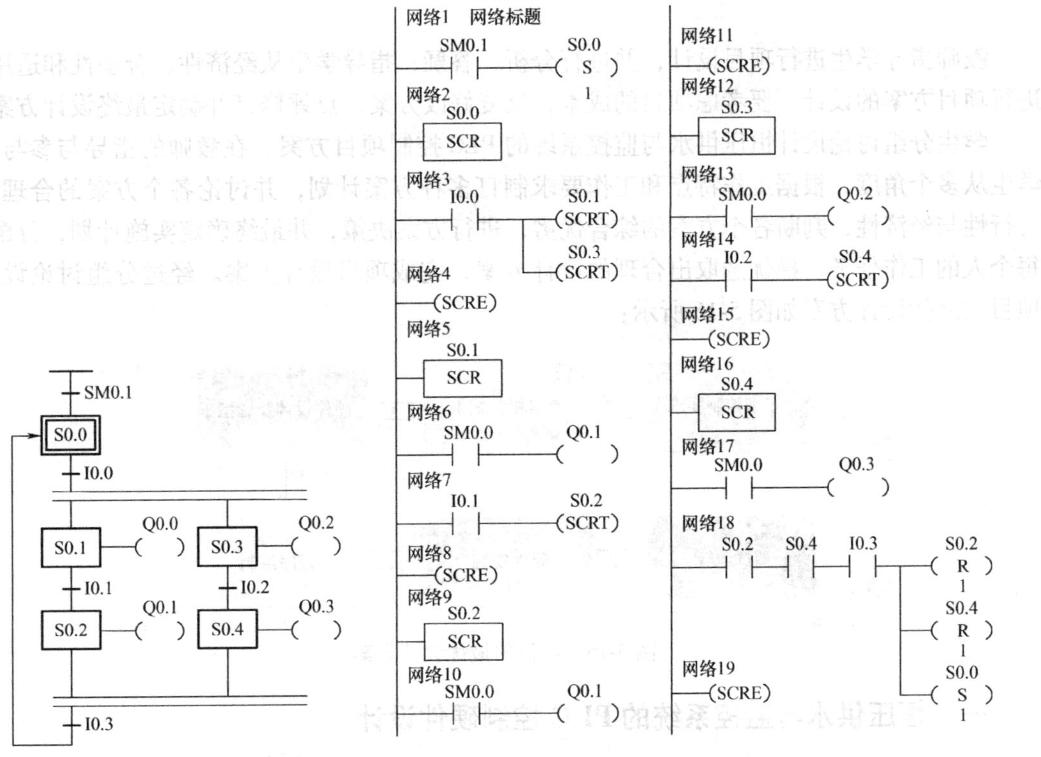

a) 顺序功能图　　b) 梯形图

图 5-15　并行序列的编程方法

学生通过搜集资料、小组讨论，制订完成本项目的项目构思工作计划，填写在表5-6中。

表5-6 恒压供水与监控系统的PLC控制项目构思工作计划单

项目构思工作计划单			
项目			学时
班级			
组长		组员	
序号	内容	人员分工	备注
学生确认		日期	

【项目设计】

教师指导学生进行项目设计，并进行分析、答疑；指导学生从经济性、合理性和适用性进行项目方案的设计，要考虑项目的成本，反复修改方案，点评修订并确定最终设计方案。

学生分组讨论设计恒压供水与监控系统的PLC控制项目方案。在教师的指导与参与下，学生从多个角度、根据工作特点和工作要求制订多种方案计划，并讨论各个方案的合理性、可行性与经济性，判断各个方案的综合优劣，进行方案决策，并最终确定实施计划，分配好每个人的工作任务，择优选取出合理的设计方案，完成项目设计方案。经过分组讨论设计，项目的最优设计方案如图5-16所示：

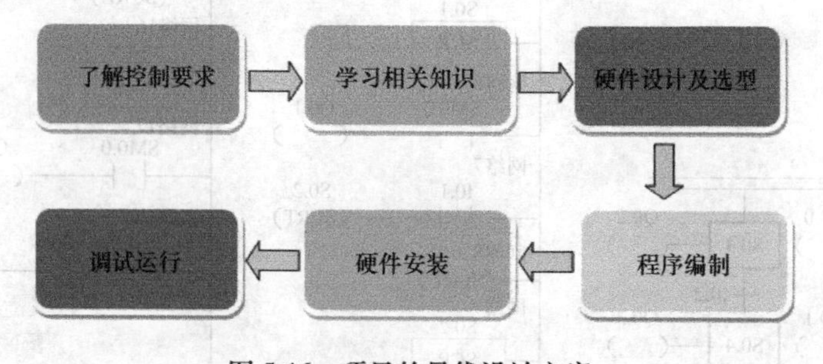

图5-16 项目的最优设计方案

一、恒压供水与监控系统的PLC控制硬件设计

做一做：先分析一下恒压供水与监控系统的继电器-接触器电路吧！

1. 根据控制要求选择 PLC 外部输入/输出设备

恒压供水与监控系统外部输入/输出设备见表 5-7。

表 5-7　恒压供水与监控系统外部输入/输出设备

I/O 类型	设　备	I/O 类型	设　备
输入	起动气压罐供水按钮 SB1	输出	水泵 M1 变频工作接触器 KM1
	手动控制水泵 M1 变频工作按钮 SB2		水泵 M1 工频工作接触器 KM2
	手动控制水泵 M1 工频工作按钮 SB3		水泵 M2 变频工作接触器 KM3
	手动控制水泵 M2 变频工作按钮 SB4		水泵 M2 工频工作接触器 KM4
	手动控制水泵 M2 工频工作按钮 SB5		水泵 M3 变频工作接触器 KM5
	手动控制水泵 M3 变频工作按钮 SB6		起动小水泵 M4 接触器 KM6
	停止按钮 SB7		变频器频率输出
	热继电器按钮 FR		
	压力变送器输入		

2. PLC 选型与 I/O 端口分配

CPU 单元选择：CPU 221 具有 6 个输入点和 4 个输出点，CPU 222 具有 8 个输入点和 6 个输出点，CPU 224 具有 14 个输入点和 10 个输出点，CPU 224XP 具有 14 个输入点和 10 个输出点，CPU 226 具有 24 个输入点和 16 个输出点。集成的 24V 负载电源：可直接连接到传感器和变送器(执行器)。CPU 221、222 具有 180mA 输出电流，CPU 224、CPU 224XP 的输出电流为 280mA，CPU 226 的输出电流为 400mA。可用作负载电源。在本系统中有 7 个输入点和 8 个输出点，所以选择 CPU 224 最好，其输出为 280mA。

I/O 选择：控制系统 PLC 的模拟输入端口包括：压力传感器检测的水位信号，水位信号是以标准电流信号 4~20mA 进行传输的；变频器输出频率信号，频率信号是 0~10V 的电压信号。所以应选择模拟量输入/输出模块，本项目中选用 EM235 模拟量扩展模块。该模块有 4 个模拟输入(AIW)，1 个模拟输出(AQW)信号通道。输入/输出信号接入端口时能够自动完成 A-D 转换，标准输入信号能够转换成一个字长(16bit)的数字信号；输出信号接出端口时能够自动完成 D-A 转换，一个字长(16bit)的数字信号能够转换成标准输出信号。EM235 模块可以针对不同的标准输入信号，通过 DIP 开关进行设置。PLC 的 I/O 分配表见表 5-8。

表 5-8　I/O 端口分配表

输入	I0.0	起动气压罐供水按钮 SB1
	I0.1	手动控制水泵 M1 变频工作按钮 SB2
	I0.2	手动控制水泵 M1 工频工作按钮 SB3
	I0.3	手动控制水泵 M2 变频工作按钮 SB4
	I0.4	手动控制水泵 M2 工频工作按钮 SB5
	I0.5	手动控制水泵 M3 变频工作按钮 SB6
	I0.6	热继电器按钮，停止按钮 SB7
	AIW0	压力变送器压力值输入

（续）

输出	Q0.0	打开阀门利用气压罐供水继电器 K1
	Q0.1	起动变频器继电器 K2
	Q0.2	水泵 M1 变频工作接触器 KM1
	Q0.3	水泵 M1 工频工作接触器 KM2
	Q0.4	水泵 M2 变频工作接触器 KM3
	Q0.5	水泵 M2 工频工作接触器 KM4
	Q0.6	水泵 M3 变频工作接触器 KM5
	Q0.7	起动小水泵 M4 接触器 KM6
	AQW0	变频器输出频率

3. 画出 PLC 外部接线图

PLC 外部接线图如图 5-17 所示。

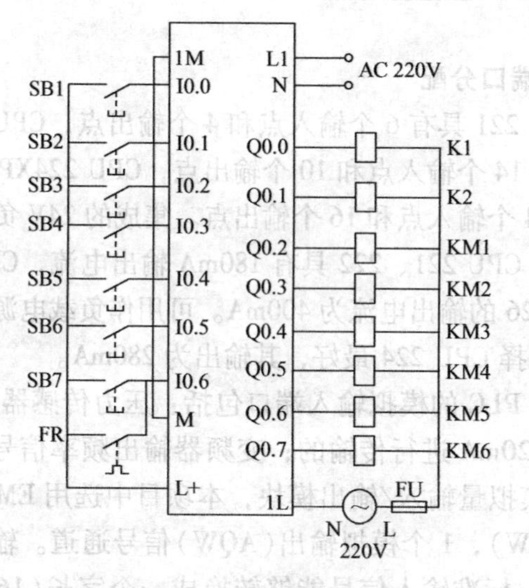

图 5-17　PLC 外部接线图

二、恒压供水与监控系统的 PLC 控制程序编制

恒压供水和监控系统的 PLC 程序编制也可以用继电器-接触器电路转换法吗？

设计思路：此系统是一个比较复杂的系统，需要大量的中间单元来完成记忆、联系和互锁等功能，由于需要考虑的因素很多，它们往往交织在一起，分析起来很困难，并且很容易遗漏一些应该考虑的问题，不适用经验设计法；根据继电器电路图设计程序的方法虽然编程简单，但是需要注意的问题很多，如应遵守梯形图语言中的语法规定、适当地分离继电器电路图中的某些电路、时间继电器的处理等。按照生产工艺预先规定的顺序，在各个输入信号的作用下，根据内部状态和时间的顺序，在生产过程中各个执行机构自动有次序地进行操作，使用此方法编程简单，需要考虑的因素不多，不容易出现遗漏，也不会有太多需要注意的问题，因此选择顺序功能图设计法。

顺序功能图是编写程序的重要工具，也是描述控制系统的控制过程、功能和特点的一种图形。它由步、有向连线、转换条件和动作组成。根据生产工艺预先规定的顺序，可画出顺序功能图，如图 5-18 所示。

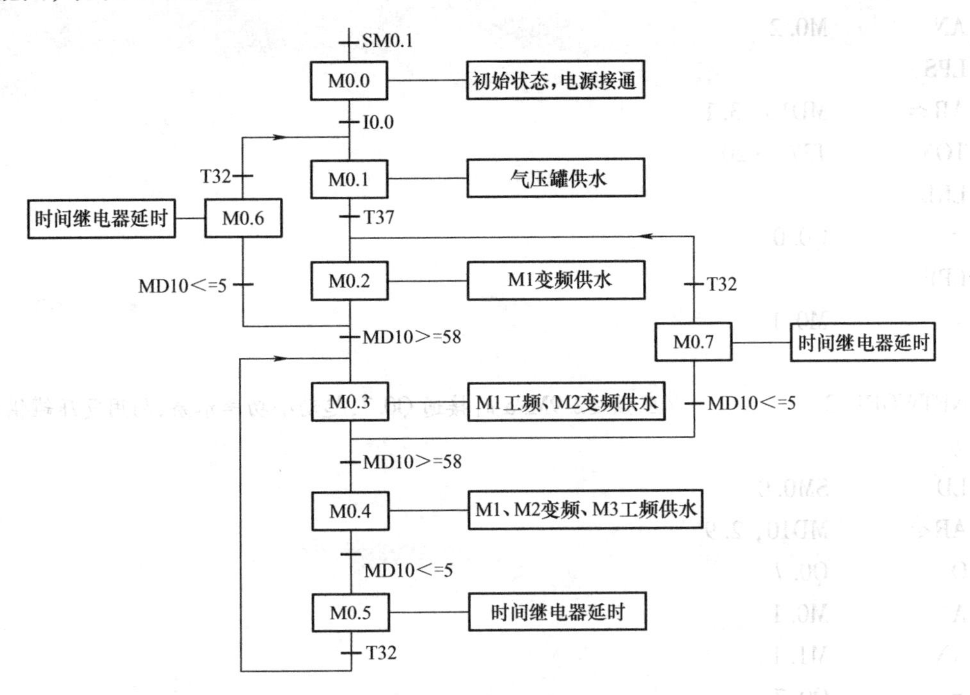

图 5-18　顺序功能图

根据顺序功能图和 I/O 分配表，可编写本系统的程序，程序如下。

1. 主程序编写

```
NETWORK 1                //初始状态
//
//NETWORK COMMENTS
//
LD        SM0.1
O         M0.0
AN        M0.1
=         M0.0

NETWORK 2                //I0.0 闭合，进入气压罐供水状态
//
//NETWORK COMMENTS
//
LD        M0.0
A         I0.0
LD        M0.6
```

```
A          T32
OLD
O          M0.1
AN         M0.2
LPS
AR<=       MD10, 3.1
TON        T37, +20
LRD
=          Q0.0
LPP
=          M0.1

NETWORK 3          //压强≤2.9MPa 时接通 Q0.7,起动小功率水泵,利用气压罐供水
//
LD         SM0.0
AR<=       MD10, 2.9
O          Q0.7
A          M0.1
AN         M1.1
=          Q0.7

NETWORK 4          //压强≥3.2MPa 时断开 Q0.7,停止小功率水泵,利用气压罐供水
//
LD         SM0.0
AR>=       MD10, 3.2
=          M1.1

NETWORK 5          //水压持续 2s 小于 3.1MPa 时,说明气压罐不能满足供水,利用 M1
变频状态供水
//
LD         M0.1
A          T37
LD         M0.7
A          T32
OLD
O          M0.2
AN         M0.3
=          M0.2
=          Q0.2
```

```
NETWORK 6        //变频器输出频率≤8Hz 时,接通时间继电器,空操作
//
LD        M0.2
AR<=      MD14,8.0
O         M0.6
AN        M0.1
TON       T32,+2
=         M0.6

NETWORK 7        //变频器输出频率≥58Hz 时,利用 M1 工频、M2 变频供水
//
LD        M0.2
AR>=      MD14,58.0
LD        M0.5
A         T32
OLD
O         M0.3
AN        M0.4
=         M0.3
=         Q0.3
=         Q0.4

NETWORK 8        //变频器输出频率≤8Hz 时,接通时间继电器,空操作
//
LD        M0.3
AR<=      MD14,8.0
O         M0.7
AN        M0.2
TON       T32,+2
=         M0.7

NETWORK 9        //变频器输出频率≥58Hz 时,利用 M1、M2 工频,M3 变频供水
//
LD        M0.3
AR>=      MD14,58.0
O         M0.4
AN        M0.5
=         M0.4
```

```
=        Q0.3
=        Q0.5
=        Q0.6

NETWORK 10      //变频器输出频率≤8Hz 时,接通时间继电器,空操作
//
LD       M0.4
AR<=     MD14,8.0
O        M0.5
AN       M0.3
TON      T32,+2
=        M0.5

NETWORK 11      //Q0.1 得电,接通变频器
//
LD       M0.2
O        M0.4
O        M0.6
=        Q0.1

NETWORK 12      //调用子程序
//
LD       Q0.1
EU
CALL     SBR_0
```

2. 子程序

```
LD    Q0.1
MOVR 0.3,VD104          //给定值为 0.3
MOVR 0.75,VD112         //增益为 0.75
MOVR 5.0,VD116          //采集时间为 5
MOVR 0.25,VD120         //积分时间为 0.25
MOVR 0.06,VD124         //微分时间为 0.06
ATCH INT_0,10           //定时中断子程序
ENI
```

3. 中断程序

```
NETWORK 1               //回路输入变量的转换与标准化
//
LD    SM0.0
MOVW AIW0,AC0           //将待转换的模拟量存入累加器
```

```
DTR   AC0,AC0              //将32位整数转换为实数
/R    32000.0,AC0
MOVR  AC0,VD100            //将标准化的值存入回路表内

NETWORK 2                  //回路输出转换为成比例的整数
//
LD    SM0.0
MOVR  VD108,AC0            //将回路输出送入累加器
*R    32000.0,AC0
ROUND AC0,AC0              //将实数转换为32位整数
MOVW  AC0,AQW0             //将16位整数写入模拟输出寄存器

NETWORK 3        //调用子程序,回路表的起始地址为VB100,LOOP回路编号为0
//
LD    I0.0
PID   VB100,0
```

做一做:试着将语句表程序转换成梯形图程序吧! 同学们要记得填写如下项目设计记录单啊!

恒压供水与监控系统的PLC控制项目设计记录单见表5-9。

表5-9 恒压供水与监控系统的PLC控制项目设计记录单

<table>
<tr><td>课程名称</td><td colspan="3">PLC控制系统的设计与应用</td><td>总学时</td><td>84</td></tr>
<tr><td>项目五</td><td colspan="3">恒压供水与监控系统的PLC控制</td><td>参考学时</td><td></td></tr>
<tr><td>班级</td><td></td><td>团队负责人</td><td></td><td>团队成员</td><td></td></tr>
<tr><td>项目设计方案一</td><td colspan="5"></td></tr>
<tr><td>项目设计方案二</td><td colspan="5"></td></tr>
<tr><td>项目设计方案三</td><td colspan="5"></td></tr>
<tr><td>最优方案</td><td colspan="5"></td></tr>
<tr><td>电气图</td><td colspan="5"></td></tr>
<tr><td>设计方法</td><td colspan="5"></td></tr>
<tr><td>相关资料及资源</td><td colspan="5">实训指导书、视频录像、PPT课件、电气安装工艺及职业资格考试标准等</td></tr>
</table>

【项目实现】

教师：指导学生进行项目实施和系统安装，讲解项目实施的工艺规程和安全注意事项。

学生：分组进入实训工作区进行实际操作，在教师指导下先把元器件选好，并列出明细，列出PLC外部I/O分配表，画出PLC外部接线图，并进行PLC接线与调试，填写好项目实施记录。

一、恒压供水与监控系统的PLC控制整机安装准备

1. 工具

测试笔、螺钉旋具、斜口钳、尖嘴钳、剥线钳、电工刀等。

2. 仪表

绝缘电阻表、万用表、钳形电流表。

3. 器材

1）控制板一块(包括所用的低压电器)。

2）导线及规格：主电路导线由电动机容量确定；控制电路一般采用截面积为0.5mm²的铜芯导线(RV)；要求主电路与控制电路导线的颜色必须有明显区别。

3）备好编码套管。

二、恒压供水与监控系统的PLC控制安装步骤及工艺要求

1. 选配并检验元器件和电气设备

1）配齐电气设备和元器件，并逐个检验其规格和质量。

2）根据电动机的容量、线路走向及要求和各元器件的安装尺寸，正确选配导线的规格和数量、接线端子板、控制板和紧固件等。

2. 安装元器件

在控制板上固定卡轨和元器件，并做好与原理图相同的标记。

3. 布线

按接线图在控制板上进行线槽软线布线，并在导线端部套上编码套管，号码与原理图一致。导线的走向要合理，尽量不要有交叉和架空。

做一做：然后同学们要记得填写如下项目实现记录单啊！

项目实现工作记录单见表5-10。

表5-10 项目实现工作记录单

<table>
<tr><td>课程名称</td><td colspan="4"></td><td>总学时</td><td>84</td></tr>
<tr><td>项目名称</td><td colspan="4"></td><td>参考学时</td><td></td></tr>
<tr><td>班级</td><td></td><td>团队负责人</td><td></td><td>团队成员</td><td colspan="2"></td></tr>
</table>

（续）

项目工作情况	
项目实施遇到的问题	
相关资料及资源	
执行标准或工艺要求	
注意事项	
备注	

【项目运行】

教师：指导学生进行恒压供水与监控系统的 PLC 控制程序调试与系统调试、运行，讲解调试运行的注意事项及安全操作规程，并对学生的成果进行评价。

学生：检查恒压供水与监控系统控制电路任务的完成情况，在教师指导下进行调试与运行，发现问题及时解决，直到调试成功为止。分析不足，汇报学习、工作心得，展示工作成果；对项目完成情况进行总结，完成项目报告。

一、恒压供水与监控系统的 PLC 控制程序调试及运行

1. 程序录入、下载

1）打开 STEP7-Micro/WIN 应用程序，新建一个项目，选择 CPU 类型为 CPU 224，打开程序块中的主程序编辑窗口，录入上述程序。

2）录入完程序后单击其工具按钮进行编译，当状态栏提示程序没有错误后，且检查 PLC 与计算机的连接正常，PLC 工作正常，便可下载程序了。

3）单击下载按钮后，程序所包含的程序块、数据块、系统块自动下载到 PLC 中。

2. 程序调试运行

下载完程序后，对程序进行调试。通过 STEP7-Micro/WIN 软件控制 S7-200 PLC，模式开关必须设置为“TERM”或“RUN”。单击工具条上的“运行”按钮或执行菜单命令“PLC”→“运行”，出现一个对话框提示是否切换运行模式，单击“确认”按钮即可。

3. 程序的监控

在运行 STEP7-Micro/WIN 的计算机与 PLC 之间建立通信，执行菜单命令“调试”→“开始程序监控”，或单击工具条中的按钮，可以用程序状态功能监视程序运行的情况。

运用监视功能，在程序打开状态下，观察 PLC 运行时，程序执行过程中各元器件的工作状态及运行参数的变化。

二、恒压供水与监控系统的 PLC 控制整机调试及运行

调试前先检查所有元器件的技术参数设置是否合理，若不合理则重新设置。

先空载调试，此时不接电动机，观察 PLC 输入及输出端子对应用的指示灯是否亮及接触器是否吸合。

然后带负载调试，接上电动机，观察电动机运行情况。

调试成功后，先拆掉负载，再拆掉电源。清理工作台和工具，填写记录单，见表 5-11。

表 5-11　项目五项目运行记录单

课程名称	PLC 控制系统的设计与应用			总学时	84
项目名称				参考学时	
班级		团队负责人		团队成员	
项目构思是否合理					
项目设计是否合理					
项目实现遇到了哪些问题					
项目运行时故障点有哪些?					
调试运行是否正常					
备注					

三、恒压供水与监控系统的 PLC 控制项目验收

项目完成后，应对各组完成情况进行验收和评定，具体验收指标包括：

1）硬件设计。包括 I/O 点数确定、PLC 选型及接线图的绘制。

2）软件设计。

3）程序调试。

4）整机调试。

恒压供水与监控系统的 PLC 控制考核要求及评分标准见表 5-12。

表 5-12　恒压供水与监控系统的 PLC 控制考核要求及评分标准

序号	考核内容	考核要求	评分标准	配分	扣分	得分
1	硬件设计 （I/O 点数确定）	根据继电器-接触器控制电路确定、PLC 点数	（1）点数确定得过少，扣 10 分 （2）点数确定得过多，扣 5 分 （3）不能确定点数，扣 10 分	25 分		

（续）

序号	考核内容	考核要求	评分标准	配分	扣分	得分
2	硬件设计（PLC 选型、接线图的绘制及接线）	根据 I/O 点数选择 PLC 型号，画接线图及接线	（1）PLC 型号选择不能满足控制要求，扣 10 分 （2）接线图绘制错误，扣 5 分 （3）接线错误，扣 10 分	25 分		
3	软件设计（程序编制）	根据控制要求编制梯形图程序	（1）程序编制错误，扣 10 分 （2）程序繁琐，扣 5 分 （3）程序编译错误，扣 10 分	25 分		
4	调试（程序调试和整机调试）	用软件输入程序监控调试；运行设备整机调试	（1）程序调试监控错误，扣 10 分 （2）整机调试一次不成功，扣 5 分 （3）整机调试二次不成功，扣 5 分	25 分		
5	安全文明生产	按生产规程操作	违反安全文明生产规程，扣 10～30 分			
6	定额工时	4h	每超 5 分钟（不足 5 分钟以 5 分钟计）扣 10 分			
	起始时间		合计	100 分		
	结束时间		教师签字	年　月　日		

【知识拓展】

一、PID 控制实例

通过变频器驱动的水泵供水的恒压供水水箱如图 5-19 所示，它用于维持水位在满水位的 70%。开机后，手动控制电动机，水位上升到 70%时，转换到 PID 自动调节。

分析：过程变量 PVn 为水箱的水位，由水位检测计提供，经 A-D 转换送入 PLC；控制信号由 PLC 执行 PID 指令后以单极性信号经 D-A 转换后送出，控制变频器，从而控制电动机转速。

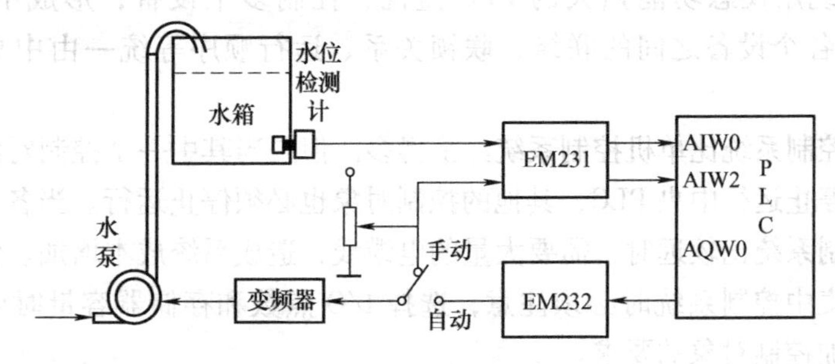

图 5-19　供水水箱示意图

PID 回路参数表见表 5-13。

表 5-13 PID 回路参数表

地址	参 数	数 值
VB100	过程变量当前值 PVn	水位检测计提供的模拟量经 A-D 转换后的标准化数值
VB104	给定值 SPn	0.7
VB108	输出值 Mn	PID 回路的输出值(标准化数值)
VB112	增益 K_C	0.3
VB116	采样时间 T_S	0.1
VB120	积分时间 T_I	30
VB124	微分时间 T_D	0(关闭微分作用)
VB128	上一次的积分值 Mx	根据 PID 运算结果更新
VB132	上一次的过程变量 PVn-1	最近一次的 PID 的变量值

I/O 分配：I0.0 连接手动/自动切换开关，模拟量输入 AIW0，模拟量输出 AQW0。

程序由主程序、子程序和中断程序构成，如图 5-20 所示。主程序用来调用初始化子程序；子程序用来建立 PID 回路初始化参数表和设置中断，采用定时中断(查表可知中断事件号为 10)来定时采样，设置定时时间和采样时间为 100ms，并写入 SMB34。中断程序用于执行 PID 运算，I0.0=1 时，执行 PID 运算。标准化时采用单极性(取值范围为 0~32000)。

二、PLC 控制系统的结构

使用 PLC 可以构成多种形式的控制结构，下面介绍几种常用的 PLC 控制系统。

1. 单机控制系统

单机控制系统是较普通的一种 PLC 控制系统。该系统使用一台 PLC 控制一个对象，控制系统要求的 I/O 点数和存储器容量都比较小，没有 PLC 的通信问题，采样条件和执行结构都比较集中，控制系统的构成简单明了。

图 5-21 是一个简单的单机控制系统，图中 PLC 可以选用任何一种类型。在单机控制系统中由于控制对象比较确定，因此系统要完成的功能一般较明确，I/O 点数、存储器容量等参数的余量适中即可。

2. 集中控制系统

集中控制系统用仪态功能强大的 PLC 监视、控制多个设备，形成中央集中式的控制系统。其中，各个设备之间的联络、联锁关系、运行顺序等统一由中央 PLC 来完成，如图 5-22 所示。

显然，集中控制系统比单机控制系统经济得多。但是当其中一个控制对象的控制程序需要改变时，必须停止运行中央 PLC，其他的控制对象也必须停止运行。当各个控制对象的地理位置距集中控制系统比较远时，需要大量的电缆线，造成系统成本增加。为了适应控制系统的改变，采用集中控制系统时必须注意，选择 I/O 点数和存储器容量时要留有足够的余量，以便满足增加控制对象的要求。

3. 分散控制系统

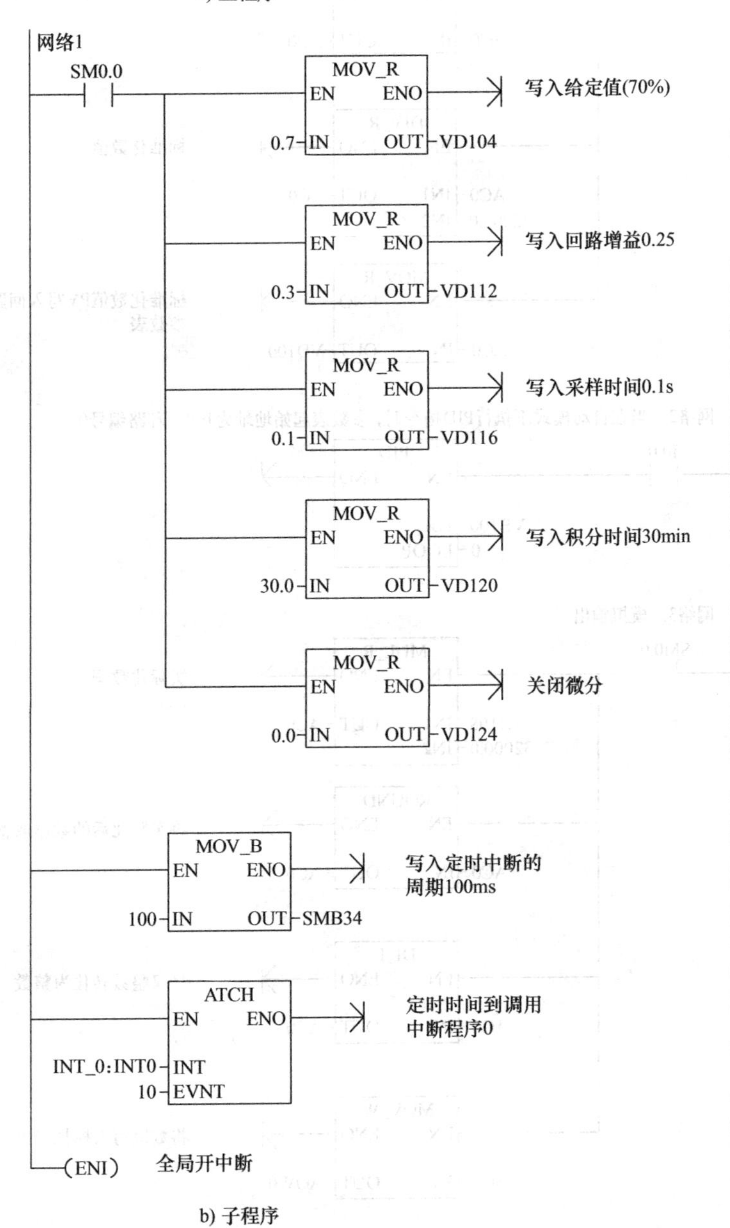

图 5-20　变频器驱动的水泵供水的恒压供水水箱程序

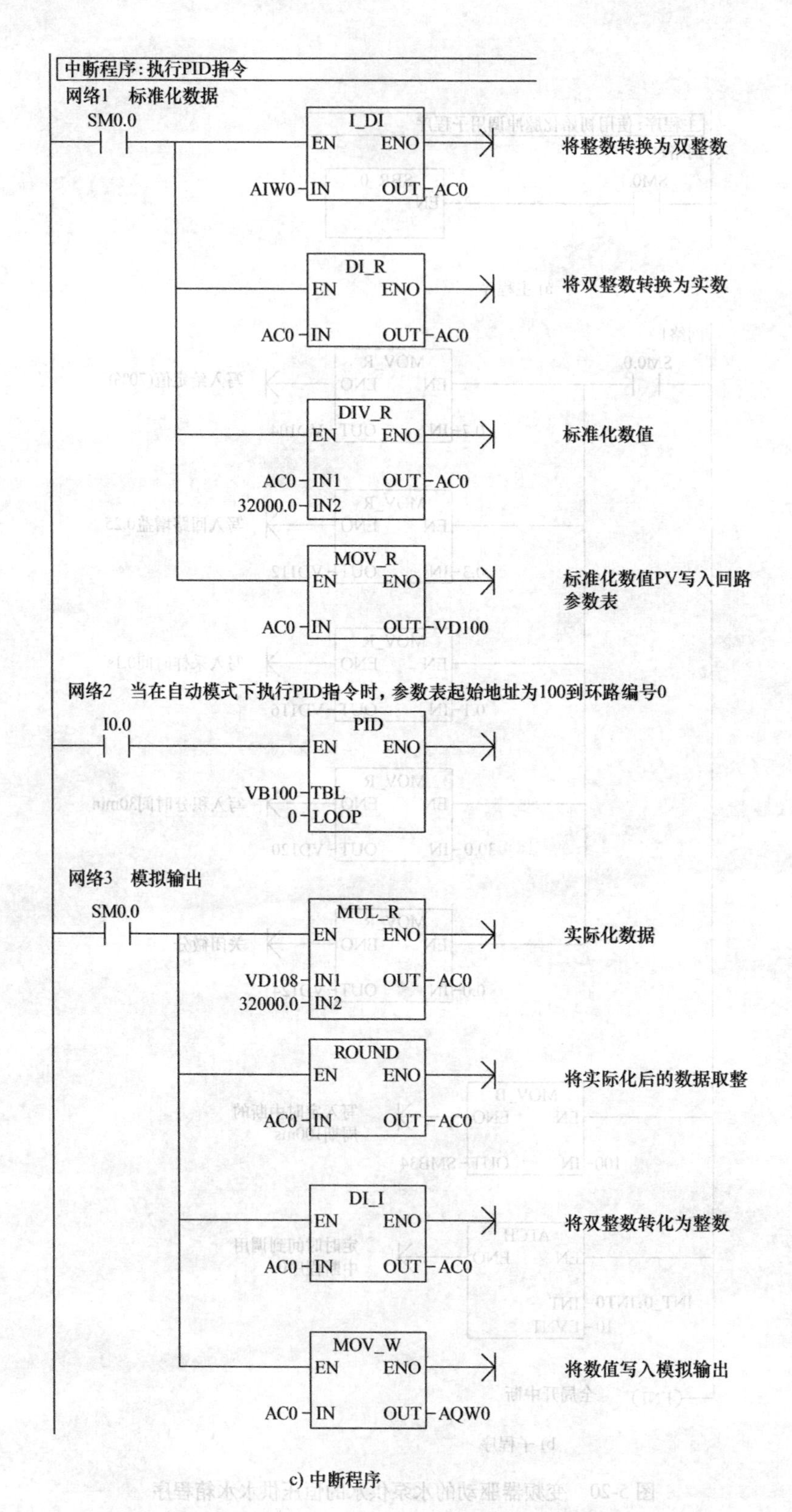

c) 中断程序

图 5-20 变频器驱动的水泵供水的恒压供水水箱程序(续)

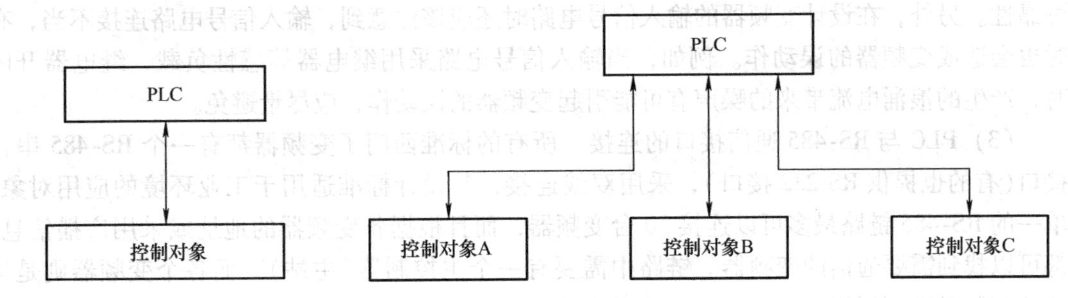

图 5-21 简单的单机控制系统　　图 5-22 集中控制系统

分散控制系统的构成如图 5-23 所示，每一个控制对象设置一台 PLC，各台 PLC 可以通过信号传递进行内部联锁、响应或发令等，或者由上位机通过数据通信总线进行通信。

分散控制系统常用于多台机械生产线的控制，各个生产线之间有数据连接。由于各个控制对象都由自己的 PLC 进行控制，当其中一个 PLC 停止运行时不需要停止运行其他的 PLC。

随着 PLC 性能的不断提高，由 PLC 担当底层控制任务，通过网络连接，PLC 与过程控制相结合的分散控制系统将是计算机控制的重要发展方向。

与集中控制系统相比，分散控制系统的可靠性大大加强。具有相同 I/O 点数时，虽然分散控制系统中多用了一台或几台 PLC，导致价格偏高，但是从维护、试运转或增设控制对象等方面来看，其灵活性要大得多，总的成本核算是合理的。

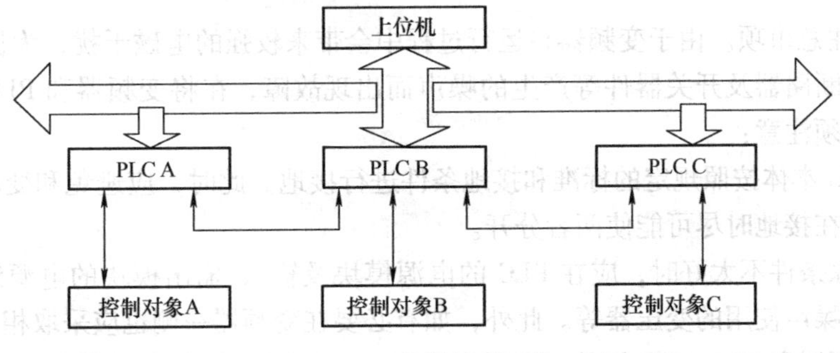

图 5-23 分散控制系统

三、PLC 与变频器连接

PLC 与变频器一般有三种连接方法。

(1) 利用 PLC 的模拟量输出模块控制变频　PLC 的模拟量输出模块输出 0~5V 电压信号或 4~20mA 电流信号作为变频器的模拟量输入信号，控制变频器的输出频率。这种控制方式接线简单，但需要选择与变频器输入阻抗匹配的 PLC 输出模块，且 PLC 的模拟量输出模块价格较为昂贵，此外还需采取分压措施使变频器适应 PLC 的电压信号范围，在连接时注意将布线分开，保证主电路一侧的噪声不传至控制电路。

(2) 利用 PLC 的开关量输出控制变频器　PLC 的开关输出量一般可以与变频器的开关量输入端直接相连。这种控制方式接线简单，抗干扰能力强。利用 PLC 的开关量输出可以控制变频器的起动/停止、正/反转、点动、转速和加/减速时间等，能实现较为复杂的控制要求，但只能有级调速。使用继电器触点进行连接时，有时存在因接触不良而误操作的现象；使用晶体管进行连接时，则需要考虑晶体管自身的电压、电流容量等因素，保证系统的可靠性。另外，在设计变频器的输入信号电路时还应该注意到，输入信号电路连接不当，有时也会造成变频器的误动作。例如，当输入信号电路采用继电器等感性负载，继电器开闭时，产生的浪涌电流带来的噪声有可能引起变频器的误动作，应尽量避免。

（3）PLC 与 RS-485 通信接口的连接　所有的标准西门子变频器都有一个 RS-485 串行接口（有的也提供 RS-232 接口），采用双线连接，其设计标准适用于工业环境的应用对象。单一的 RS-485 链路最多可以连接 30 台变频器，而且根据各变频器的地址或采用广播信息，都可以找到需要通信的变频器。链路中需要有一个主控制器（主站），而各个变频器则是从属的控制对象（从站）。

1）采用串行接口有以下优点：

- 大大减少布线的数量。
- 无须重新布线，即可更改控制功能。
- 可以通过串行接口设置和修改变频器的参数。
- 可以连续对变频器的特性进行监测和控制。

PLC 与变频器之间通信需要遵循通用的串行接口协议（USS），按照串行总线的主通信原理来确定访问的方法。总线上可以连接一个主站和最多 31 个从站，主站根据通信报文中的地址字符来选择要传输数据的从站，在主站没有要求它进行通信时，从站本身不能首先发送数据，各个从站之间也不能直接进行信息的传输。USS 协议有关信息的详细说明在此不再赘述。

2）联机注意事项。由于变频器在运行过程中会带来较强的电磁干扰，为保证 PLC 不因变频器主电路断路器及开关器件等产生的噪声而出现故障，在将变频器和 PLC 等上位机配合使用时还必须注意：

① 对 PLC 本体按照规定的标准和接地条件进行接地。此时，应避免和变频器使用共同的接地线，并在接地时尽可能使两者分开。

② 当电源条件不太好时，应在 PLC 的电源模块及输入/输出模块的电源线上接入噪声滤波器和降低噪声使用的变压器等。此外，如有必要在变频器一侧也应采取相应的措施。

③ 当变频器和 PLC 安装在同一控制柜中时，应尽可能使与变频器和 PLC 有关的电线分开。

④ 通过使用屏蔽线和双绞线来抗噪声。

【工程训练】

图 5-24 为自动送料装车系统，其控制过程如下：

初始状态：红灯 HL1 灭，绿灯 HL2 亮（表示允许汽车进入车位装料）。进料阀、出料阀、电动机 M1、M2、M3 皆为 OFF。

进料控制：料斗中的料不满时，检测开关 S 为 OFF，5s 后进料阀打开，开始进料；当料满时，检测开关 S 为 ON，关闭进料阀，停止进料。

装车控制：①当汽车到达装车位置时，SQ1 为 ON，红灯 HL1 亮、绿灯 HL2 灭。同时，起动传送带电动机 M3，2s 后起动 M2，2s 后再起动 M1，再过 2s 后打开料斗出料阀，开始装料。②当汽车装满料时，SQ2 为 ON，先关闭出料阀，2s 后 M1 停转，又过 2s 后 M2 停转，

再过 2s 后 M3 停转，红灯 HL1 灭，绿灯 HL2 亮。装车完毕，汽车可以开走。

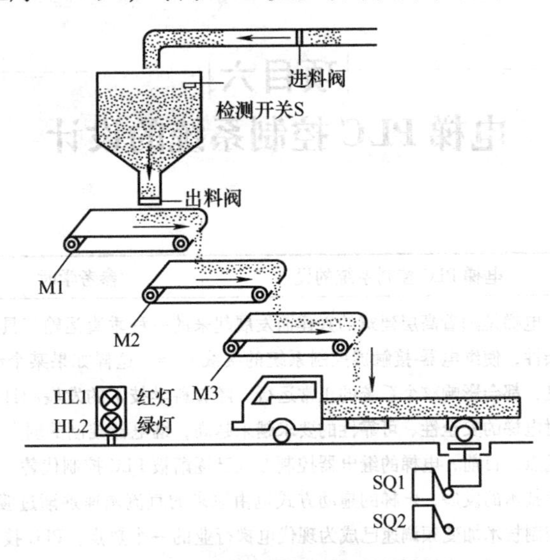

图 5-24　自动送料装车系统

起停控制：按下起动按钮 SB1，系统起动；按下停止按钮 SB2，系统停止运行。

保护措施：系统具有必要的电气保护环节。

分析自动送料装车系统的工作过程，完成下列任务：

1）分析系统，确定 PLC 型号和硬件。

2）写出 I/O 分配表，并画出硬件接线图。

3）使用顺序功能图编写 PLC 程序。

4）联机调试，记录结果。

项目六
电梯 PLC 控制系统的设计

项目名称	电梯 PLC 控制系统的设计	参考学时	24 学时
项目引入	电梯是随着高层建筑的兴建而发展起来的一种垂直运输工具。但由于电梯控制系统的复杂性，使继电器-接触器控制系统的接线复杂，这样如果某个继电器损坏或者触点接触不良，都会影响整个系统的正常运行。随着科学技术的发展和计算机技术的广泛应用，人们对电梯的安全性、可靠性的要求越来越高，继电器控制的弱点就越来越明显。鉴于 PLC 的优点，目前，电梯的继电器控制方式已逐渐被 PLC 控制代替。同时，由于电机交流变频调速技术的发展，电梯的拖动方式也由原来的直流调速逐渐过渡到了交流调速。因此，PLC 控制技术加变频调速已成为现代电梯行业的一个热点。PLC 技术应用于电梯自动控制很好地解决了电梯控制系统过于复杂的问题。PLC 经过多年应用得到了不断的发展，具有显著的优点。由于内部电路采取了先进的抗干扰技术，具有很高的可靠性。PLC 发展到今天已经形成了各种规模的系列化产品，可以用于各种规模的工业控制场合。本项目中用 PLC 技术实现五层五站电梯自动控制便是很好的例证。		
项目目标	通过本项目的实际训练，掌握电梯 PLC 控制系统的软硬件设计方法及 PLC 选型依据，掌握 PLC 运动控制及顺序控制编程方法，提高工程项目综合应用设计能力，通过本项目的训练，掌握 PLC 功能指令的应用及使用方法，具有一定的工程项目 PLC 程序设计的综合能力，进一步提高工程实践应用能力，编程调试方法，为后续学习打下基础，同时可提高工程预算及成本核算的能力。 通过该项目的训练，培养学生信息获取、资料收集整理能力；会使用万用表、绝缘电阻表等测量工具和常用的安装、调试工具仪器；培养学生解决问题、分析问题的能力；培养学生知识的综合运用能力。具有良好的工艺意识、标准意识、质量意识、成本意识，达到初步的 CDIO 工程项目的实践能力。		
项目要求	完成电梯 PLC 控制系统的软硬件设计，包括： 根据电梯的控制要求画出 PLC 外部接线图； 选择合适型号的 PLC 及硬件； 采用运动控制指令和顺序控制的方法完成电梯的程序编制，并完成安装接线和调试运行。		
(CDIO) 项目实施	构思(C)：项目构思与任务分解，学习相关知识，制订出工作计划及工艺流程，建议参考学时为 4 学时； 设计(D)：学生分组设计项目方案，建议参考学时为 6 学时； 实现(I)：绘图、元器件安装与布线，建议参考学时为 12 学时； 运行(O)：调试运行与项目评价，建议参考学时为 2 学时。		

【项目构思】

电梯的 PLC 控制系统项目来源于各生活居民楼宇、办公楼宇等电梯的 PLC 控制。为确

保电梯的正常运行，采用 PLC 对电梯控制效果较好，因此该项目应用范围也非常广泛。

项目实施教学方法建议为项目引导法、小组教学法、案例教学法、启发式教学法、实物教学法。

教师首先下发项目工单，布置本项目需要完成的任务及控制要求，介绍本项目的应用情况，进行项目分析，引导学生分析 PLC 控制电梯与传统的继电器-接触器控制系统的区别。引导学生完成项目所需知识、能力及软硬件准备。

学生进行小组分工，明确项目工作任务，团队成员讨论项目如何实施，进行任务分解，学习完成项目所需的知识，查找电梯 PLC 控制的知识，制订项目实施工作计划、制订出工艺流程。表 6-1 为本项目的项目工单。

表 6-1　项目六的项目工单

<table>
<tr><td>课程名称</td><td colspan="5">PLC 控制系统的设计与应用</td><td>总学时</td><td>84</td></tr>
<tr><td>项目六</td><td colspan="5">电梯 PLC 控制系统的设计</td><td>本项目参考学时</td><td>24</td></tr>
<tr><td>班级</td><td></td><td>组别</td><td></td><td>团队负责人</td><td></td><td>团队成员</td><td></td></tr>
<tr><td>项目描述</td><td colspan="7">通过本项目的训练，掌握电梯 PLC 控制系统的软硬件设计方法及 PLC 选型的依据，掌握 PLC 运动控制及顺序控制编程方法，提高工程项目综合应用设计能力，通过本项目的训练，掌握电梯 PLC 控制系统的控制方法，掌握 PLC 功能指令的应用及使用方法，具有一定的工程项目 PLC 程序设计的综合能力，进一步提高工程实践应用能力，编程调试方法，为后续学习打下基础，同时可提高工程预算及成本核算的能力。具体任务如下：
1. 电梯 PLC 控制系统的 PLC 控制外部接线图的绘制；
2. 程序编制及程序调试；
3. 选择元器件、导线及耗材；
4. 元器件的检测及安装、布线；
5. 整机调试并排除故障；
6. 带负载运行。</td></tr>
<tr><td>项目目标</td><td colspan="7">通过电梯 PLC 控制系统的 PLC 控制电路的硬件设计和软件设计，能够正确识读电气原理图，正确选择元器件，熟悉电梯 PLC 控制系统的 PLC 控制过程，掌握 PLC 控制电梯方法、安装调试的要领和注意事项，掌握布线的工艺要求和相应的国家标准，明确电工安全注意事项。</td></tr>
<tr><td>相关资料及资源</td><td colspan="7">PLC、编程软件、编程手册、实训指导书、视频录像、PPT 课件、电气安装工艺及标准等。</td></tr>
<tr><td>项目成果</td><td colspan="7">1. 电梯 PLC 控制系统的电路板；
2. CDIO 项目报告；
3. 评价表。</td></tr>
</table>

(续)

注意事项	1. 遵守布线要求； 2. 每组在通电试车前一定要经过指导教师的允许才能通电； 3. 安装调试完毕后先断电源后断负载； 4. 严禁带电操作； 5. 安装完毕及时清理工作台，工具归位。
引导性问题	1. 你已经准备好完成电梯PLC控制系统的所有资料了吗？如果没有，还缺少哪些？应该通过哪些渠道获得？ 2. 在完成本项目前，你还缺少哪些必要的知识？如何解决？ 3. 你选择哪种方法进行编程？ 4. 在进行安装前，你准备好器材了吗？ 5. 在安装接线时，你选择导线的规格多大？根据什么进行选择？ 6. 你采取什么措施来保证制作质量，符合制作要求吗？ 7. 在安装和调试过程中，你会用到哪些工具？ 8. 在安装完毕后，你所用到的工具和仪器是否已经归位？

一、电梯PLC控制系统的设计项目分析

本项目为五层五站电梯的控制系统，其控制要求及设计要求如下。

（一）控制要求

1）主电动机控制要求：主电动机采用YTD系列电梯专业型双速笼型异步电动机；电动机正反转控制用以实现电梯上、下行；电梯可高速、低速运行。

2）门电动机控制要求：门电动机采用他励直流电动机控制；电动机正反转控制以实现开门、关门；关门具有调速功能；电梯运行时开关门抱闸以防止电梯在运行时开门；具有必要的保护功能。

3）每层站厅的上方有显示电梯在运行中位置的层楼指示灯。

4）在每层站有呼梯盒用以呼梯，基站和顶站只有一个按钮，中间层站由上呼和下呼两个按钮组成。

5）操纵箱安装在轿厢内，供司机及乘客对电梯发出指令。操纵箱上设有与电梯层数相同的内选层按钮、上下层起动按钮、开关门按钮、急停按钮、电梯运行状态选择开关以及风扇、照明、层楼指示灯的控制开关。

6）利用上、下平层感应器控制平层及开门。

7）具有必要的保护环节。

（二）设计要求

1）设计出输入/输出电路，地址编码采用西门子的形式。

2）梯形图设计采用先分成几个环节设计，再形成完整的梯形图的形式。要求设计出开关门环节、层楼信号的产生与清除环节、层楼信号的登记与消除环节、外呼信号的登记与消除环节、电梯的定向环节、自动运行时的起动加速和稳定运行环节、停车制动环节。

二、电梯 PLC 控制系统的设计相关知识

（一）电梯概述

电梯的种类多种多样，按拖动系统来分有交流双速电梯、交流变频调速电梯、交流调压调速电梯。交流双速电梯继电器-接触器控制中，中间继电器和时间继电器较多，需要较大的机房面积，运行故障率高，因而被 PLC 控制方式所取代。在目前较先进的调速电梯上，也广泛采用 PLC 作为逻辑控制，配以电梯专用的调压调速器或变频调速器构成控制系统。本项目以 XPM 五层五站交流双速电梯的 PLC 控制为例，分析 PLC 在电梯控制中的应用。

（二）交流双速电梯的基本工作原理

1. 交流双速电梯的主电路

XPM 交流双速电梯的主电路如图 6-1 所示。

在图 6-1 中，M1 为 YTD 系列电梯专用型双速笼型异步电动机（6/24 极）；KM1、KM2 为电动机正反转接触器，用以实现电梯上、下行控制；KM3、KM4 为电梯高低速运行接触器，用以实现电梯的高速或低速运行；KM5 为起动加速接触器；KM6、KM7、KM8 为减速制动接触器，用以调整电梯制动时的加速度；L1、L2 与 R1、R2 为串入电动机定子电路中的电抗与电阻，与 KM5～KM8 配合实现对电动机的加减速控制。当 KM1 或 KM2 与 KM3 通电吸合时，电梯将进行上行或下行起动，延时后 KM5 通电吸合，切除 R1、L1，电梯将转为上行或下行的稳速运行；当电梯接收到停层指令后，KM3 断电释放，KM4 通电吸合，用来控制制动过程的强度，提高停车制动时的舒适感；至平层位置时，接触器全部断电释放，机械抱闸，电梯停止运行。在检修状态时，电梯只能在低速接法下点动运行。

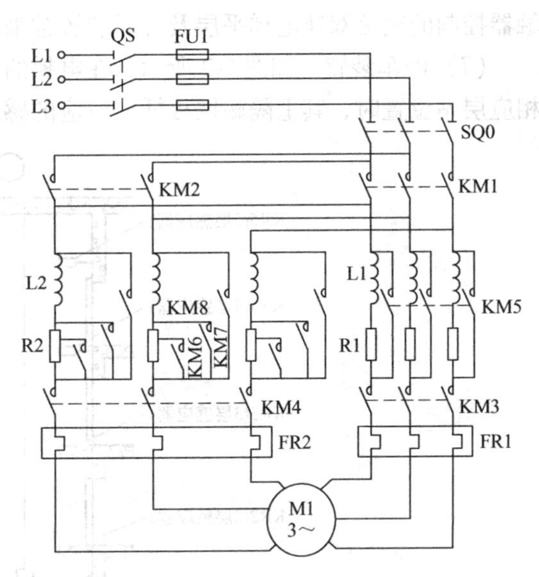

图 6-1　XPM 交流双速电梯的主电路

2. 电梯的主要电气设备

（1）齿轮曳引机　齿轮曳引机为电梯的提升机构，主要由驱动电动机、电磁制动器（也称电磁抱闸）、减速器及曳引轮组成。

（2）自动门机　用来完成电梯的开门与关门。电梯的门有厅门（每站一个）和轿门（只有一个）。只有当电梯停靠在某层站时，此层厅门才允许开启（由门机拖动轿门，轿门带动厅门完成）；也只有当厅门、轿门全部关闭后才允许起动运行。检修状态时，可以在不关门状态下运行。

（3）层楼指示灯　层楼指示灯也叫层显，安装在每层站厅门的上方和轿厢内轿门的上方，用以指示电梯的运行方向及电梯所处的位置。层楼指示灯由数码管组成，且与呼梯盒做成一体结构。

（4）呼梯盒　呼梯盒也叫召唤按钮箱或外呼盒，用以在每一层站召唤电梯。常安装在

厅门外，离地面1m左右的墙壁上。基站与顶站只有一只按钮，中间层站由上呼与下呼两个按钮组成。按钮下带有呼梯记忆灯，灯亮时表示呼梯信号已被接收并记忆。满足呼梯要求时，呼梯记忆灯将熄灭。基站的呼梯盒上常带有钥匙开关，供司机开关电梯。

(5) 操纵箱　操纵箱安装在轿厢内，供司机及乘客对电梯发布动作命令。操作箱上设有与电梯层站数相同的内选层按钮(带内选层指示记忆灯)、上下行起动按钮(带上下行指示记忆灯)、开/关门按钮、急停按钮、电梯运行状态选择钥匙开关(选择电梯是自动运行、司机状态下运行,还是检修状态)以及风扇、照明、层楼指示灯的控制开关。

(6) 平层及开门装置　电梯的平层、停层装置示意图如图6-2所示，由上、下平层感应器KR6、KR7组成。上行时，KR6首先插入隔磁铁板，发出减速信号；电梯开始减速，至KR7插入隔磁铁板时，发出开门及停车信号，电动机停转，机械抱闸。下行时，KR7首先插入隔磁铁板，发出减速信号；当KR6插入隔磁铁板时，发出开门及停车信号(继电器-接触器控制的交流双速电梯平层及开门装置常采用三只感应器)。

(7) 停车装置　如图6-2所示，在电梯的轿厢内每层站装有一只感应器，当轿厢运动到相应层站位置时，其上隔磁铁板插入对应的感应器内，以此检测电梯位置。

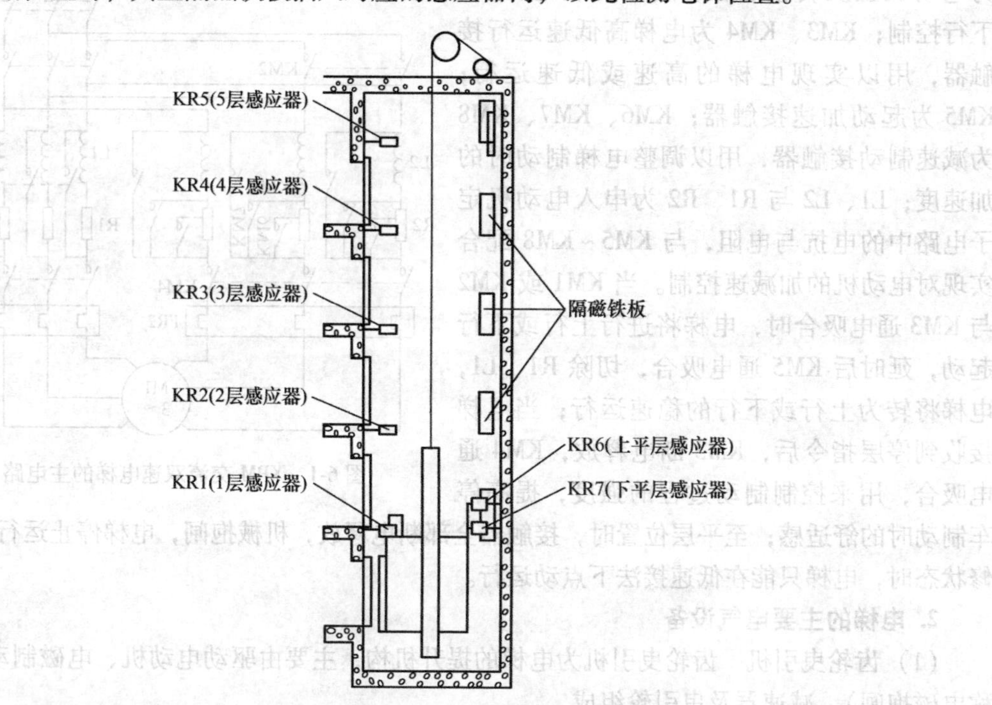

图6-2　电梯的平层、停层装置示意图

(8) 安全窗及其开关、安全钳及其开关、限速器及其开关、强迫停止开关、限位开关　电梯的轿厢顶部开有安全窗，供紧急情况下疏散乘客，当安全窗打开时，电梯不允许运动。安全钳是为防止电梯曳引钢绳断裂及超速运行的机械装置。限速器是用于检测电梯运行速度的机械装置，当电梯超速运行时，限速器动作，带动安全钳使电梯停止运行。以上三种装置的动作通过其相应开关来检测。当电梯运行至上、下极限位置时仍不停车，上下限位开关动作，发出停车信号，若仍不能停车，将压下上、下强迫停止开关，强迫电梯停止运行；若还不能停车，将通过机械装置带动极限开关SQ0动作，切断电梯曳引电动机的电源，以

达到停车的目的，避免电梯出现冲顶与蹲底事故。

为了便于对电梯的工作原理及 PLC 控制系统进行分析，先将 XPM 五层五站电梯的电气元件列表，见表 6-2。

表 6-2　XPM 五层五站电梯的电气元件

元器件符号	名称及作用	元器件符号	名称及作用
KM1	上行接触器	1HL~5HL	1~5 层层楼指示灯
KM2	下行接触器	6HL~7HL	上行、下行指示灯
KM3	高速接触器	HL1~HL5	1~5 层内选记忆指示灯
KM4	低速接触器	HL6、HL7	操纵箱上、下行记忆指示灯
KM5	起动加速接触器	HL8	1 楼上呼记忆灯
KM6~KM8	减速制动接触器	HL9	2 楼上呼记忆灯
KM9	开门接触器	HL10	2 楼下呼记忆灯
KM10	关门接触器	HL11	3 楼上呼记忆灯
SQ5	基站开关	HL12	3 楼下呼记忆灯
SQ6	开门到位开关	HL13	4 楼上呼记忆灯
SQ7	关门到位开关	HL14	4 楼下呼记忆灯
SQ8	开门调速开关	HL15	5 楼下呼记忆灯
SQ9、SQ10	关门调速开关	SA1	运行状态选择钥匙按钮
SQ11~SQ15	1~5 楼厅门锁开关	SA2	基站开关梯钥匙按钮
SQ16	轿门关闭到位开关	SQ1	安全窗开关
SQ17	上限位开关	SQ2	安全钳开关
SQ18	下限位开关	SQ3	限速器开关
SQ19	上行强迫停止开关	SQ4	轿内急停开关
SQ20	下行强迫停止开关	KR1	一楼感应器
SB1	开门按钮	KR2	二楼感应器
SB2	关门按钮	KR3	三楼感应器
SB3	上行起动按钮	KR4	四楼感应器
SB4	下行起动按钮	KR5	五楼感应器
SB5~SB9	1~5 楼轿厢内选层钮	KR6	上平层感应器
1SB1~4SB1	1~4 楼上行外呼钮	KR7	下平层感应器
2SB2~5SB2	2~5 楼下行外呼钮	YB	电磁抱闸线圈
KA1	门锁继电器	FR1	高速运行热继电器
KA2	安全运行继电器	FR2	低速运行热继电器
SQ0	极限开关	QS	电源开关

说明：根据电梯的特殊要求，KM1 与 KM2、KM9 与 KM10 需选用带机械互锁的接触器。

做一做，填写项目构思工作计划单！

学生通过搜集资料、小组讨论，制订完成本项目的项目构思工作计划，填写在

表 6-3 中。

表 6-3 项目六的项目构思工作计划单

项目构思工作计划单			
项目			学时：
班级			
组长		组员	
序号	内容	人员分工	备注
学生确认		日期	

【项目设计】

教师指导学生进行项目设计，并进行分析、答疑；指导学生从经济性、合理性和适用性进行项目方案的设计，要考虑项目的成本，反复修改方案，点评修订并确定最终设计方案

学生分组讨论设计电梯的 PLC 控制项目方案。在教师的指导与参与下，学生从多个角度、根据工作特点和工作要求制订多种方案计划，并讨论各个方案的合理性、可行性与经济性，判断各个方案的综合优劣，进行方案决策，并最终确定实施计划，分配好每个人的工作任务，择优选取出合理的设计方案，完成项目设计方案。经过分组讨论设计，项目的最优设计方案如图 6-3 所示。

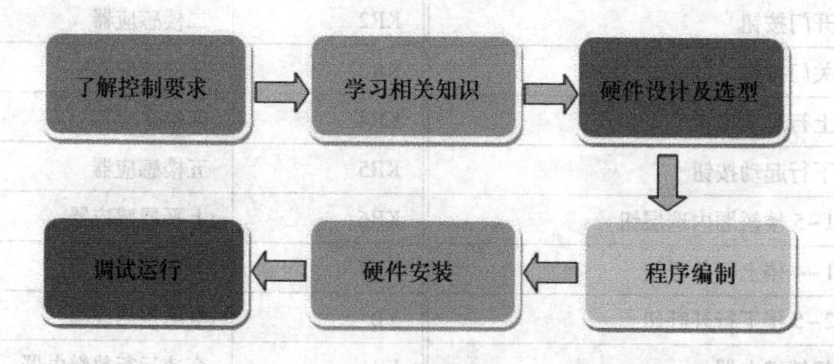

图 6-3 项目的最优设计方案

一、五层五站交流双速电梯的 PLC 控制系统硬件设计

1. 门机电路、抱闸电路、门锁及安全运行电路

门机电动机为他励直流电动机，可由 KM9、KM10 控制其正反转。KM9 接通时，电阻 R4 与电动机电枢并联，电流由电枢左端流向右端，电动机正转实现开门，压下 SQ8 时，R4 部分被短接，实现开门调速。KM10 接通时，电动机将反转，实现关门，并由 SQ9、SQ10 与

R3 一起实现关门调速。

在电梯上、下行运行时，抱闸应打开，其线圈应通电。电梯停止运行时，抱闸应抱死，其线圈应断电。故可用 KM1、KM2 控制抱闸线圈 YB 的通电与断电。

将所有厅门、轿门开关串联在一起，控制门锁继电器 KA1，实现全部门关闭正常后电梯才能运行的控制。

将安全窗开关、安全钳开关、限速器开关、轿内急停开关、上下行限位开关、基站开关梯钥匙开关以及热继电器触点 FR1、FR2 串联在一起，构成安全回路，控制安全运行继电器 KA2，只有当 KA2 吸合时，才允许 PLC 处于运行状态。这样可以节省 PLC 的输出口，又可以实现在多种紧急情况下的立即停车。电梯的门机、抱闸、门锁及安全运行电路如图 6-4 所示。

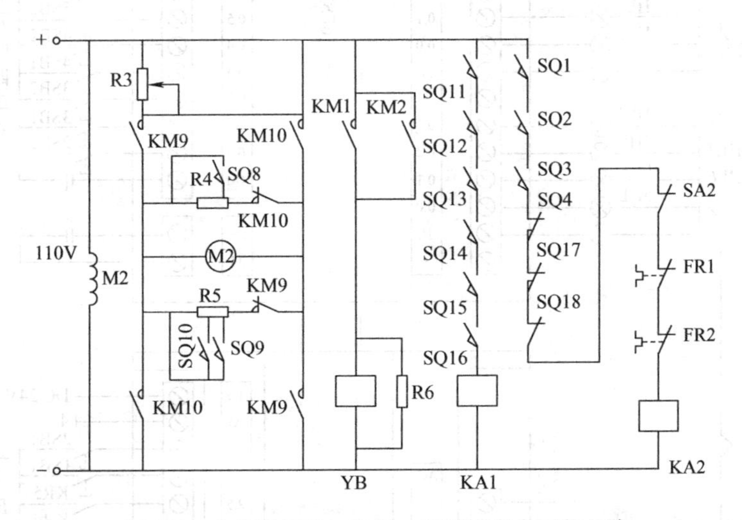

图 6-4 电梯的门机、抱闸、门锁及安全运行电路

2. PLC 输入/输出电路

将电梯运行过程中的各种主令信号送入 PLC 的输入口构成其输入电路图。完成电梯运行的各种执行元件及指示电梯运行状态的各种指示灯，均要受到 PLC 输出口的控制，构成其输出电路。其输入/输出电路如图 6-5 所示。

由图 6-5 所示的输入/输出电路可知，输入、输出点数分别为 32 点和 30 点，故可选择 S7-200 PLC 基本单元和扩展单元构成其控制系统。

做一做

二、五层五站交流双速电梯的 PLC 控制程序编制

梯形图的设计可以分成几个环节进行，然而再将这些环节组合在一起，形成完整的梯形图。

(一) 电梯开门环节

电梯的开门存在以下几种情况：

1. 电梯投入运行前的开门

此时电梯位于基站，将开关电梯钥匙插入 SA2 内，旋转至开电梯位置，则电梯应自动开门，乘客或司机进入轿厢，选层后电梯自动运行。

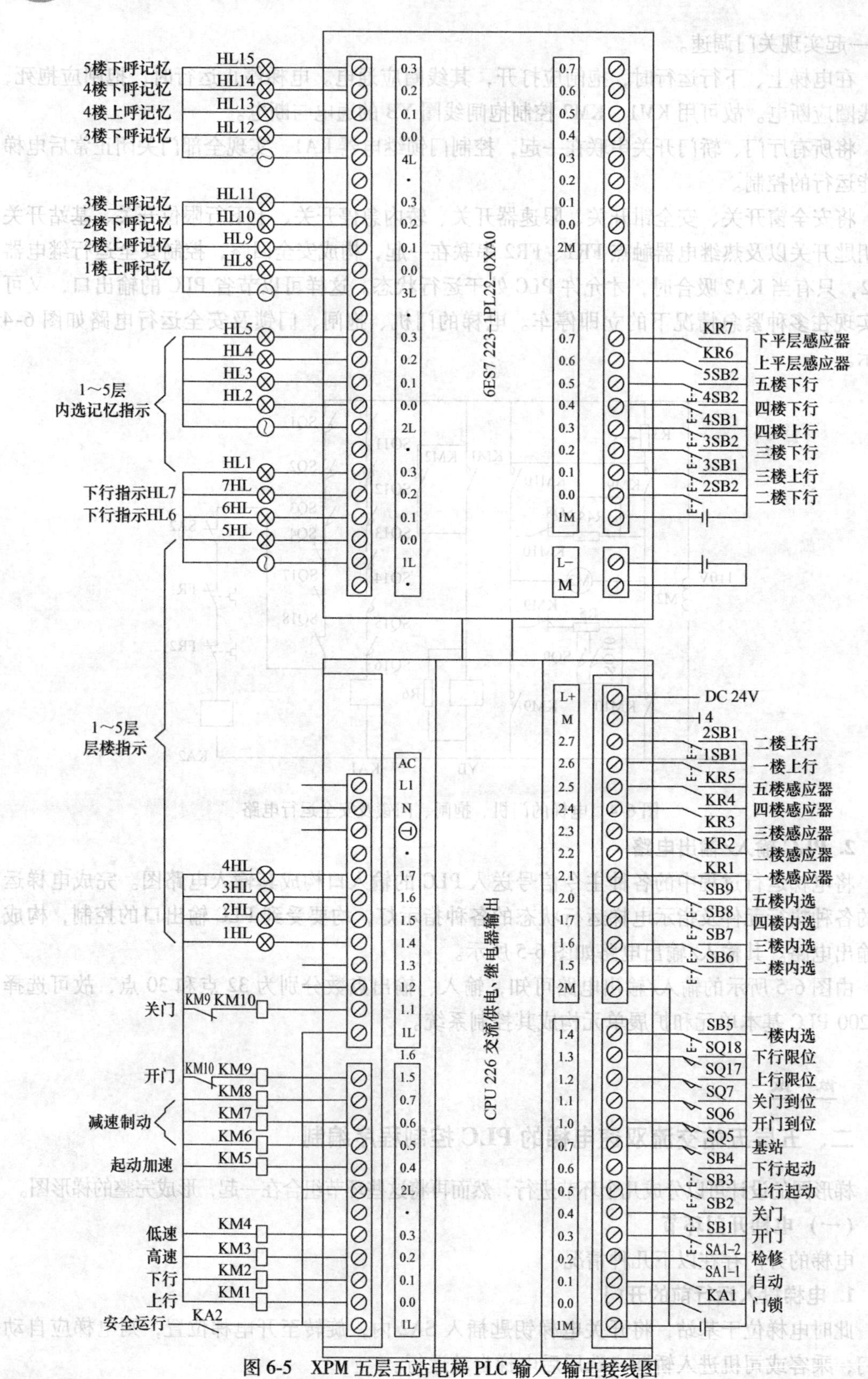

图 6-5　XPM 五层五站电梯 PLC 输入/输出接线图

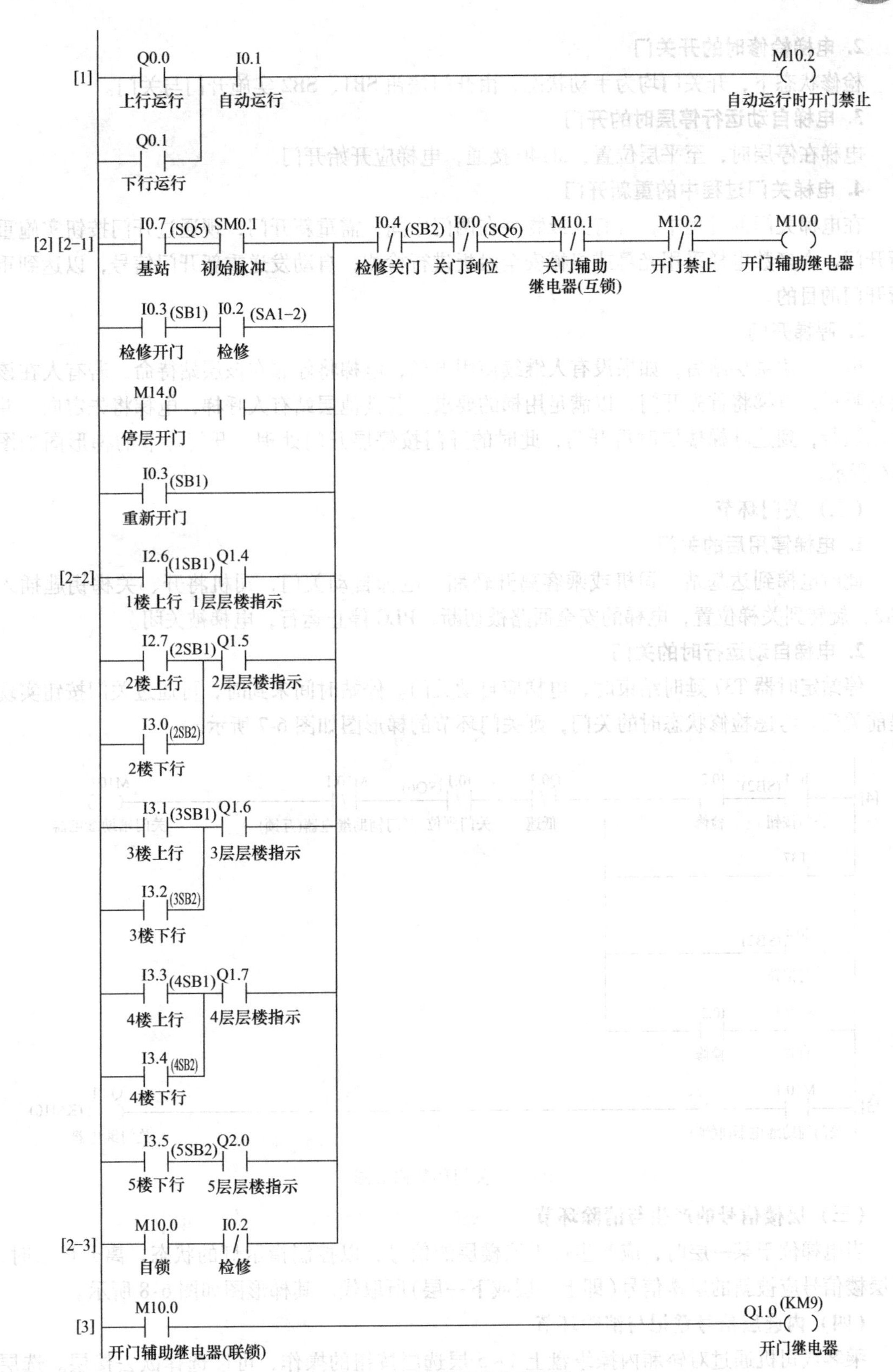

图 6-6　开门环节的梯形图

2. 电梯检修时的开关门

检修状态下，开关门均为手动状态，由开门按钮SB1、SB2实施开门与关门。

3. 电梯自动运行停层时的开门

电梯在停层时，至平层位置，M140接通，电梯应开始开门。

4. 电梯关门过程中的重新开门

在电梯关门的过程中，若有人或物夹在两门中间，需重新开门，现通过开门按钮实施重新开门。大多数电梯采用光幕或机械安全触板进行检测，自动发送重新开门信号，以达到重新开门的目的。

5. 呼梯开门

电梯到达某层站后，如果没有人继续使用电梯，电梯将停靠在该层站待命，若有人在该层站呼梯，电梯将首先开门，以满足用梯的要求。若其他层站有人呼梯，电梯将先定向，并起动运行，到达呼梯楼层时再开门，此时的开门按停层开门处理。开门环节的梯形图如图6-6所示。

（二）关门环节

1. 电梯停用后的关门

此时电梯到达基站，司机或乘客离开轿厢，电梯自动关门，司机将开、关梯钥匙插入SA2，旋转到关梯位置，电梯的安全回路被切断，PLC停止运行，电梯被关闭。

2. 电梯自动运行时的关门

停站定时器T37延时结束时，电梯应自动关门。停站时间未到时，可通过关门按钮实现提前关门。考虑检修状态时的关门，则关门环节的梯形图如图6-7所示。

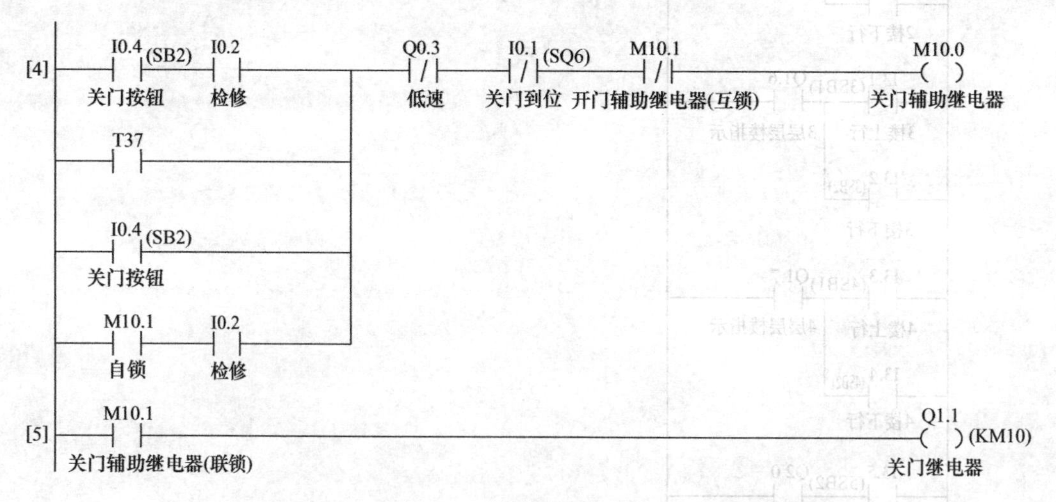

图6-7 关门环节梯形图

（三）层楼信号的产生与清除环节

当电梯位于某一层时，应产生位于该楼层的信号，以控制指示灯的状态，离开该层时，该层楼信号应被新的层楼信号(即上一层或下一层)所取代。其梯形图如图6-8所示。

（四）内选层信号登记与消除环节

乘客或司机通过对轿厢内操纵盘上1~5层选层按钮的操作，可以选择欲去楼层。选层信号被登记后，停层信号应被消除，指示灯也应熄灭。其梯形图如图6-9所示。

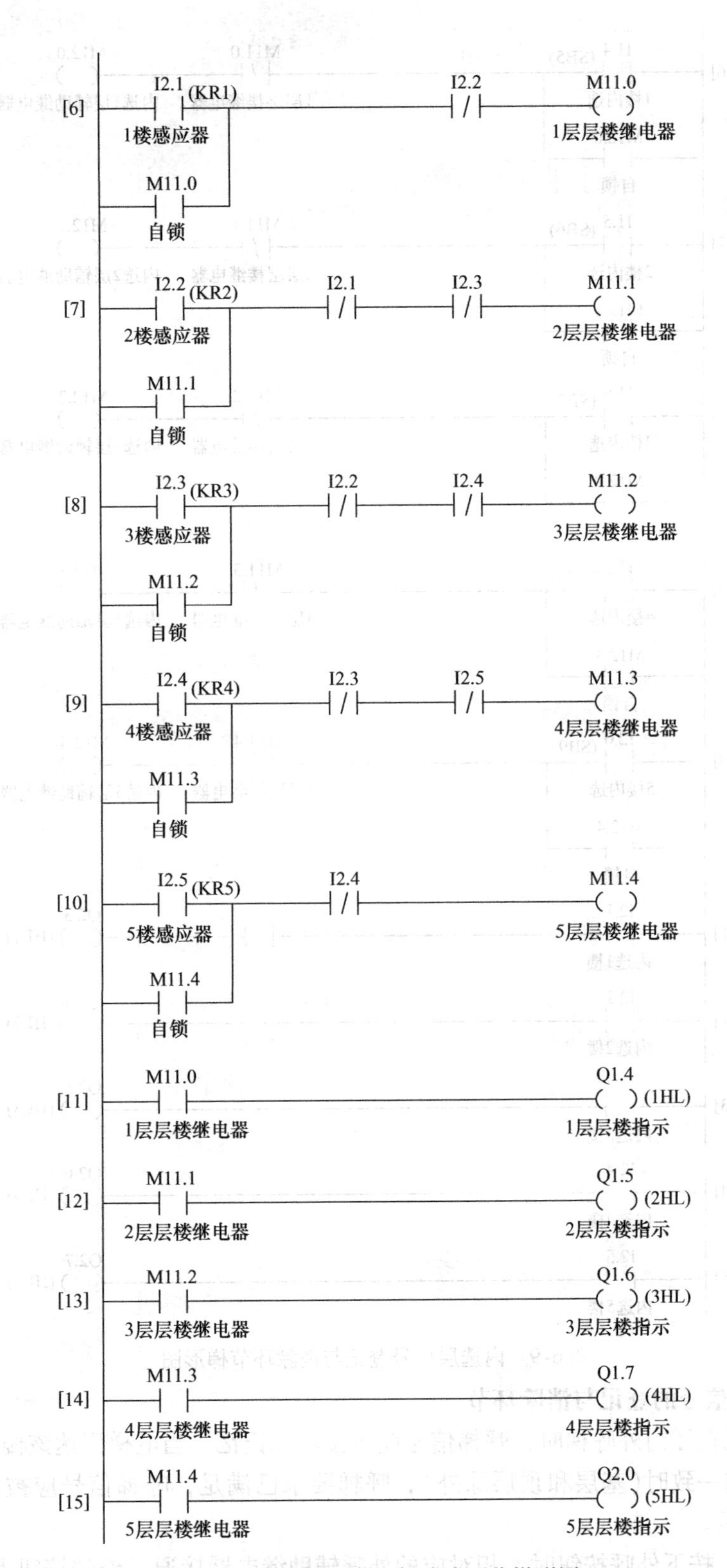

图 6-8　层楼信号产生与消除环节梯形图

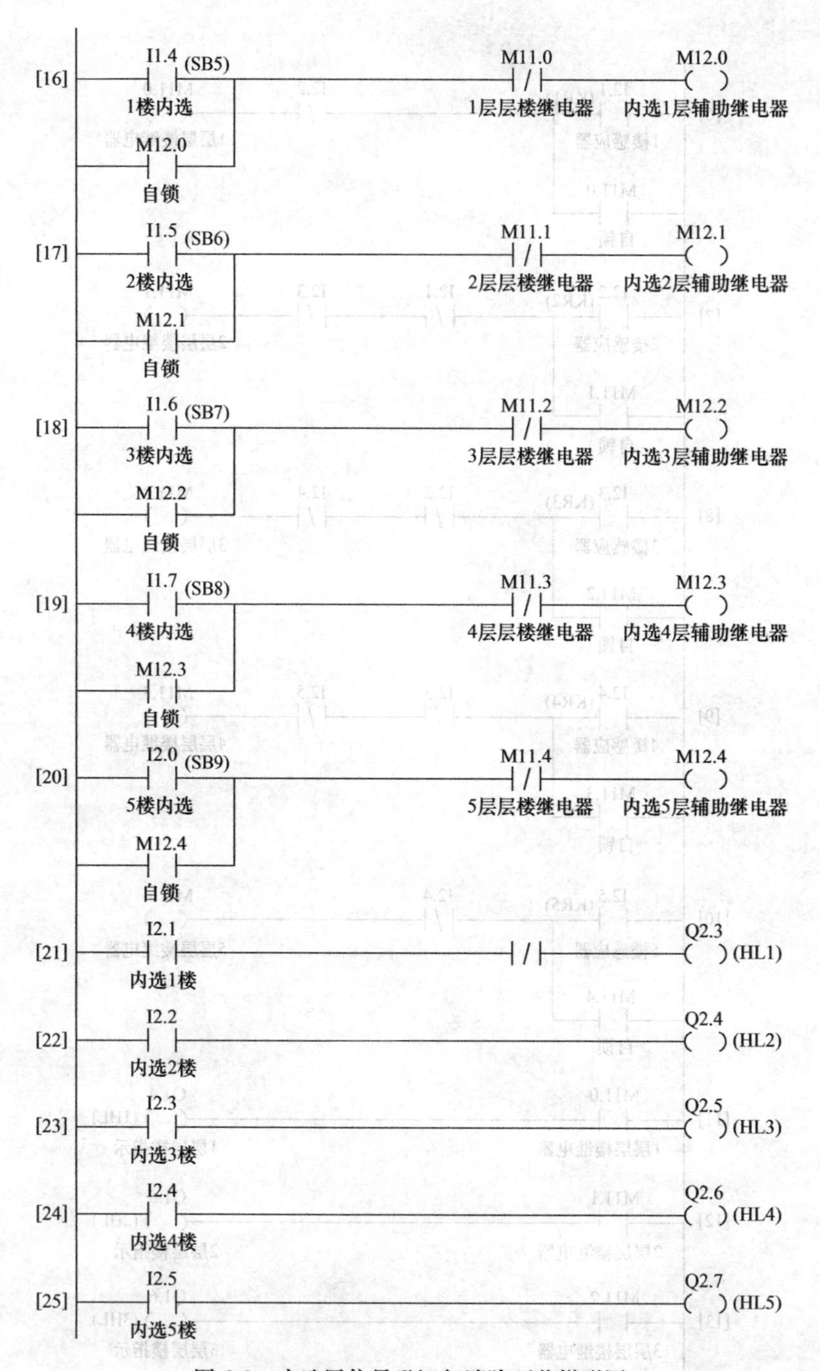

图 6-9 内选层信号登记与消除环节梯形图

（五）外呼信号的登记与消除环节

乘客或司机在厅门外呼梯时，呼梯信号应被接收和记忆。当电梯到达该楼层，且定向方向与目的地方向一致时（基层和顶层除外），呼梯要求已满足，呼梯信号应被消除。其梯形图如图 6-10 所示。

图 6-10 中，按下外呼按钮时，相对应的外呼辅助继电器接通，外呼按钮下的指示灯亮，表示呼梯要求已被电梯接收并记忆。电梯运行方向与呼梯目的地方向一致时，至呼梯楼层

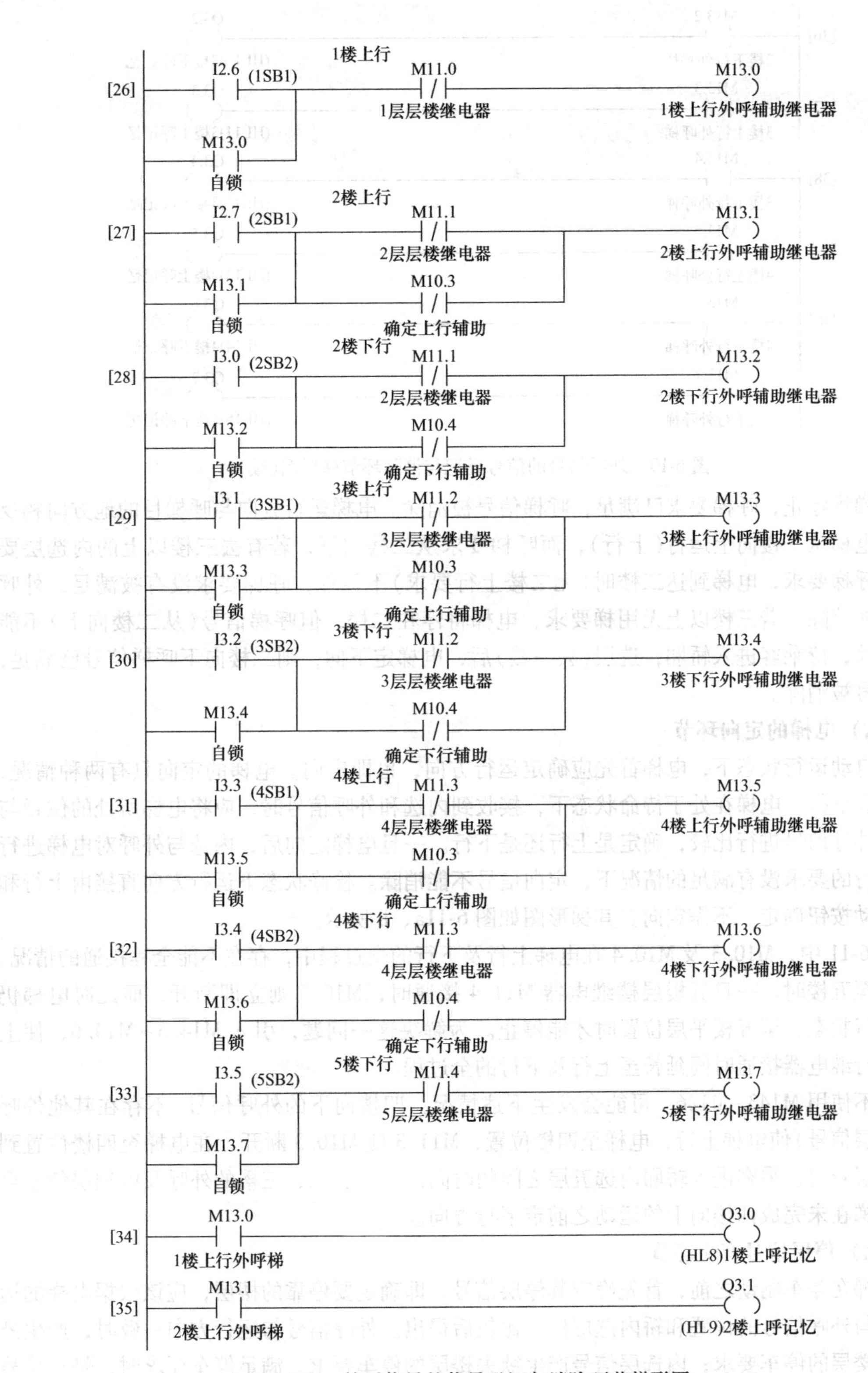

图 6-10　外呼信号的信号登记与消除环节梯形图

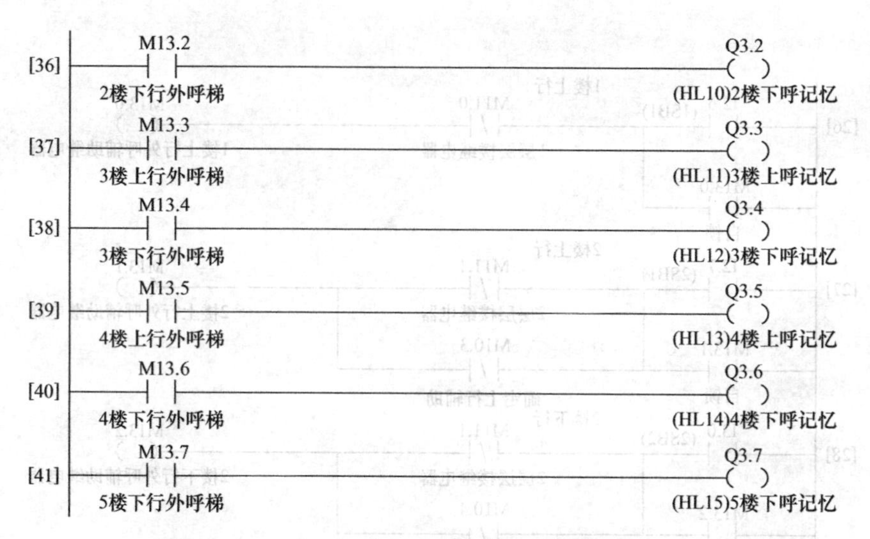

图 6-10　外呼信号的信号登记与消除环节梯形图(续)

时，电梯将停止，呼梯要求已满足，呼梯信号被消除。电梯运行方向与呼梯目的地方向相反时，如电梯从一楼向上运行(上行)，而呼梯要求从二楼向下，若有去三楼以上的内选层要求及外呼梯要求，电梯到达二楼时(无二楼上行要求)不停梯，呼梯要求没有被满足，外呼信号不能消除；若三楼以上无用梯要求，电梯将停在二楼，但呼梯信号(从二楼向下)不能立即消除，待乘客进入轿厢，选层(去一楼)后，电梯定下向，则二楼向下呼梯信号已满足，呼梯信号被消除。

（六）电梯的定向环节

在自动运行状态下，电梯首先应确定运行方向，也即定向。电梯的定向只有两种情况，即上行和下行。电梯在处于待命状态下，接收到内选和外呼信号时，应将电梯所处的位置与内选和外呼信号进行比较，确定是上行还是下行。一旦电梯定向后，内选与外呼对电梯进行顺向运行的要求没有满足的情况下，定向信号不能消除。检修状态下运行方向直接由上行和下行起动按钮确定，不需定向。其梯形图如图 6-11a、b 所示。

图 6-11 中，M10.3 及 M10.4 在电梯上行及下行的全过程中，存在不能全程接通的情况，如上行至五楼时，一旦五楼层楼继电器 M11.4 接通时，M10.3 则立即断开，而此时电梯仍处于上行状态，至五楼平层位置时才能停止。为解决这一问题，引入 M14.3~M14.6，使上行与下行继电器接通时间延长至上行及下行的全过程。

若不使用 M143~M146，可能会发生下述情况：四楼向下的外呼信号(不存在其他外呼及内选层信号)使电梯上行，电梯至四楼位置，M11.3 使 M10.3 断开，在电梯至四楼位置到电梯停层开门，乘客进入轿厢内选五层之间的时间内，一、二、三楼的外呼及内选层信号可以使电梯在未完成四楼向上的运动之前定下行方向。

（七）停层信号产生环节

电梯在停车制动之前，首先确定其停层信号，即确定要停靠的楼层，应该根据电梯的运行方向与外呼信号的位置和轿内选层信号比较后得出。外呼信号与运行方向一致时，产生外呼所在楼层的停车要求；内选层信号产生欲去楼层的停车要求。满足停车要求时，停车信号就被消除。电梯运行过程中，所处的楼层若存在停车要求，则立即产生停车信号。图 6-12

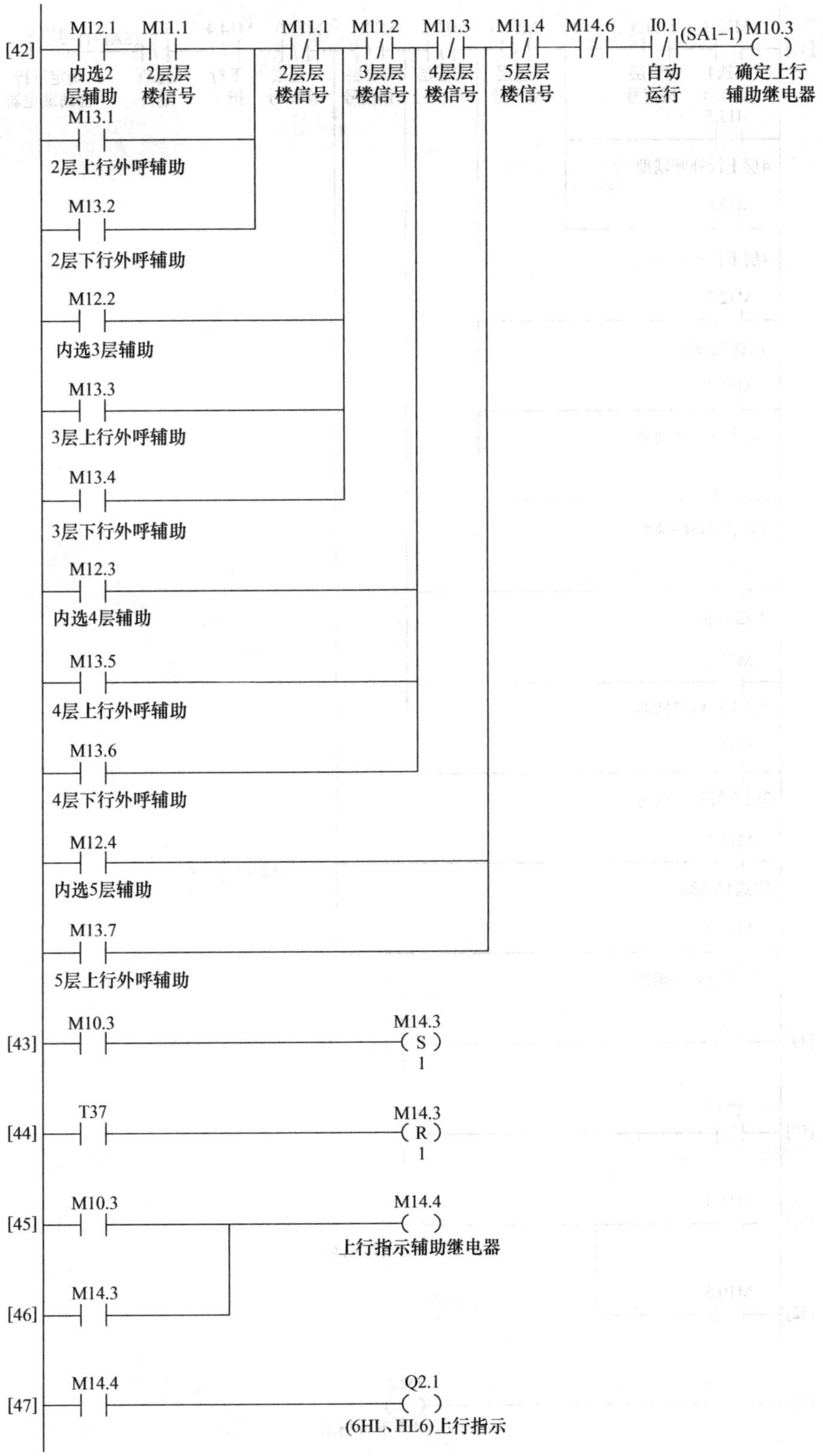

[42] M12.1 内选2层辅助　M11.1 2层层楼信号
M13.1 2层上行外呼辅助
M13.2 2层下行外呼辅助
M11.1 2层层楼信号
M12.2 内选3层辅助
M13.3 3层上行外呼辅助
M13.4 3层下行外呼辅助
M11.2 3层层楼信号
M12.3 内选4层辅助
M13.5 4层上行外呼辅助
M13.6 4层下行外呼辅助
M11.3 4层层楼信号
M12.4 内选5层辅助
M13.7 5层上行外呼辅助
M11.4 5层层楼信号　M14.6　I0.1 (SA1-1) 自动运行　M10.3 ( ) 确定上行辅助继电器

[43] M10.3　M14.3 (S) 1

[44] T37　M14.3 (R) 1

[45] M10.3　M14.4 ( ) 上行指示辅助继电器

[46] M14.3

[47] M14.4　Q2.1 ( ) (6HL、HL6)上行指示

a) 电梯上行定向环节梯形图

图 6-11　电梯的定向环节梯形图

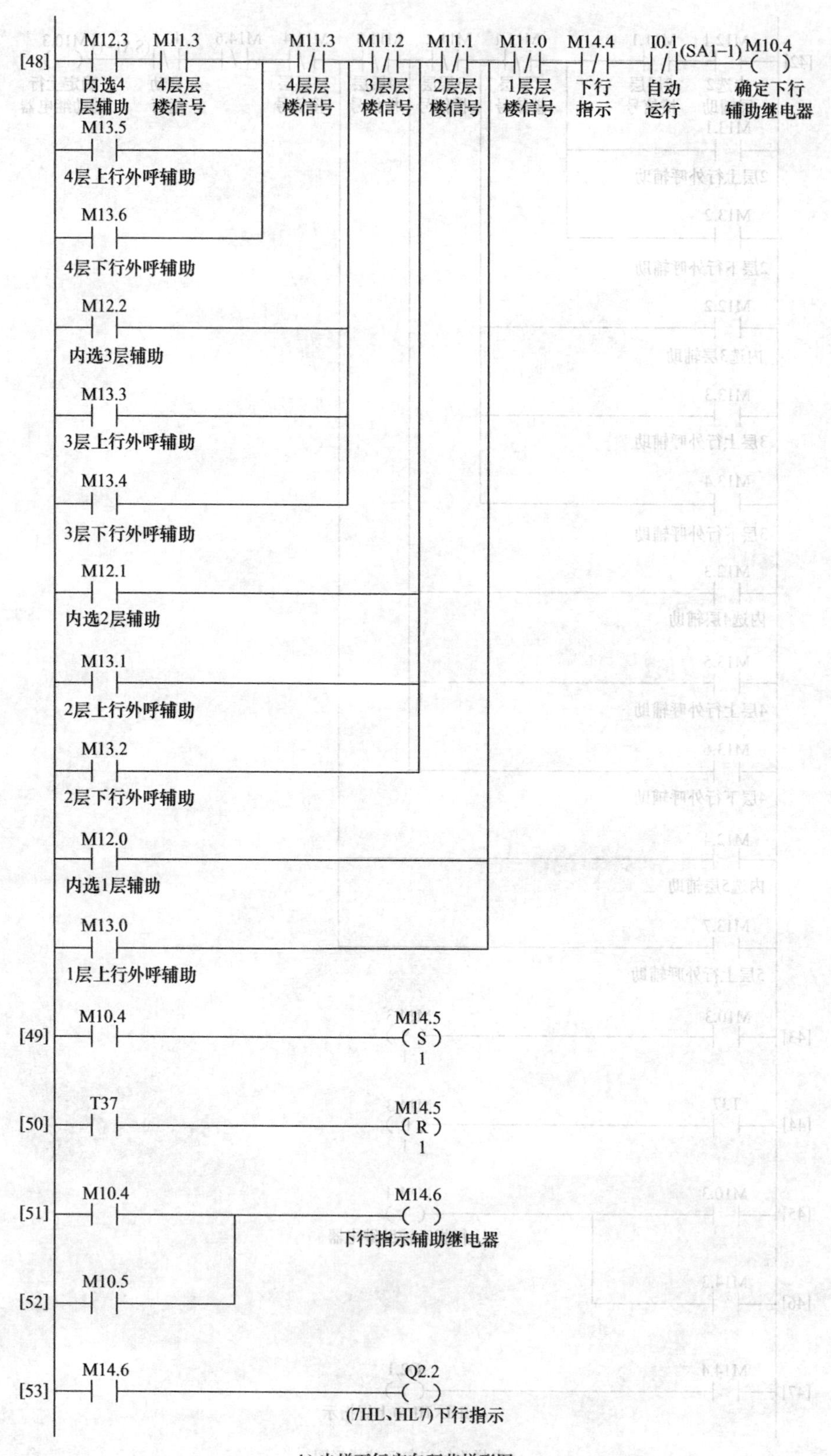

b) 电梯下行定向环节梯形图

图 6-11　电梯的定向环节梯形图(续)

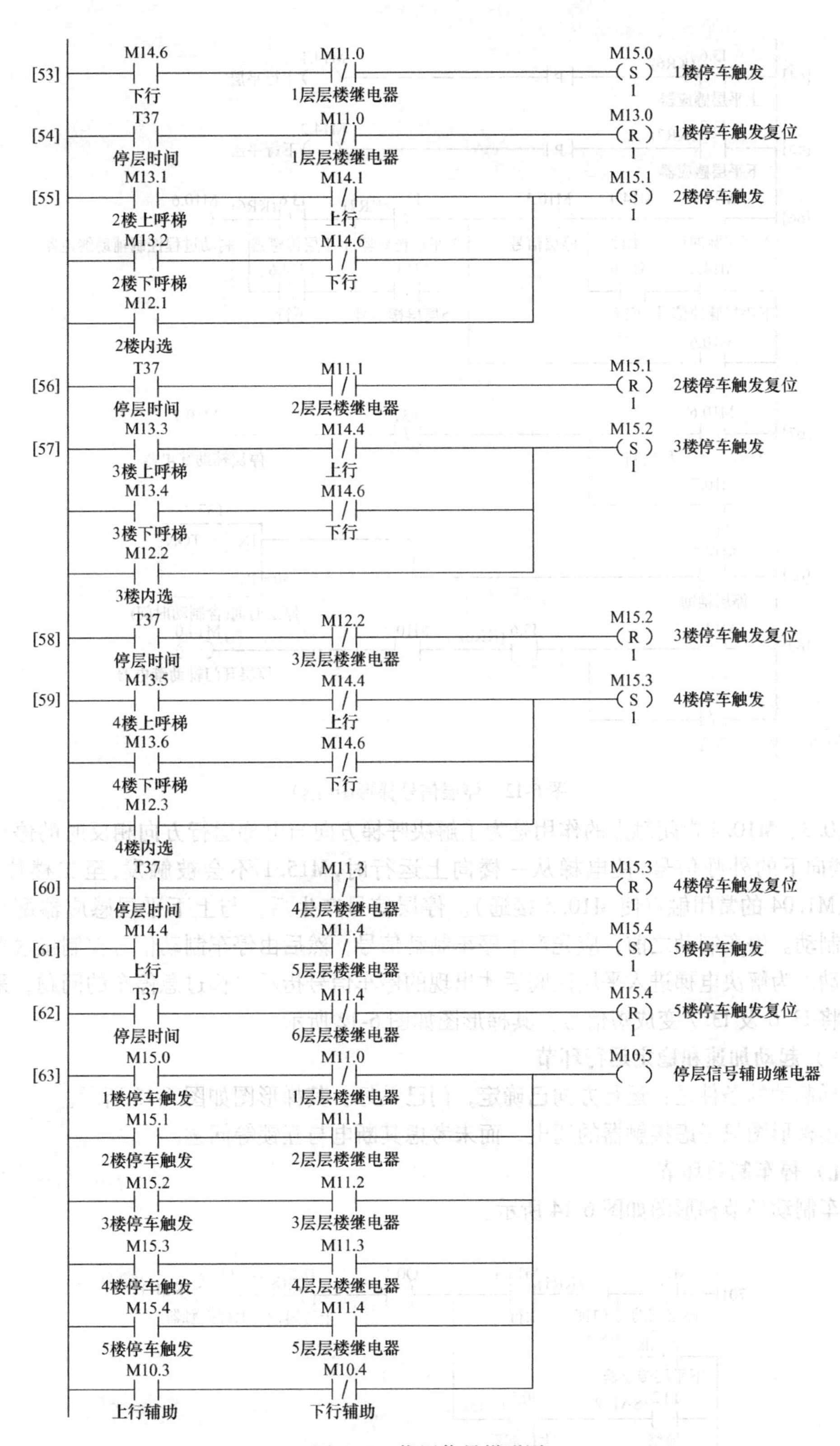

图 6-12　停层信号梯形图

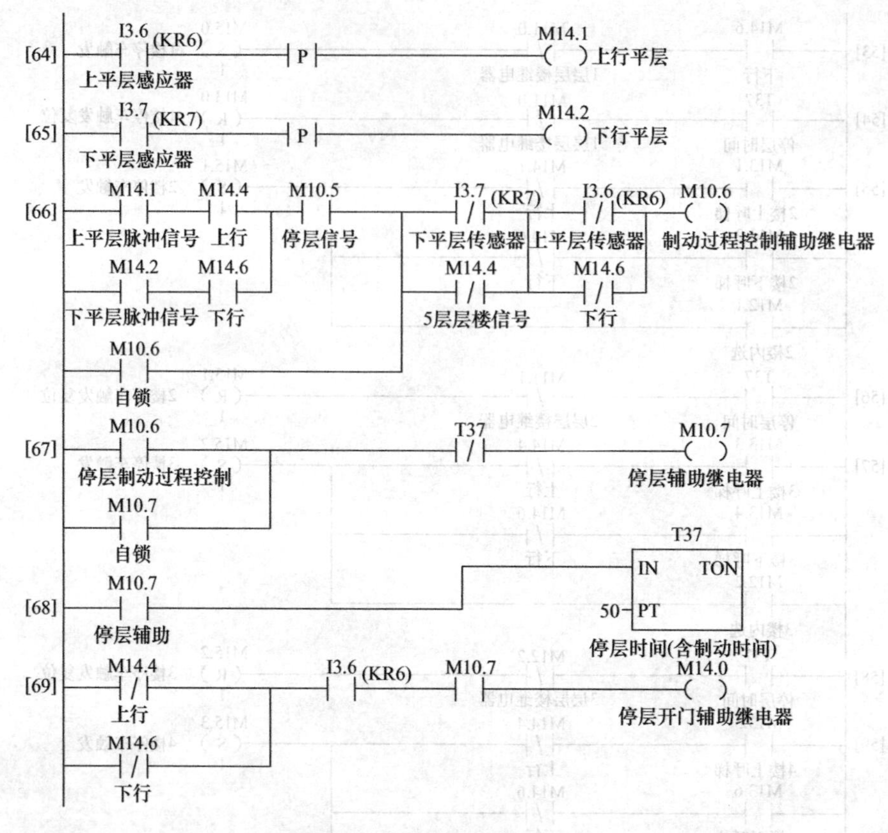

图 6-12 停层信号梯形图(续)

中，M10.3、M10.4 常闭触点的作用是为了解决呼梯方向与电梯运行方向相反时的停车问题（如二楼向下的外呼信号，使电梯从一楼向上运行时，M15.1 不会被触发，至二楼位置，靠 M10.3、M1.04 的常闭触点使 M10.5 接通）。停层信号产生后，与上下平层感应器配合，进行停车制动。停车制动之前，应先产生停车制动信号，然后由停车制动信号控制接触器实现停车制动。为解决电梯进入平层区间后才出现的停车信号指示电梯过急停车的问题，采用微分指令将 I3.6 及 I3.7 变成短信号。其梯形图如图 6-12 所示。

（八）起动加速和稳定运行环节

电梯起动的条件是：运行方向已确定，门已关好。其梯形图如图 6-13 所示。

上述梯形图只考虑接触器的通电，而未考虑其断电与互锁等问题。

（九）停车制动环节

停车制动环节梯形图如图 6-14 所示。

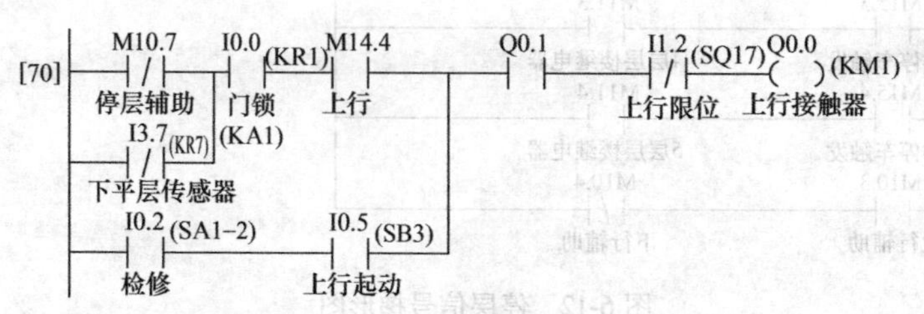

图 6-13 起动加速和稳定运行环节梯形图

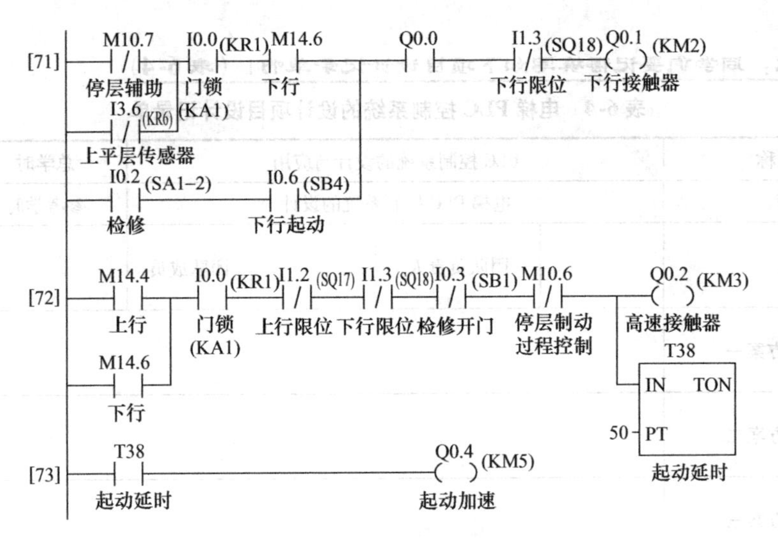

图 6-13　起动加速和稳定运行环节梯形图(续)

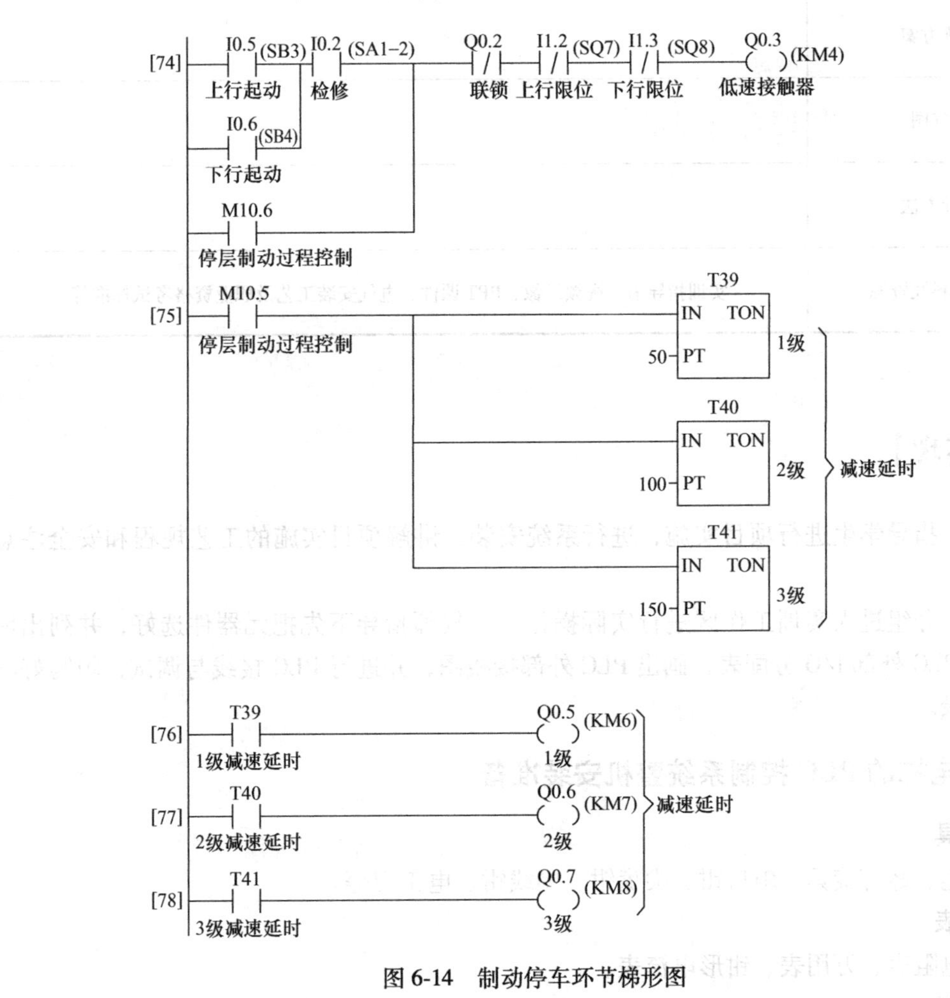

图 6-14　制动停车环节梯形图

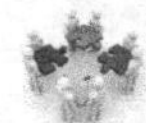

做一做：同学们要记得填写如下项目设计记录单啊！（表 6-4）

表 6-4　电梯 PLC 控制系统的设计项目设计记录单

课程名称	PLC 控制系统的设计与应用				总学时	84
项目六	电梯 PLC 控制系统的设计				参考学时	
班级		团队负责人		团队成员		
项目设计方案一						
项目设计方案二						
项目设计方案三						
最优方案						
电气图						
设计方法						
相关资料及资源	实训指导书、视频录像、PPT 课件、电气安装工艺及职业资格考试标准等					

【项目实现】

教师：指导学生进行项目实施，进行系统安装，讲解项目实施的工艺规程和安全注意事项。

学生：分组进入实训工作区进行实际操作，在教师指导下先把元器件选好，并列出明细，列出 PLC 外部 I/O 分配表，画出 PLC 外部接线图，并进行 PLC 接线与调试，填写好项目实施记录。

一、电梯的 PLC 控制系统整机安装准备

1. 工具

测试笔、螺钉旋具、斜口钳、尖嘴钳、剥线钳、电工刀等。

2. 仪表

绝缘电阻表、万用表、钳形电流表。

3. 器材

1）控制板一块(包括所用的低压电器)。

2）导线及规格：主电路导线由电动机容量确定；控制电路一般采用截面积为 $0.5mm^2$ 的铜芯导线(RV)；要求主电路与控制电路导线的颜色必须有明显区别。

3）备好编码套管。

二、电梯的 PLC 控制系统安装步骤及工艺要求

1. 选配并检验元器件和电气设备

1）配齐电气设备和元器件，并逐个检验其规格和质量。

2）根据电动机的容量、线路走向及要求和各元器件的安装尺寸，正确选配导线的规格和数量、接线端子板、控制板和紧固件等。

2. 安装元器件

在控制板上固定卡轨和元器件，并做好与原理图相同的标记。

3. 布线

按接线图在控制板上进行线槽软线布线，并在导线端部套上编码套管，号码与原理图一致。导线的走向要合理，尽量不要有交叉和架空。

做一做：然后同学们要记得填写如下项目实现记录单啊！

项目实现工作记录单见表 6-5。

表 6-5　项目实现工作记录单

课程名称				总学时	84
项目名称				参考学时	
班级		团队负责人		团队成员	
项目工作情况					
项目实施遇到的问题					
相关资料及资源					
执行标准或工艺要求					
注意事项					
备注					

做一做

【项目运行】

教师：指导学生进行电梯 PLC 控制程序调试与系统调试、运行，讲解调试运行的注意事项及安全操作规程，并对学生的成果进行评价。

学生：检查电梯 PLC 控制电路任务的完成情况，在教师指导下进行调试与运行，发现问题及时解决，直到调试成功为止。分析不足，汇报学习、工作心得，展示工作成果；对项目完成情况进行总结，完成项目报告。

一、电梯 PLC 控制程序调试及运行

（一）程序录入、下载

1）打开 STEP 7-Micro/WIN 应用程序，新建一个项目，选择 CPU 类型为 CPU 226，打开程序块中的主程序编辑窗口，录入上述程序。

2）录入完程序后单击其工具按钮进行编译，当状态栏提示程序没有错误后，且检测 PLC 与计算机的连接正常，PLC 工作正常后，便可下载程序了。

3）单击下载按钮后，程序所包含的程序块、数据块、系统块自动下载到 PLC 中。

（二）程序调试运行

当下载完程序后，需要对程序进行调试。通过 STEP 7-Micro/WIN 软件控制 S7-200 PLC，模式开关必须设置为“TERM”或“RUN”。单击工具条上的“运行”按钮或执行菜单命令“PLC”→“运行”，会出现一个对话框提示是否切换运行模式，单击“确认”按钮。

（三）程序的监控

在运行 STEP 7-Micro/WIN 的计算机与 PLC 之间建立通信，执行菜单命令“调试”→“开始程序监控”，或单击工具条中的按钮，可以用程序状态功能监视程序运行的情况。

运用监视功能，在程序打开状态下，观察 PLC 运行时，程序执行过程中各元器件的工作状态及运行参数的变化。

二、电梯 PLC 控制整机调试及运行

调试前先检查所有元器件的技术参数设置是否合理，若不合理则重新设置。

先空载调试，此时不接电动机，观察 PLC 输入及输出端子对应的指示灯是否亮及接触器是否吸合。

带负载调试，接上电动机，观察电动机运行情况。

调试成功后，先拆掉负载，再拆掉电源。清理工作台和工具，填写记录单，见表 6-6。

三、电梯 PLC 控制项目验收

项目完成后，应对各组完成情况进行验收和评定，具体验收指标包括：

1）硬件设计。包括 I/O 点数确定、PLC 选型及接线图的绘制。

2）软件设计。

表 6-6　项目六的项目运行记录单

课程名称	PLC 控制系统的设计与应用			总学时	84
项目名称				参考学时	
班级		团队负责人		团队成员	
项目构思是否合理					
项目设计是否合理					
项目实现遇到了哪些问题					
项目运行时故障点有哪些					
调试运行是否正常					
备注					

3）程序调试。

4）整机调试。

电梯 PLC 控制系统的设计考核要求及评分标准见表 6-7。

表 6-7　电梯 PLC 控制系统的设计考核要求及评分标准

序号	考核内容	考核要求	评分标准	配分	扣分	得分
1	硬件设计（I/O 点数确定）	根据继电器-接触器控制电路确定 PLC 点数	（1）点数确定得过少，扣 10 分 （2）点数确定得过多，扣 5 分 （3）不能确定点数，扣 10 分	25 分		
2	硬件设计（PLC 选型、接线图的绘制及接线）	根据 I/O 点数选择 PLC 型号、画接线图并接线	（1）PLC 型号选择不能满足控制要求，扣 10 分 （2）接线图绘制错误，扣 5 分 （3）接线错误，扣 10 分	25 分		
3	软件设计（程序编制）	根据控制要求编制梯形图程序	（1）程序编制错误，扣 10 分 （2）程序繁琐，扣 5 分 （3）程序编译错误，扣 10 分	25 分		
4	调试（程序调试和整机调试）	用软件输入程序监控调试；运行设备整机调试	（1）程序调试监控错误，扣 10 分 （2）整机调试一次不成功，扣 5 分 （3）整机调试二次不成功，扣 5 分	25 分		
5	安全文明生产	按生产规程操作	违反安全文明生产规程，扣 10～30 分			
6	定额工时	4h	每超 5 分钟（不足 5 分钟以 5 分钟计）扣 10 分			
起始时间			合计	100 分		
结束时间			教师签字	年　月　日		

【知识拓展】

一、PLC控制系统设计的相关要求

（一）PLC控制系统的总体设计

PLC控制系统的总体设计是进行PLC应用设计的重要一步。目前适用于工程应用的PLC种类繁多，性能各异。在实际工程应用中，必须针对具体的工程应用进行细致分析，将各种应用功能和实际现场可能遇到的问题都考虑进去。然后选择相适应的PLC以及扩展模块，进行系统硬件和软件的设计。在此之后还要进行系统供电以及接地系统的设计，这也是工程应用的一个非常重要的环节。

1. PLC控制系统的类型

以PLC为主控制器的控制系统有以下四种控制类型。

1）由PLC构成的单机控制系统。单机控制系统是由一台PLC控制一台设备或一条简易生产线。

2）由PLC构成的集中控制系统。集中控制系统是由一台PLC控制多台设备或几条简易生产线。

3）远程I/O控制系统。这种控制系统是集中控制系统的特殊情况，也是由1台PLC控制多个被控对象，但是却有部分I/O系统远离PLC主机。

4）由PLC构成的分散控制系统。这种系统有多个被控对象，每个被控对象由一台具有通信功能的PLC控制，由上位机通过数据总线与多台PLC进行通信，各个PLC之间也有数据交换。

2. PLC控制系统设计的基本原则

PLC控制系统的总体设计原则是：根据控制任务，在最大限度地满足生产机械或生产工艺对电气控制要求的前提下，尽量做到运行稳定，安全可靠，经济实用，操作简单，维护方便。在设计PLC控制系统时，应遵循的基本原则如下：

1）最大限度地满足被控对象提出的各项性能指标。

2）确保控制系统的安全可靠。电气控制系统的可靠性就是生命线，不能安全可靠工作的电气控制系统，是无法长期投入生产运行的，因此必须将可靠性放在首位。

3）力求控制系统简单。在能够满足控制要求和保证可靠工作的前提下，不失先进性，应力求控制系统结构简单、经济、实用，使用方便和维护容易。

4）提供可扩展能力。考虑到生产规模的扩大，生产工艺的改进，控制任务的增加，以及维护方便的需要，在选择PLC的容量时，应留有适当的余量。

3. PLC控制系统的设计步骤

用PLC进行控制系统设计的一般步骤如下：

（1）控制系统的需求分析　在进行系统设计之前，设计人员首先应该进入现场，对被控对象进行深入的调查、分析和了解，熟悉系统工艺流程及设备性能。并了解生产中可能出现的各种问题，将所有收集到的信息进行整理归纳，确定系统的控制流程和控制方式。

（2）选择PLC机型　目前，国内外PLC生产厂家生产的PLC品种已达数百个，其性能

各有特点，价格也不尽相同。在设计 PLC 控制系统时，要选择最适宜的 PLC 机型。

在进行 PLC 选型时考虑下列因素：

1）系统的控制目标。设计 PLC 控制系统时，首要的控制目标就是：确保控制系统安全可靠地稳定运行，提高生产效率，保证产品质量等。

2）PLC 的硬件配置。根据系统的控制目标和控制类型，从众多的 PLC 生产厂家中初步选择几个具有一定知名度的公司。

（3）系统硬件设计 PLC 控制系统的硬件设计是指对 PLC 外部设备的设计。

（4）系统软件设计 控制系统软件的设计就是用梯形图编写控制程序。

在进行系统软件设计时，还要考虑以下问题：

1）PLC 应用系统软件设计的基本原则。系统的软件设计是以系统要实现的工艺要求、硬件组成和操作方式等条件为依据来进行的。

2）应用系统软件设计的内容。应用程序设计是指根据系统硬件结构和工艺要求，在软件系统规格书的基础上，使用相应编程语言，对实际应用程序的编制和相应文件的形成过程。

参数表的定义：就是按一定格式对系统各接口参数进行规定和整理，为编制程序做准备。

程序框图的绘制：是指依据工艺流程而绘制的控制过程框图。

程序的编制：是程序设计最主要且最重要的阶段，是控制功能的具体实现过程。

程序调试：是整个程序设计工作中一项很重要的内容，它可以初步检查程序的实际效果。

（5）系统的局部模拟运行 上述步骤完成后，便有了一个 PLC 控制系统的雏形，接着便进行模拟调试。在确保硬件工作正常的前提下，再进行软件调试。

（6）控制系统联机调试 这是最后的关键性一步。应对系统性能进行评价后再做出改进。反复修改，反复调试，直到满足要求为止。

（7）编制系统的技术文档 在设计任务完成后，要编制系统的技术文件。技术文件一般应包括总体说明书、硬件技术文档、软件编程文档以及使用说明书等，随系统一起交付使用。

4. PLC 控制系统设计的基本内容

PLC 控制系统设计的基本内容包括：

1）确定 PLC 控制系统的构成形式。

2）系统运行方式和控制方式的选择。

3）选择用户输入设备、输出设备以及由输出设备驱动的控制对象。

4）PLC 的选择。

5）分配 I/O 点，绘制 I/O 连接图。

6）控制台的设计。

7）设计控制程序。

8）工程施工计划的设计。

9）编制控制系统技术文档。

（二）提高 PLC 控制系统可靠性的措施

PLC是专门为工业环境设计的控制装置，一般不需要采取特殊措施，就可以直接在工业环境使用。但是如果环境过于恶劣，电磁干扰特别强烈，或安装使用不当，就可能无法保证系统的正常安全运行。

1. 电磁干扰类型及其影响

影响PLC控制系统的干扰源与一般影响工业控制设备的干扰源一样，大都产生在电流或电压剧烈变化的部位，这些电荷剧烈移动的部位就是干扰源。

干扰类型通常按干扰产生的原因、噪声干扰模式和噪声波形性质来划分。按噪声产生的原因不同，可分为放电噪声、浪涌噪声、高频振荡噪声等；按噪声的波形、性质不同，可分为持续噪声、偶发噪声等；按噪声干扰模式不同，可分为共模干扰和差模干扰。

2. 电磁干扰的主要来源

（1）来自空间的辐射干扰　空间辐射电磁场（EMI）主要是由电力网络、电气设备的暂态过程、雷电、无线电广播、电视、雷达及高频感应加热设备等产生的，通常称为辐射干扰，其分布极为复杂。

（2）来自系统外引线的干扰　这类干扰主要通过电源和信号线引入，通常称为传导干扰。这种干扰在我国工业现场较为严重，主要有下面三类：

第一类是来自电源的干扰。

第二类是来自信号线的干扰。

第三类是来自接地系统的干扰。

（3）来自PLC系统内部的干扰　这类干扰主要由系统内部元器件及电路间的相互电磁辐射产生。

3. PLC的选择与工作环境

在选择设备时，首先要选择有较高抗干扰能力的产品，包括电磁兼容性，尤其是抗外部干扰能力的选择，其次还应了解生产厂家给出的抗干扰指标，另外还要考查其在类似工作环境中的实际应用情况。

保证工作环境符合PLC的要求，也是保障系统可靠性的重要手段，要注意以下几点：

1）温度：PLC要求环境温度在0~55℃。

2）湿度：为了保证PLC的绝缘性能，空气的相对湿度一般应小于85%（无凝露）。

3）振动：应使PLC远离强烈的振动源。

4）空气：如果空气中有较浓的粉尘、腐蚀性气体和烟雾，在湿度允许时可以将PLC封闭，或者把PLC安装在密闭性较好的控制室内，并安装空气净化装置。

4. 采用性能优良的电源，抑制电网引入的干扰

在PLC控制系统中，电源占有极其重要的地位。电网干扰串入PLC控制系统主要是通过PLC系统的供电电源、变送器供电电源和与PLC系统具有直接电气连接的仪表供电电源等耦合进入的。在干扰较强或对可靠性要求很高的场合，通常在可编程序控制器的交流电源输入端加接带屏蔽层的隔离变压器和低通滤波器，隔离变压器可以抑制从电源线窜入的外来干扰，提高抗高频共模干扰能力，屏蔽层应可靠接地。

（1）使用隔离变压器的供电系统　在干扰环境不太高的情况下，可以使用隔离变压器电源。

（2）使用UPS供电系统　不间断电源UPS是电子计算机的有效配置制置，当输入交流

电失电时，UPS能自动切换到输出状态继续向控制器供电。

(3) 双路供电系统 为了提高供电系统的可靠性，交流供电最好采用双路，其电源应分别来自两个不同的变电站。当一路供电出现故障时，能自动切换到另一路供电。

5. 对感性负载的处理

感性负载具有储能的作用，当控制触点断开时，电路中的感性负载会产生高于电源电压数倍甚至数十倍的反电动势，触点吸合时，会因触点的抖动而产生电弧，从而对系统产生干扰。PLC在输入、输出端有感性负载时，应在负载两端并联电容和电阻。对于直流输入、输出信号，则应并接续流二极管。

6. PLC的安装、电缆选择与布线

(1) PLC的安装 PLC应远离强干扰源。PLC不能与高压电器安装在同一个开关柜内，在柜内PLC应远离动力线。与PLC装在同一个开关柜内的电感性元件，如继电器、接触器的线圈，应并联RC消弧电路。

(2) 电缆的选择 对于可编程序控制器组成的控制系统而言，既包括供电系统的动力线，又包括各种开关量、模拟量、高速脉冲、远程通信等信号用的信号线。对于各种不同用途的信号线和动力线要选择不同的电缆。

(3) 电缆布线 传输线之间的相互干扰是数字调节系统中较难解决的问题。这些干扰主要来自传输导线分布电容、电感引起的电磁耦合。防止这种干扰的有效方法，是使信号线远离动力线或电网。将动力线、控制线和信号线严格分开，分别布线，所以电缆的敷设施工是一项重要的工作。

7. 接地系统设计与PLC的接地

接地的目的通常有两个：一是为了安全；二是为了抑制干扰。

接地设计有两个基本目的：消除各电路电流流经公共地线阻抗所产生的噪声电压和避免磁场与电位差的影响，使其不形成地环路，如果接地方式不好就会形成环路，造成噪声耦合。

8. 冗余系统与热备用系统

某些过程控制系统，如化学、石油、造纸、冶金、核电站等工业部门中的某些系统，要求控制装置有极高的可靠性。如果控制系统出现故障，由此引起的停产或设备的损坏将造成极大的经济损失。某些复杂的大型生产系统，如汽车装配生产线，只要系统中一个地方出现问题，就会造成整个系统停产，损失可能高达每分钟数万元，仅仅通过提高控制系统的硬件可靠性来满足上述工业部门对可靠性的要求是不够的。因为PLC本身可靠性的提高有一定的限度，并且会使成本急剧增长，使用冗余(Redundancy)系统或热备用(Hot Back-up)系统能够有效地解决上述问题。

在冗余控制系统中，整个PLC控制系统(或系统中最重要的部分，如CPU模块)由两套完全相同的“双胞胎”组成，是否使用备用的I/O系统取决于系统对可靠性的要求。两块CPU模块使用相同的用户程序并行工作，其中一块是主CPU，另一块是备用CPU，后者的输出是被禁止的。当主CPU失效时，马上投入备用CPU，这一切换过程是用冗余处理单元(Redundant Processing Unit,RPU)控制的 。

另一类系统没有冗余处理单元RPU。两台CPU用通信接口连在一起。当系统出现故障时，由主CPU通知备用CPU，这一切换过程一般不是太快。这种结构较简单的系统叫作热备用系统。

9. 故障的检测与诊断

PLC 的可靠性很高，本身有很完善的自诊断功能，如果出现故障，借助自诊断程序可以方便地找到出现故障的部件，更换它后就可以恢复正常工作。

(1) 超时检测　机械设备在各工作步的动作所需的时间一般是不变的，即使变化也不会太大，因此可以以这些时间为参考，在 PLC 发出输出信号时，相应的外部执行机构开始动作时起动一个定时器定时，定时器的设定值比正常情况下该动作的持续时间长 20%左右。由定时器的常开触点发出故障信号，该信号停止正常的程序，起动报警和故障显示程序，使操作人员和维修人员能迅速判别故障的种类，及时采取排除故障的措施。

(2) 逻辑错误检测　在系统正常运行时，PLC 的输入/输出信号和内部信号(如存储器位的状态)相互之间存在着确定的关系，如出现异常的逻辑信号，可以编制一些常见故障的异常逻辑关系，一旦异常逻辑关系为 ON 状态，就应按故障处理。

二、可编程序控制器的通信及通信网络

(一) 可编程序控制器通信及网络基础

PLC 通信是指 PLC 与 PLC、PLC 与计算机、PLC 与现场设备或远程 I/O 之间的信息交换。PLC 通信的任务就是将地理位置不同的 PLC、计算机、各种现场设备等，通过通信介质连接起来，按照规定的通信协议，以某种特定的通信方式高效率地完成数据的传送、交换和处理。

1. 网络通信协议基础

(1) OSI 开放系统互联基本参考模型　计算机网络通信系统是非常复杂的系统，计算机之间的相互通信涉及许多复杂的技术问题，比如网络阻塞、数据损坏、数据重复以及乱序、硬件失效的检测、寻址以及不同系统不同类型数据的交换等。

为实现计算机网络通信与资源共享，计算机网络采用的是对解决复杂问题十分有效的方法，即分层解决问题的方法。通过把系统分成若干相对独立的模块，每个模块解决一个子问题。这样就大大简化了系统的复杂性。

为此，国际标准化组织 ISO(International Standards Organization)于 1977 年成立了专门的机构来研究该问题，在 1984 年正式颁布了“开放系统互联基本参考模型”(Open System Interconnection Basic Reference Model)的国际标准 OSI 模型。

OSI 参考模型各层功能分述如下：

1) 物理层。最底层称为物理层(Physical Layer)，这一层定义了电压、接口、线缆标准、传输距离等特性。物理层负责传送比特流 。

2) 数据链路层(DLL)。OSI 参考模型的第二层称为数据链路层(DLL)。它要提供数据有效传输的端端(端到端)连接以及数据无差错传输。

3) 网络层。网络层负责在源机器和目标机器之间建立它们所使用的路由。

4) 传输层。传输层提供类似于 DLL 所提供的服务，传输层的职责也是保证数据在端到端之间完整传输。不过与 DLL 不同，传输层的功能是在本地 LAN 网段之上提供这种功能，它可以检测到路由器丢弃的包，然后自动产生一个重新传输请求。

传输层的另一项重要功能就是将收到的乱序数据包重新排序。

5）会话层。OSI 会话层的功能主要是用于管理两个计算机系统连接间的通信流。通信流称为会话，它决定了通信是单工还是双工。它也确保了接收一个新请求一定是在另一请求完成之后。

6）表示层。表示层负责管理数据编码方式。

7）应用层。OSI 参考模型的最顶层是应用层，应用层直接和用户的应用程序打交道。但它并不包含任何用户应用。相反，它只在那些应用和网络服务间提供接口。应用层为用户提供电子邮件、文件传输、远程登录和资源定位等服务。

相对于 OSI 参考模型而言，TCP/IP 协议族只有四层，其应用层功能对应于 OSI 的应用层、表示层和会话层。

（2）IEEE 802 通信标准　IEEE 802 通信标准是 IEEE（国际电工电子工程师学会）的 802 分委员会从 1981 年至今颁布的一系列计算机局域网分层通信协议标准草案的总称。它把 OSI 参考模型的底部两层分解为逻辑链路控制子层（LLC）、媒体访问子层（MAC）和物理层。前两层对应于 OSI 参考模型中的数据链路层，数据链路层是一条链路（Link）两端的两台设备进行通信时所共同遵守的规则和约定。

IEEE 802 的媒体访问控制子层对应于多种标准，包括：

IEEE 802.1A——综述和体系结构；

IEEE 802.1B——寻址、网络管理和网络互联；

IEEE 802.2——逻辑链路控制协议（LLC）；

IEEE 802.3——载波侦听多路访问/冲突检测（CSMA/CD）访问控制方法和物理层规范；

IEEE 802.4——令牌总线（Token-Bus）访问控制方法和物理层规范；

IEEE 802.5——令牌环（Token-Ring）访问控制方法和物理层规范；

IEEE 802.7——宽带时间片环（Time-Slot）访问控制方法和物理层规范；

IEEE 802.8——光纤网媒体访问控制方法和物理层规范；

IEEE 802.9——等时网（Isonet）；

IEEE 802.10——LAN 的信息安全技术；

IEEE 802.11——无线 LAN 媒体访问控制方法和物理层规范；

IEEE 802.12——100 Mbit/s VG-Anylan 访问控制方法和物理层规范。

其中最常用的有三种，即带冲突检测的载波侦听多路访问（CSMA/CD）协议、令牌总线（Token Bus）和令牌环（Token Ring）。

1）CSMA/CD 协议。CSMA/CD（Carrier-sense Multiple Access with Collision Detection）通信协议的基础是 XEROX 公司研制的以太网（Ethernet），各站共享一条广播式的传输总线，每个站都是平等的，采用竞争方式发送信息到传输线上。当某个站识别到报文上的接收站名与本站的站名相同时，便将报文接收下来。由于没有专门的控制站，两个或多个站可能因同时发送信息而发生冲突，造成报文作废，因此必须采取措施来防止冲突。

为了防止冲突，可以采取两种措施：一种是发送报文开始的一段时间，仍然监听总线，采用边发送边接收的办法；另一种措施是准备发送报文的站先监听一段时间，如果在这段时间内总线一直空闲，则开始做发送准备，准备完毕，真正要将报文发送到总线上之前，再对总线做一次短暂的检测，若仍为空闲，则正式开始发送。

2）令牌总线。在令牌总线中，媒体访问控制是通过传递一种称为令牌的特殊标志来实现的。按照逻辑顺序，令牌从一个装置传递到另一个装置，传递到最后一个装置后，再传递给第一个装置，如此周而复始，形成一个逻辑环。令牌有“空”、“忙”两个状态，令牌网开始运行时，由指定站产生一个空令牌沿逻辑环传送。任何一个要发送信息的站都要等到令牌传给自己，判断为“空”令牌时才发送信息。发送站首先把令牌置成“忙”，并写入要传送的信息、发送站名和接收站名，然后将载有信息的令牌送入环网传输。

3）令牌环。在令牌环上，最多只能有一个令牌绕环运动，不允许两个站同时发送数据。令牌环从本质上看是一种集中控制式的环，环上必须有一个中心控制站负责网络工作状态的检测和管理。

2. PLC通信方式

（1）并行通信与串行通信　数据通信主要有并行通信和串行通信两种方式。

1）并行通信是以字节或字为单位的数据传输方式；而并行传输(Parallel Transmission)指可以同时传输一组比特，每个比特使用单独的一条线路(导线)。

2）串行通信是以二进制的位(bit)为单位的数据传输方式，每次只传送一位。

（2）单工通信与双工通信　串行通信按信息在设备间的传送方向又可分为单工、双工两种方式。

单工通信方式只能沿单一方向发送或接收数据。双工通信方式的信息可沿两个方向传送，每一个站既可以发送数据，也可以接收数据。

双工方式又分为全双工和半双工两种方式。数据的发送和接收分别由两根或两组不同的数据线传送，通信的双方都能在同一时刻接收和发送信息，这种传送方式称为全双工方式；用同一根线或同一组线接收和发送数据，通信的双方在同一时刻只能发送数据或接收数据，这种传送方式称为半双工方式。

（3）异步通信与同步通信　按照同步方式的不同，可将串行通信分为异步通信和同步通信。

异步通信又称起止式传输。发送的数据字符由1个起始位、7~8个数据位、1个奇偶校验位(可以没有)和停止位(1位、1.5或2位)组成。字符可以连续发送，也可以单独发送。

同步通信有两种类型：一种是面向字符同步协议，一种是面向比特同步协议。同步通信以字节为单位(一个字节由8位二进制数组成)，以多个字符或者多个比特组合成的数据块为单位进行传输。

3. PLC常用的通信接口

PLC通信主要采用串行异步通信，其常用的串行通信接口标准有RS-232C、RS-422A和RS-485等。

（1）RS-232C　RS-232C是美国电子工业协会EIA于1969年公布的通信协议，它的全称是“数据终端设备(DTE)和数据通信设备(DCE)之间串行二进制数据交换接口技术标准”。

（2）RS-422与RS-485串行接口标准　RS-422、RS-485与RS-232不一样，数据信号采用差分传输方式，也称为平衡传输，它使用一对双绞线，将其中一根线定义为A，另一根线定义为B。

1）RS-422电气规定。RS-422标准的全称是“平衡电压数字接口电路的电气特性”，它定义了接口电路的特性。

2）RS-485 电气规定。由于 RS-485 是从 RS-422 的基础上发展而来的，所以 RS-485 的许多电气规定与 RS-422 相似，如都采用平衡传输方式、都需要在传输线上接终接电阻等。RS-485 可以采用二线与四线方式，二线制可实现真正的多点双向通信。

（3）RS-422 与 RS-485 的网络安装注意要点　在构建网络时，应注意如下几点：

1）采用一条双绞线电缆作总线，将各个节点串接起来。

2）应注意总线特性阻抗的连续性，在阻抗不连续点就会发生信号的反射。

（二）PLC 通信协议

1. MODBUS 协议

MODBUS 协议是应用于电子控制器上的一种通用语言。通过此协议，控制器相互之间、控制器经由网络（例如以太网）和其他设备之间可以通信。

（1）MODBUS 的通信结构　MODBUS 采用主-从通信结构，在该结构中只有一个设备（主设备）能初始化传输（查询）。其他设备（从设备）根据主设备查询提供的数据作出相应反应。

（2）MODBUS 的通信方式　MODBUS 定义的通信方式有两种：ACSII 和 RTU（远程终端单元）。

1）ASCII 模式。当控制器设为在 MODBUS 网络上以 ASCII（美国标准信息交换代码）模式通信时，消息中的每 8bit 都作为两个 ASCII 字符发送。这种方式的主要优点是字符发送的时间间隔可达到 1s 而不产生错误。

2）RTU 模式。当控制器设为在 MODBUS 网络上以 RTU 模式通信时，消息中的每 8bit 包含两个 4bit 的十六进制字符。这种方式的主要优点是：在同样的波特率下，它可比 ASCII 方式传送更多的数据。

3）地址域。消息帧的地址域包含两个字符（ASCII）或 8bit（RTU）。可能的从设备地址是 0~247（十进制）。单个设备的地址范围是 1~247。主设备通过将要联络的从设备的地址放入消息中的地址域来选通从设备。

4）功能代码域。消息帧中的功能代码域包含了两个字符（ASCII）或 8bit（RTU）。可能的代码范围是十进制的 1~255。

5）数据域。数据域是由两个十六进制数构成的，范围为 00~FF。根据网络通信模式不同，这可以由一对 ASCII 字符组成或由一个 RTU 字符组成。

（3）MODBUS 字符的连续传输　当消息在标准的 MODBUS 系列网络传输时，每个字符或字节的发送方式（从左到右）为：最低有效位~最高有效位。

2. PROFIBUS 协议

PROFIBUS 是 Process Field Bus（现场总线）的缩写，它是 1989 年由以 SIEMENS（西门子）公司为首的 13 家公司和 5 家科研机构在联合开发的项目中制定的标准化规范。

（1）PROFIBUS 的协议结构　PROFIBUS 协议结构依据 ISO7498 国际标准，以 OSI 作为参考模型。PROFIBUS 协议结构省略了（3~6）层，增加了用户层。PROFIBUS-DP 定义了第 1、2 层和用户接口，第 3~7 层未加描述。

PROFIBUS 可以采用总线型、树形、星形等网络拓扑，总线上最多可挂接 127 个站点。

（2）PROFIBUS 的传输技术　PROFIBUS 一般采用一种两头带有终端的总线拓扑，确保在运行期间接入和断开一个或多个站而不影响其他站。

PROFIBUS 提供了三种数据传输类型：RS-485 传输、IEC1157-2 传输和光纤传输。

1）RS-485 传输技术。RS-485 传输是 PROFIBUS 最常用的一种传输技术，通常称之为 H2。

2）IEC1157-2 传输技术。IEC1157-2 的传输技术用于 PROFIBUS-PA，能满足化工行业的要求。它可保持其本质安全性，并通过总线对现场设备供电。

3）光纤传输技术。PROFIBUS 系统在电磁干扰很大的环境下应用时，可使用光纤导体，以增加高速传输的距离。可使用两种光纤导体：一种是价格低廉的塑料纤维导体，供距离小于 50m 情况下使用；另一种是玻璃纤维导体，供距离小于 1km 情况下使用。

（3）PROFIBUS 总线存取协议

1）三种 PROFIBUS（DP、FMS、PA）均使用一致的总线存取协议。

2）在 PROFIBUS 中，第二层称之为现场总线数据链路层（Fieldbus Data Link，FDL）。介质存取控制（Media Access Control，MAC）具体控制数据传输的程序，MAC 必须确保在任何一个时刻只有一个站点发送数据。

3）PROFIBUS 协议的设计要满足介质控制的两个基本要求：

① 在复杂的自动化系统（主站）间的通信，必须保证在确切限定的时间间隔内，任何一个站点要有足够的时间来完成通信任务。

② 在复杂的程序控制器和简单的 I/O 设备（从站）间通信，应尽可能快速又简单地完成数据的实时传输。

4）令牌传递程序保证每个主站在一个确切规定的时间内得到总线存取权（令牌）。在 PROFIBUS 中，令牌传递仅在各主站之间进行。

5）主站得到总线存取令牌时可与从站通信。每个主站均可向从站发送或读取信息。

6）以一个由 3 个主站、7 个从站构成的 PROFIBUS 系统为例。3 个主站之间构成令牌逻辑环。当某主站得到令牌报文后，该主站可在一定时间内执行主站工作。

7）在总线系统初建时，主站介质存取控制 MAC 的任务是制定总线上的站点分配并建立逻辑环。

8）第二层的另一重要工作任务是保证数据的可靠性。

9）PROFIBUS 在第二层按照非连接的模式操作，除提供点对点逻辑数据传输外，还提供多点通信，其中包括广播及选择广播功能。

（4）PROFIBUS-DP 功能介绍　PROFIBUS-DP 用于现场设备级的高速数据传送。DP 主站（DPM1）周期性地读取从站的输入信息并周期性地向从站发送输出信息。

1）PROFIBUS-DP 基本特征。采用 RS-485 双绞线、双线电缆或光缆传输，传输速率从 9.6kbit/s 到 12Mbit/s。各主站间为令牌传递，主站与从站间为主-从传送。支持单主或多主系统，总线上最多站点（主-从设备）数为 126。采用点对点（用户数据传送）或广播（控制指令）通信，循环主-从用户数据传送和非循环主-主数据传送。控制指令允许输入和输出同步，同步模式为输出同步。

2）PROFIBUS-DP 构成的单主站或多主站系统在同一总线上最多可连接 126 个站点。系统配置的描述包括：站数、站地址、输入/输出地址、输入/输出数据格式、诊断信息格式及所使用的总线参数。

（5）PROFIBUS 控制系统的几种形式　根据现场设备是否具备 PROFIBUS 接口，控制系

统的配置总共有总线接口型、单一总线型和混合型三种形式。

1）总线接口型。现场设备不具备PROFIBUS接口，采用分散式I/O作为总线接口与现场设备连接。

2）单一总线型。现场设备都具备PROFIBUS接口，这是一种理想情况。可使用现场总线技术，实现完全的分布式结构，可充分获得这一先进技术所带来的利益。

3）混合型。现场设备部分具备PROFIBUS接口，这将是一种相当普遍的情况。这时应采用PROFIBUS现场设备加分散式I/O混合使用的办法。

（三）S7-200 PLC的通信方式

1. S7-200 PLC的通信方式

S7-200 PLC支持的通信协议很多，具体来说有：点对点接口PPI、多点接口MPI、PROFIBUS-DP、AS-I、USS、MODBUS、自由口通信以及以太网等。

（1）PPI通信方式　PPI是一个主从协议：主站向从站发出请求，从站作出应答。从站不主动发出信息，而是等候主站向其发出请求或查询，要求其应答。

（2）MPI方式　MPI允许主站与主站或主站与从站之间的通信。

（3）自由口通信方式　PPI通信协议是西门子公司专门为S7-200系列PLC开发的一种通信协议，一般不对外开放。而自由口通信方式则是对用户完全开放的，在自由口通信方式下通信协议是由用户定义的。

（4）PROFIBUS通信方式　PROFIBUS协议用于与分布式I/O设备(远程I/O)进行高速通信。各类制造商提供多种PROFIBUS设备。此类设备从简单的输入或输出模块到电机控制器和PLC无所不包。

2. S7-200 PLC的通信模块

（1）EM277 PROFIBUS-DP模块　EM277 PROFIBUS-DP模块是专门用于PROFIBUS-DP协议通信的智能扩展模块。它是PROFIBUS-DP的从站模块，可以作为PROFIBUS-DP从站和MPI从站。

（2）CP243-1模块　CP243-1以太网模块是S7-200系列PLC的通信处理器，可使S7-200 PLC与工业以太网络链接。

（四）S7-200 PLC的网络通信

1. PPI通信网络的构建

PPI通信协议是西门子公司专为S7-200系列PLC开发的一个通信协议。它是一个主/从协议。在一般情况下，网上的所有S7-200 CPU都为从站。通常PPI协议既支持单主站网络，也支持多主站网络。

（1）单主站PPI网络　对于简单的单台主站网络，编程站和S7-200 CPU通过PC/PPI电缆或安装在编程站中的通信处理器(CP)卡连接。其中，编程站(STEP 7-Micro/WIN)是网络主站。另外，一台人机接口(HMI)设备(例如TD、TP或OP)也可以作为网络主站。

（2）多主站PPI网络　对于多台主站访问一台从站的网络，将STEP 7-Micro/WIN配置为使用PPI协议，并启用多台主站驱动程序。对于配备多台主站和多台从站的PPI网络，同样要将STEP 7-Micro/WIN配置为使用PPI协议，并启用多台主站驱动程序。PPI高级协议是最佳选择。

2. 构建S7-200 PLC通信网络的注意事项

（1）网络的距离、传送速率及电缆的确定和选择　网络段的最大长度由两个因素决定：

绝缘(使用 RS-485 中继器)和波特率。

(2) 在网络中中继器的使用　RS-485 中继器为网络段提供偏流和终端。

(3) 偏流和设置网络电缆终端　西门子提供两种网络接头，可用于多台设备接入网络：一个是标准网络接头；另一个是包含编程端口的接头。

(4) 网络上的 HMI 设备的使用　S7-200 CPU 支持多种 SIEMENS 公司和其他制造商生产的 HMI 设备。

(5) 网络设备的连接　网络设备通过个别连接进行通信，这些个别连接是主站和从站之间的专用链接。

(6) 令牌循环时间　令牌循环时间是衡量网络性能的重要指标。

(7) 复杂网络出现的通信问题　对于 S7-200 PLC，复杂网络通常有多台 S7-200 PLC 主站，使用“网络读取”（NETR）和“网络写入”（NETW）指令与 PPI 网络上的其他设备通信。但复杂网络通常会发生特殊故障，阻碍主站与从站通信。

3. S7-200 PLC 通信指令

S7-200 PLC 提供的通信指令主要有：网络读与网络写指令、发送与接收指令等。

(1) 网络读与网络写指令　网络读/写指令(NETR/NETW)指令格式见表 6-8。

表 6-8　网络读/写指令(NETR/NETW)指令格式

LAD	STL	功能
NETR EN ENO TBL PORT	NETR TABLE，PORT	在使能输入有效时，指令初始化通信操作，并通过端口 PORT 从远程设备接收数据，形成数据表 TABLE
NETW EN ENO TBL PORT	NETW TABLE，PORT	在使能输入有效时，指令初始化通信操作，并通过端口 PORT 将数据表中的数据发送到远程设备

(2) 发送与接收指令　发送与接收指令格式见表 6-9。

表 6-9　发送与接收指令格式

LAD	STL	功能
XMT EN ENO TBL PORT	XMT TABLE，PORT	在使能输入有效时，激活发送的数据缓冲区。并通过端口 PORT 将缓冲区 TABLE 的数据发送出去
RCV EN ENO TBL PORT	RCV TABLE，PORT	在使能输入有效时，激活初始化或结束信息服务。通过端口 PORT 接收从远程设备上传来的数据，并放到缓冲区 TABLE

4. S7-200 PLC通信网络范例

(1) 通信任务 本例用NETR和NETW指令实现两台CPU 224之间的数据通信。

(2) 实现步骤 按下面的步骤完成两台CPU之间的通信：

分别只用PC/PPI电缆连接各个PLC。在编程软件中，分别将它们的站地址设为2和3，并下载到CPU模块中；

连接好网线，双击“通信刷新”图标，编程软件将会显示出网站中站号为2和3的两个子站；

双击某一个子站的图标，编程软件将和该子站建立连接，可以对它进行下载、上载和监视等通信操作；

输入、编译通信程序，它们下载到站号为2的CPU模块中，该模块为主站；将两台PLC的工作方式开关置于RUN位置，分别改变两台PLC输入信号的状态，可以观察到通信效果。

(3) 通信程序 用网络读/写指令完成两台PLC之间的通信

下面是通信程序清单：

```
//A机的通信程序
LD      SM0.1
MOVB    2,SMB3.0        //PPI主站模式
FILL    0,VW100,10      //清空接收和发送缓冲区
LD      V100.7          //若网络读操作完成
MOVB    VB107,QB0       //将读取的B机的IB0送给QB0
LDN     SM0.1
AN      V100.6          //若NETR未被激活
AN      V100.5          //且没有错误
MOVB    3,VB101         //送远程站的站地址
MOVD    &IB0,&BD102     //送远程站的数据指针值IB0
MOVB    1,VB106         //送要读取的数据字节数
NETR    VB101,0         //从端口0读取B机的IB0,缓冲区的起始地址为VB100
LDN     SM0.1
AN      V110.6          //若NETW未被激活
AN      B110.5          //且没有错误
MOVB    3,VB111         //送远程站的站地址
MOVD    &IB0,&VD102     //送远程站的数据指针IB0
MOVB    1,VB116         //送要写入数据的字节数
MOVB    IB0,VB117       //将本机的IB0的值写入发送数据缓冲区的数据区
NETR    VB101,0         //从端口0读取B机的QB0,缓冲区的起始地址为VB110
```

【工程训练】

设计一个仓库大门的PLC控制系统，用PLC控制仓库大门的自动打开和关闭，以便让

车辆进入和离开仓库，仓库大门控制示意图如图 6-15 所示。

控制要求如下：

1. 在操作面板上有两个操作按钮 SB1 和 SB2，其中 SB1 为起动大门控制系统的按钮，SB2 为停止大门控制系统的按钮。

2. 用两种不同的传感器检测车辆。

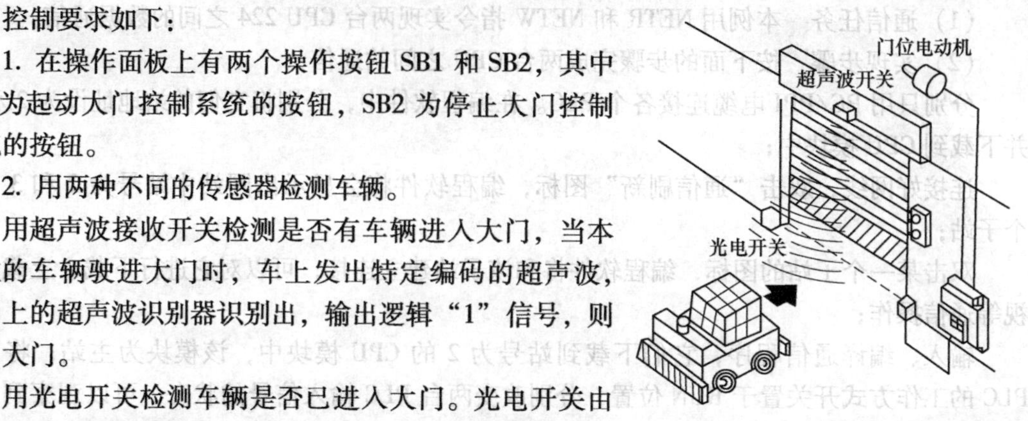

图 6-15 PLC 控制仓库大门示意图

用超声波接收开关检测是否有车辆进入大门，当本单位的车辆驶进大门时，车上发出特定编码的超声波，被门上的超声波识别器识别出，输出逻辑“1”信号，则开启大门。

用光电开关检测车辆是否已进入大门。光电开关由发射头和接收头两部分组成，发射头发出特定频谱的红外光束，由接收头加以接收。当红外光束被车辆遮住时，接收头输出逻辑“1”；当红外光束未被车辆遮住时，接收头输出逻辑“0”。当光电开关检测到车辆已进入大门时，则关闭大门。

项目七
电气控制系统的安装与调试综合项目

项目名称	电气控制系统的安装与调试综合项目	参考学时	24学时
项目引入	电气控制系统的安装与调试综合项目来源于高职院校“电气控制系统安装与调试”技能大赛项目。请根据实训室提供的电工技术实训考核设备及挂板，完成“电气系统安装与调试”及机床排除故障的工作任务。		
项目目标	通过本项目的实际训练，使学生进一步加强电气控制系统的分析、安装、接线、编程、调试、运行、故障诊断等能力。 通过该项目的训练，培养学生信息获取、资料收集整理能力；会使用万用表、绝缘电阻表等测量工具和常用的安装、调试工具仪器；培养学生解决问题、分析问题的能力和知识的综合运用能力，使学生具有良好的工艺意识、标准意识、质量意识、成本意识，达到初步的CDIO工程项目的实践能力。		
项目要求	1. 正确使用工具，操作安全规范； 2. 部件安装、电路连接、接头处理正确、可靠，符合要求； 3. 爱惜设备和器材，尽量减少耗材的浪费； 4. 保持工作台及附近区域干净整洁； 5. 项目实施过程中应该遵守相关的规章制度和安全守则； 6. 各组应将编写的PLC控制程序和制作的触摸屏基本操作界面保存到计算机的D盘文件夹中，文件夹名称以工位号命名，按指定路径将程序存盘； 7. 避免由于错误接线等原因引起PLC、步进电动机及驱动器、变频器、触摸屏和直流电源损坏。		
（CDIO） 项目实施	构思(C)：项目构思与任务分解，制订出工作计划，建议参考学时为4学时； 设计(D)：学生分组设计项目方案，建议参考学时为8学时； 实现(I)：绘图、元器件安装与布线，建议参考学时为8学时； 运行(O)：调试运行与项目评价，建议参考学时为4学时。		

【项目构思】

一、设备组成及工作情况描述

1. 电工技术实训考核设备主要元器件布置

电源进线开关、触摸屏、指示灯、主令开关等布置如图7-1所示。变频器、PLC及扩展模块、步进电动机驱动器等布置图如图7-2a所示。小车运动装置、接触器、继电器等布置图如图7-2b所示。按钮、转换开关、指示灯等的接线端子排在门板上的保护箱内部如图7-2c所示。机床电路故障考核挂板如图7-2d所示。

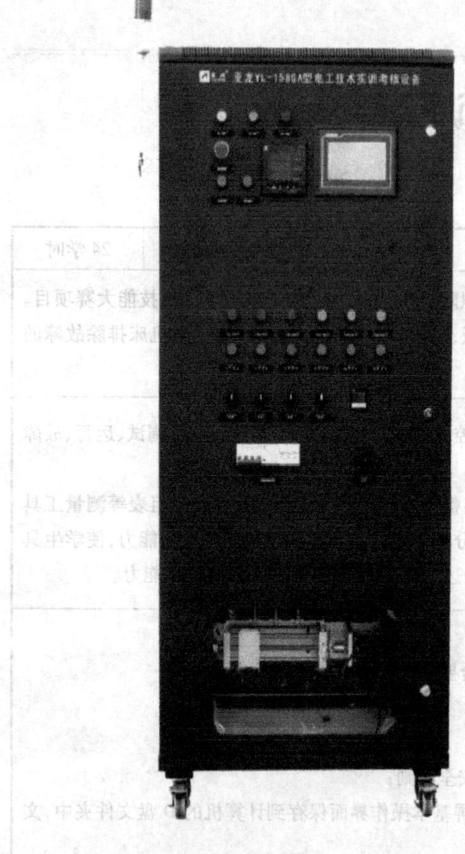

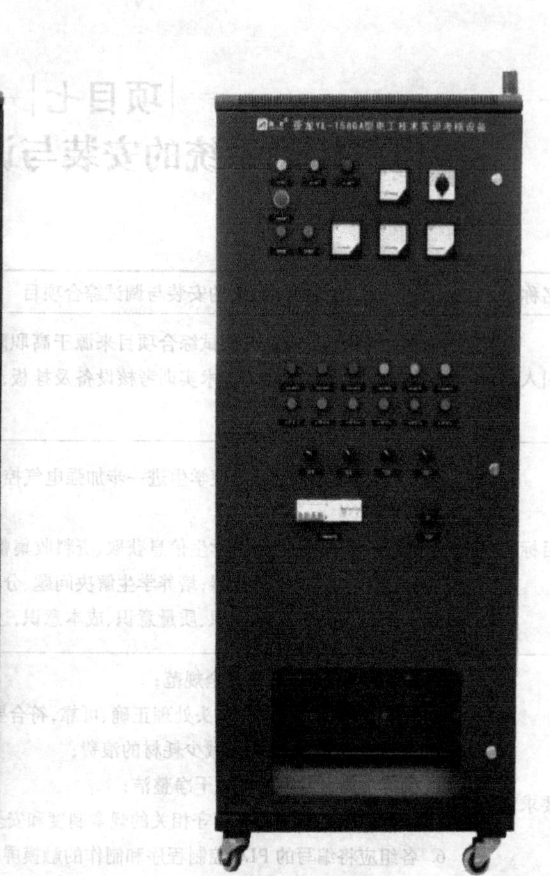

图 7-1 布置图(一)

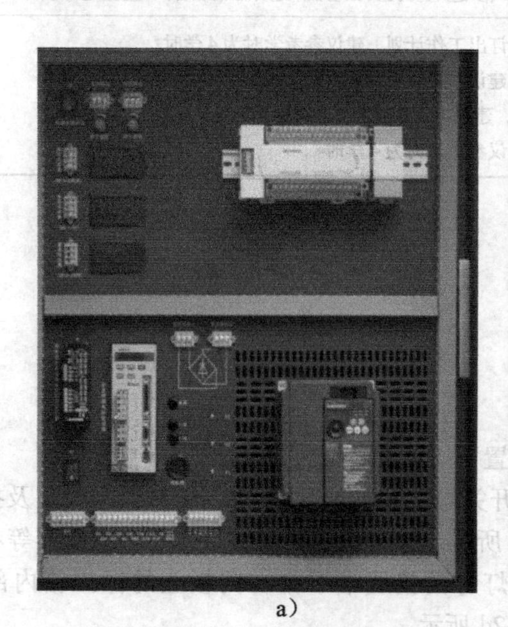

a)

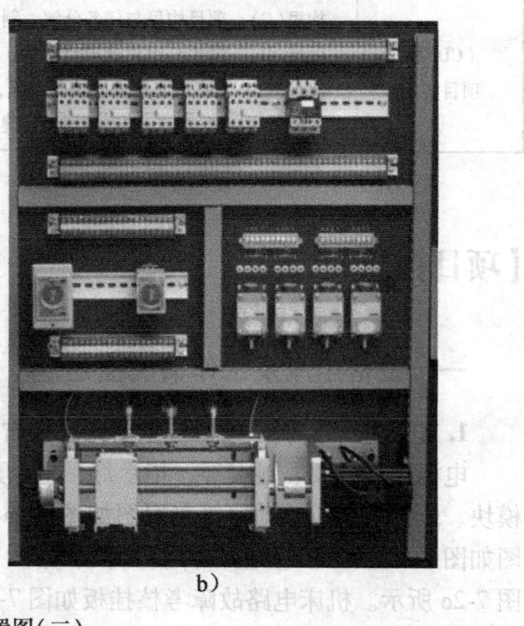

b)

图 7-2　布置图(二)

c)

d)

图 7-2　布置图(二)(续)

2. 工作情况

接通设备电源后，设备三相进线电源指示灯黄、绿、红灯亮。首先检查各个元器件有无明显损坏，然后按任务书要求完成任务。

警告：接线时必须关闭设备总电源(即断开门前的断路器)，确保操作安全。接线完成，确认无误后，方可送电调试。必须按电工安全操作规程进行操作。紧急情况下可按下紧急停止按钮(红色蘑菇头按钮,在电源起停按钮上方)。

二、需要完成的工作任务

请根据实训室提供的电工技术实训考核设备及挂板，完成“电气系统安装与调试”及机床排除故障的工作任务。

1. 电气系统安装与调试

(1) 参数设置与工作要求　设备模拟小车运料的过程，由交流电动机 M1、M2 和 M3 拖动。M1 只需要正转(给小车装料)，由热继电器作过载保护，热继电器均设定 0.4A；M2(小车卸料)由变频器实现三速段变速控制【变频器参数设置:第一速段为 20Hz(赫兹)、加速时间为 2s，第二速段为 30Hz，第三速段为 50 Hz】；M3(小车运动)为步进电动机，步进电动机做正反转运动。

(2) 设备工作方式　小车运动示意图如图 7-3 所示。

SQ1、SQ2 是限位开关。起点和终点都安装了传感器，用于检查小车的装卸料情况。A、B、C 点安装了位置传感器，对小车的运行位置进行检查。

(3) 工作过程　按下按钮 SB2(触摸屏起动按钮)小车开始装料，指示灯 HL 亮，10s 完成装料。当检测到小车装料完成后，小车开始向前运行，运行到 A 点停止，以第一速段开始卸料，5s 后停止卸料。小车再次往前运行到达 B 点

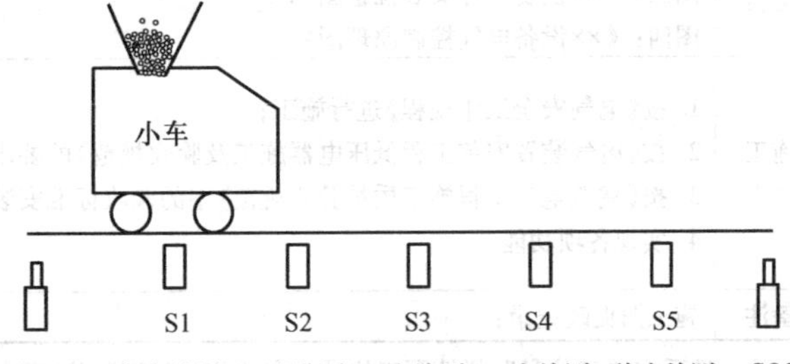

图 7-3　小车运动示意图

停止，以第二段速再次卸料，4s 后停止卸料。小车继续向前运行，到达 C 点停止，以第三段速继续卸料，3s 后停止卸料。小车往前运行到达终点并检测小车没有料后。小车开始往回运行，到达起点后停止。此时工作过程结束。

（4）具体要求　根据图 7-4 所示的××设备电气控制原理图，在电工技术实训考核设备中选择相关模块上需要的元器件并进行检查与确认，以便顺利完成××设备电气控制系统电路的连接。根据图 7-4，按要求完成××设备电气控制系统电路的连接，并能实现要求的功能。填写表 7-1 所示的××设备电气安装工程施工单。

1）凡是连接的导线，必须压接接线头（插针）、套上写有编号的编号管（使用实训室提供的异型号码管和记号笔书写），实物编号和图样编号要一致。

2）电工技术实训考核设备上各接触器线圈、电动机、指示灯、PLC、变频器等系统连接线，必须放入线槽内；对从主令电气元件和指示灯元件箱等引入、引出的线缆，在出箱和到线槽间使用缠绕带进行防护。

3）请仔细阅读××设备的有关说明，参考其原理图电路和图 7-4，并根据自己对设备及其工作过程的正确理解，设定变频器、步进电动机驱动器、热继电器等的技术参数，在计算机中编写 PLC 控制程序和制作触摸屏的基本操作界面。

4）按步骤将所编写的控制程序写入 PLC 和触摸屏中，以实现触摸屏的 PLC 控制。PLC 控制程序的编写应仔细参照任务书中的技术资料和工作要求，要求逻辑关系明确、清晰、简单，应能完整地实现所需功能。

5）触摸屏制作要求：通过触摸屏要可以控制和监控小车的运行过程。

将在计算机上编写的 PLC 控制程序和制作的触摸屏基本操作界面保存到计算机的 D 盘文件夹中，文件夹以工位号命名，并按指定路径将程序存盘。

2. 综合素质

包括设备操作规范性；材料利用效率，接线及材料损耗；工具、仪器、仪表使用情况；现场安全、文明生产；工作合理安排情况。

表 7-1　××设备电气安装工程施工单

施工单编号　NO：××××12DQAZ　　　　发单日期：　××××年××月

工程名称	××设备电气安装工程						
选手编号		场次号		工位号		施工日期	
施工内容	1. 按《××设备电气柜门器件位置图》和《××设备电气柜内器件位置图》熟悉设备并检查已安装器件的完好情况； 2. 按《××设备器件安装位置图》完成电气柜内部指定器件的安装； 3. 按《××设备电气控制原理图》选择所需的器件并连接电路。						
施工技术资料	图一：《××设备电气柜门器件位置图》； 图二：《××设备电气柜内器件位置图》； 图三：《××设备器件安装位置图》； 图四：《××设备电气控制原理图》。						
施工要求	1. 按《电气安全工作规程》进行施工； 2. 按《电气装置安装工程低压电器施工及验收规范》的要求安装电气元件和控制电路； 3. 按《建筑电气工程施工质量验收规范》中的验收标准安装电气线路； 4. 实现各项功能。						
备注	施工图更改记录：						

注：选手在“工位号”栏填写工位号，在“施工日期”栏填写当天日期。

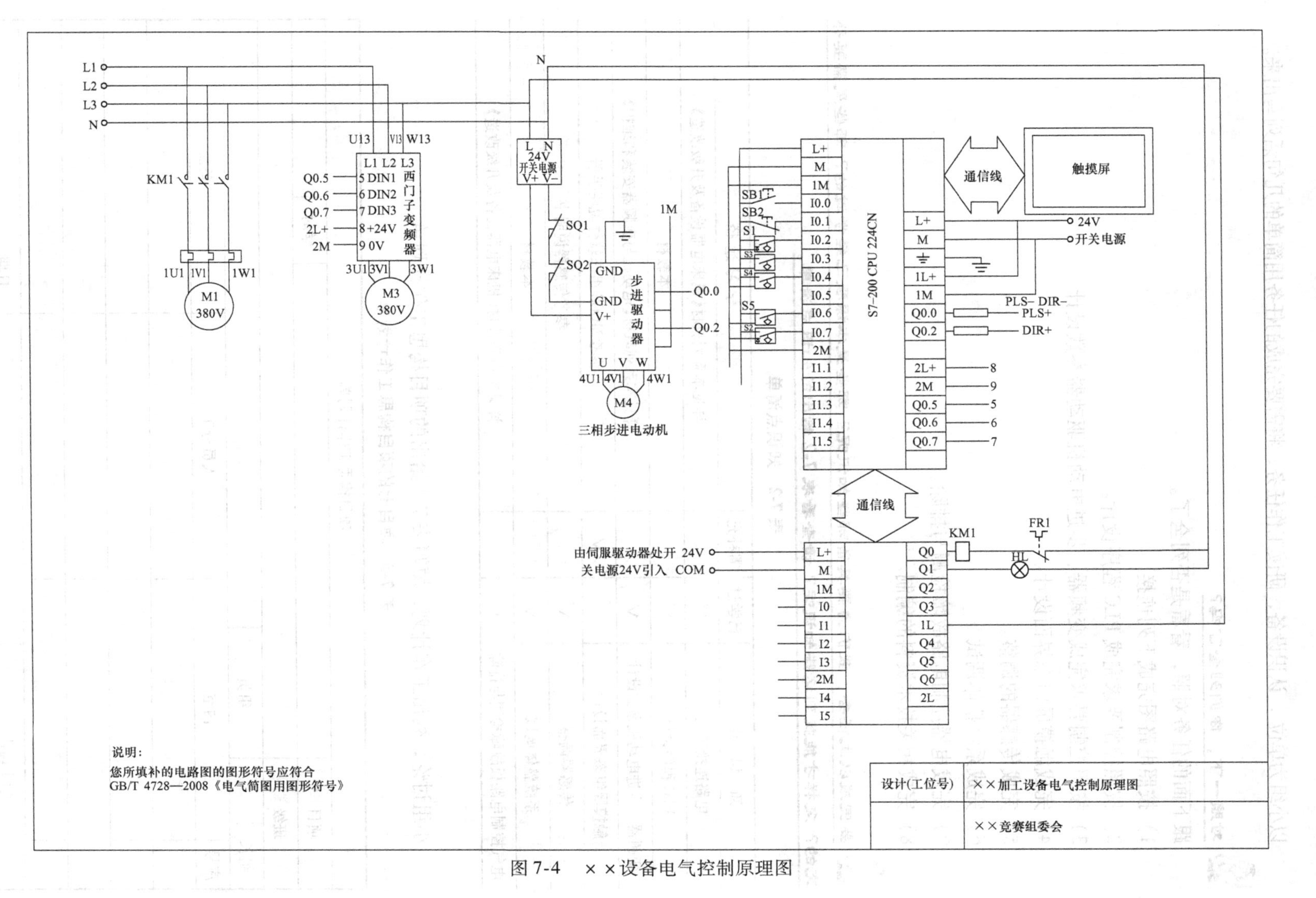

图 7-4　××设备电气控制原理图

以小组为单位，认识设备，研读工作任务，将需要完成的任务用简单的几句话列写出来。

对照一下，你们列全了吗？

跟下面的任务对照，看看是否列全了。

1）按照电路图完成下列连接。

2）按照控制要求完成 PLC 程序设计。

3）按照控制要求完成变频器、步进电动机驱动器参数设计。

4）完成触摸屏组态界面设计。

5）完成传感器的调整。

6）完成系统整体调试

7）完成电器控制电路故障检测与排除。

8）完成相关技术资料的编制。

要完成以上任务，我们需要具备哪些知识呢？哪些是本课程已经学过的？哪些是需要补充的？怎样才能找到这些知识呢？请查看表 7-2 给出的知识点清单。

表 7-2　知识点清单

知　识　点	已学过	需补充	学 习 途 径
电路连接工艺	√		详见本系列教材《机床电器设备及升级改造》
PLC 程序设计	√		本教材
变频器、步进电动机参数设计	√		详见本系列教材《电动机与变频器安装和维护》
触摸屏组态界面设计		√	参考 MCGS 组态软件说明手册
传感器调整	√		参考传感器说明书
系统整体调试	√		本教材
电气控制电路板故障检测与排除	√		详见本系列教材《机床电器设备及升级改造》

小组讨论，列出工作计划，填写表 7-3 给出的项目构思工作计划单。

表 7-3　项目七的项目构思工作计划单

<table>
<tr><td colspan="4">项目构思工作计划单</td></tr>
<tr><td>项目</td><td></td><td>学时</td><td></td></tr>
<tr><td>班级</td><td colspan="3"></td></tr>
<tr><td>组长</td><td></td><td>组员</td><td></td></tr>
<tr><td>序号</td><td>内空</td><td>人员分工</td><td>备注</td></tr>
<tr><td></td><td></td><td></td><td></td></tr>
<tr><td></td><td></td><td></td><td></td></tr>
<tr><td></td><td></td><td></td><td></td></tr>
<tr><td></td><td></td><td></td><td></td></tr>
<tr><td>学生确认</td><td></td><td>日期</td><td></td></tr>
</table>

【项目设计】

根据图 7-4，列出输入/输出点分配表，表 7-4 为参考分配表。

表 7-4　输入/输出点分配表

输　入			输　出		
控制元件	控制功能	端子分配	控制元件	控制功能	端子分配
按钮 SB1	起动	I0.0	KM1	M1 正转	Q2.0
按钮 SB2	停止	I0.1	HL	起动指示灯	Q2.1
传感器 S1	起点检测	I0.2	PLS+	脉冲输入	Q0.0
传感器 S2	A 点检测	I0.3	DIR-	方向信号输入	Q0.2
传感器 S3	B 点检测	I0.4	DIN1	固定频率 1	Q0.5
传感器 S4	C 点检测	I0.5	DIN2	固定频率 2	Q0.6
传感器 S5	终点检测	I0.6	DIN3	固定频率 3	Q0.7

做一做：完成以下分项训练。

一、电动机多段速的设计

1. 将变频器复位为出厂设置

为了把变频器的全部参数复位为生产厂家的默认设定值，应按照下面的数值设定参数(用 BOP、AOP 或必要的通信选件)。

设定 P0010=30，设定 P0970=1

注意：完成复位过程至少要 3 min。

2. 设置电动机参数

将变频器调入快速调试状态，进行电动机参数的设置。与电动机有关的参数选择可参看电动机的铭牌(如果不预先进行参数设置的话，虽然变频器能驱动电动机，但是变频器会发出“A0922”报警，即变频器没有负载)。快速调试的流程图如图 7-5 所示。

3. 运行电动机

调试结束后检查电源变频器和电动机的连接情况，特别值得注意的是电源的接地情况。电动机与变频器的接地一定要连接到设备的接地端子，以防止出现漏电时发生意外。

按Ⓘ运行电动机。按下“数值增加”按钮Ⓐ，调节变频器输出频率最高达到 50Hz。当变频器的输出频率达到 50Hz 时，可按下“数值降低”按钮Ⓥ，变频器输出频率显示值逐渐下降。按按钮Ⓒ可以改变电动机的转动方向。按下按钮Ⓞ，电动机停车。

注意：在快速调速时 P0700 设置为 1 ，P1000 设置为 1。

4. 电动机多段速的实现

1）设置变频器参数。将 P0003(参数访问级)设定为 3，P0700 设定为 1，P1000 设定为 3。P0701~P0703 均设定为 17(二进制编码的十进制数(BCD 码)选择+ON 命令)。P1001 设

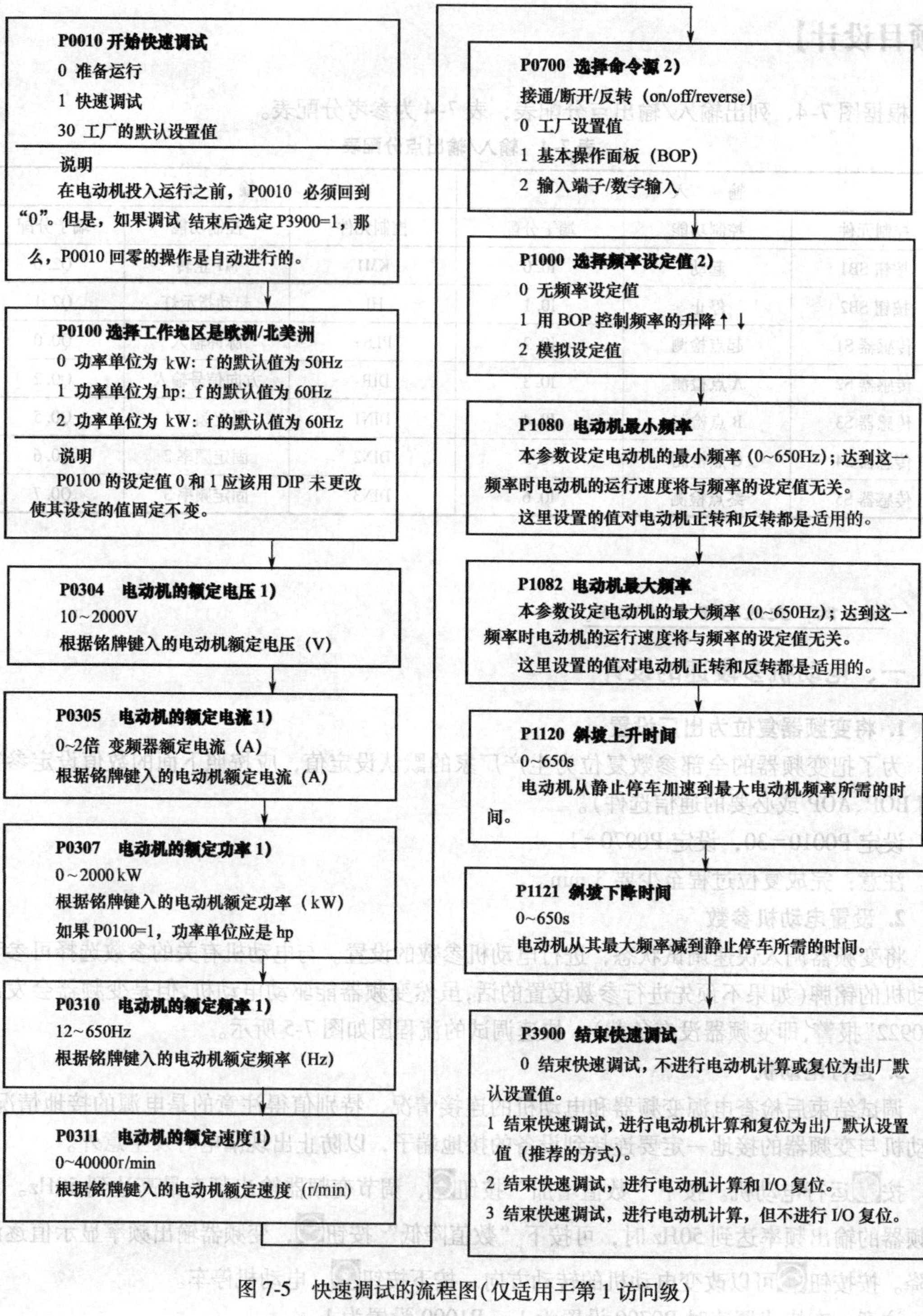

P0010 开始快速调试
0 准备运行
1 快速调试
30 工厂的默认设置值
说明
在电动机投入运行之前，P0010 必须回到“0”。但是，如果调试 结束后选定 P3900=1，那么，P0010 回零的操作是自动进行的。

P0100 选择工作地区是欧洲/北美洲
0 功率单位为 kW：f 的默认值为 50Hz
1 功率单位为 hp：f 的默认值为 60Hz
2 功率单位为 kW：f 的默认值为 60Hz
说明
P0100 的设定值 0 和 1 应该用 DIP 未更改使其设定的值固定不变。

P0304 电动机的额定电压 1)
10～2000V
根据铭牌键入的电动机额定电压（V）

P0305 电动机的额定电流 1)
0~2倍 变频器额定电流（A）
根据铭牌键入的电动机额定电流（A）

P0307 电动机的额定功率 1)
0～2000 kW
根据铭牌键入的电动机额定功率（kW）
如果 P0100=1，功率单位应是 hp

P0310 电动机的额定频率 1)
12～650Hz
根据铭牌键入的电动机额定频率（Hz）

P0311 电动机的额定速度 1)
0~40000r/min
根据铭牌键入的电动机额定速度（r/min）

P0700 选择命令源 2)
接通/断开/反转（on/off/reverse）
0 工厂设置值
1 基本操作面板（BOP）
2 输入端子/数字输入

P1000 选择频率设定值 2)
0 无频率设定值
1 用 BOP 控制频率的升降↑↓
2 模拟设定值

P1080 电动机最小频率
本参数设定电动机的最小频率（0~650Hz)；达到这一频率时电动机的运行速度将与频率的设定值无关。
这里设置的值对电动机正转和反转都是适用的。

P1082 电动机最大频率
本参数设定电动机的最大频率（0~650Hz)；达到这一频率时电动机的运行速度将与频率的设定值无关。
这里设置的值对电动机正转和反转都是适用的。

P1120 斜坡上升时间
0~650s
电动机从静止停车加速到最大电动机频率所需的时间。

P1121 斜坡下降时间
0~650s
电动机从其最大频率减到静止停车所需的时间。

P3900 结束快速调试
0 结束快速调试，不进行电动机计算或复位为出厂默认设置值。
1 结束快速调试，进行电动机计算和复位为出厂默认设置值（推荐的方式）。
2 结束快速调试，进行电动机计算和 I/O 复位。
3 结束快速调试，进行电动机计算，但不进行 I/O 复位。

图 7-5 快速调试的流程图(仅适用于第 1 访问级)

定为 10Hz，P1002 设定为 15Hz，P1003 设定为 20Hz，P1004 设定为 25Hz，P1005 设定为 30Hz，P1006 设定为 35Hz，P1007 设定为 40Hz。

2）选择控制元件和接线端子，具体分配见表 7-5。

表 7-5 控制元件和接线端子分配表

控制元件	端子分配	控制元件	端子分配
DIN1	Q0. 0	+24V	1L
DIN2	Q0. 1	启动	I0. 0
DIN3	Q0. 2	停止	I0. 1

3）根据图 7-6 所示的 PLC 与变频器连接示意图，连接好连接线。

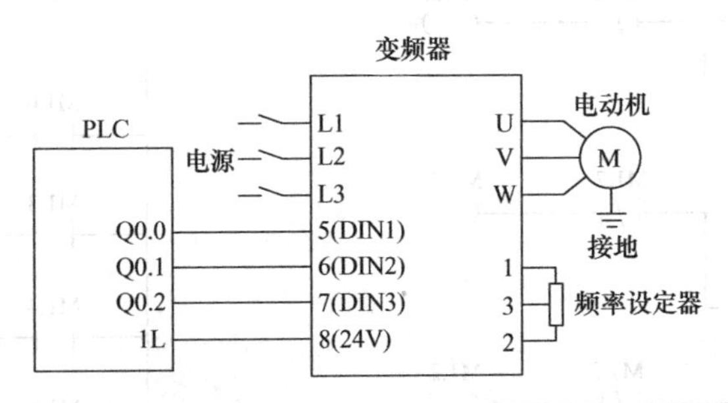

图 7-6 PLC 与变频器连接示意图

4）梯形图程序如图 7-7 所示(仅供参考)。

启动时闭合 I0. 0，输入继电器 I0. 0 驱动，使 I0. 0 常开触点闭合，辅助继电器 M0. 0 得电(各个常开触点闭合)，5s 后变频器输出频率为 10Hz，依次过 5s 变频器输出频率分别为 15Hz、25Hz、20Hz、30Hz、35Hz、40Hz，随后以 40Hz 保持运行，可参考表 7-6。停止时断开 I0. 1，输入继电器 I0. 1 驱动，使 I0. 1 的常闭触点断开，辅助触点 M0. 0 失电，各个触点复位。

表 7-6 频率设置表

时间/s	DIN1（Q0. 0）	DIN2（Q0. 1）	DIN3（Q0. 2）	频率/Hz
5	ON	OFF	OFF	10
10	OFF	ON	OFF	15
15	OFF	OFF	ON	25
20	ON	ON	OFF	20
25	ON	OFF	ON	30
30	OFF	ON	ON	35
35	ON	ON	ON	40

I0.0　I0.1　M0.0

M0.0

M0.0　T37　IN　TON　+350　PT　100ms

M0.0　T37 ==I +50　M1.1　M1.0

M1.0

T37 ==I +100　M1.2　M1.1

M1.1

T37 ==I +150　M1.3　M1.2

M1.2

T37 ==I +200　M1.4　M1.3

M1.3

T37 ==I +250　M1.5　M1.4

M1.4

T37 ==I +300　M1.6　M1.5

M1.5

T37 ==I +350　M1.6

M1.6

M1.0　Q0.0

M1.3

M1.4

M1.6

M1.1　Q0.1

M1.3

M1.5

M1.6

M1.2　Q0.2

M1.4

M1.5

M1.6

图 7-7　梯形图程序

二、步进电动机控制方案设计

步进电动机控制原理图如图 7-8 所示。

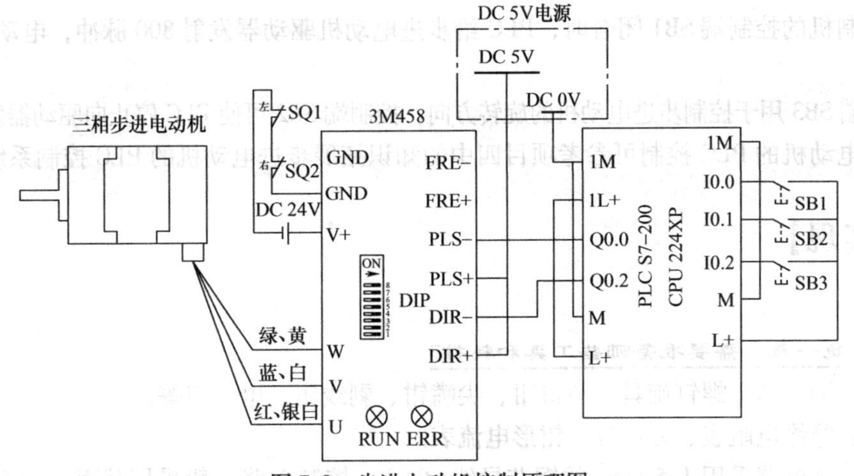

图 7-8　步进电动机控制原理图

需要注意的是，PLS+和 DIR+信号端接 5V 电源，若接 24V，需要串联 2kΩ 的电阻。尽量不使用 Q0.1 作为方向信号，因为只有 Q0.1 和 Q0.0 能够发出脉冲，应留着备用。

调节驱动器的最大输出电流为 5.8A(说明:电流的调节可参照驱动器面板丝印上的白色方块对应开关的实际位置);调节驱动器的细分为“400 步/转”；接通电源，设置位置向导，然后给 PLC(控制机)灌写程序，如图 7-9 所示。

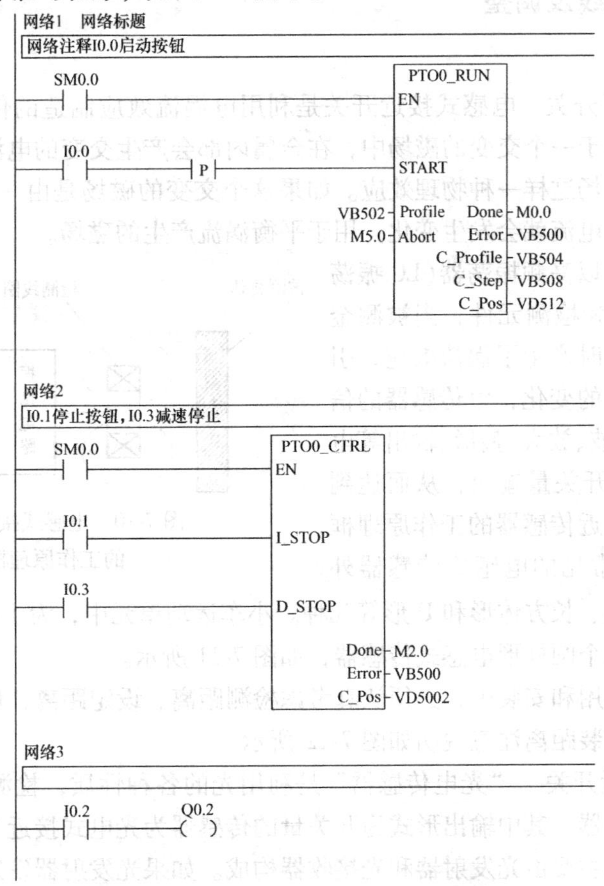

图 7-9　步进电动机 PLC 控制梯形图

当控制机的控制端SB1闭合时，PLC给步进电动机驱动器发射800脉冲，电动机正好转2周停止。

控制端SB3用于控制步进电动机的旋转方向，控制端SB2可使PLC停止向驱动器发射脉冲。

步进电动机的PLC控制可参考项目四中的知识拓展步进电动机的PLC控制系统。

【项目实现】

想一想：需要准备哪些工具和耗材？

工具：测试笔、螺钉旋具、斜口钳、尖嘴钳、剥线钳、电工刀等。

仪表：绝缘电阻表、万用表、钳形电流表。

器材：主电路采用1.5 mm^2 的铜芯导线(RV)；控制电路一般采用截面积为0.5mm^2 的铜芯导线(RV)；主电路与控制电路导线的颜色要求必须有明显区别。备好编码套管，将所有的元器件选择完毕，并按PLC外部接线图进行元器件安装及接线，再接上电动机。注意，输出电路选用220V交流接触器，电源也要选用220V交流电源供电，输入电路用24V直流电供电，并注意接线端子的极性。

一、传感器接线及调整

1. 认知传感器

(1) 电感式接近开关　电感式接近开关是利用电涡流效应制造的传感器。电涡流效应是指，当金属物体处于一个交变的磁场中，在金属内部会产生交变的电涡流，该电涡流又会反作用于产生它的磁场这样一种物理效应。如果这个交变的磁场是由一个电感线圈产生的，则这个电感线圈中的电流就会发生变化，用于平衡涡流产生的磁场。

利用这一原理，以高频振荡器(LC振荡器)中的电感线圈作为检测元件，当被测金属物体接近电感线圈时产生了涡流效应，引起振荡器振幅或频率的变化，由传感器的信号调理电路(包括检波、放大、整形、输出等电路)将该变化转换成开关量输出，从而达到检测目的。电感式接近传感器的工作原理框图如图7-10所示。常见的电感式传感器外形有圆柱形、螺纹形、长方体形和U形等几种。小车运动单元中，为了检测小车运动，在小车运动上方安装了三个圆柱形电感式传感器，如图7-11所示。

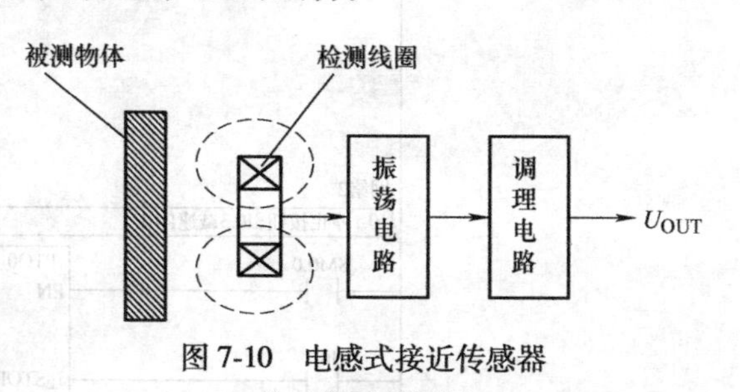

图7-10　电感式接近传感器的工作原理框图

在接近开关的选用和安装中，必须认真考虑检测距离、设定距离，保证小车运动上方的传感器可靠动作。安装距离注意说明如图7-12所示。

(2) 光电式接近开关　“光电传感器”是利用光的各种性质，检测物体的有无和表面状态的变化等的传感器。其中输出形式为开关量的传感器为光电式接近开关。

光电式接近开关主要由光发射器和光接收器构成。如果光发射器发射的光线因检测物体不同而被遮掩或反射，到达光接收器的量将会发生变化。光接收器的敏感元件将检测出这种

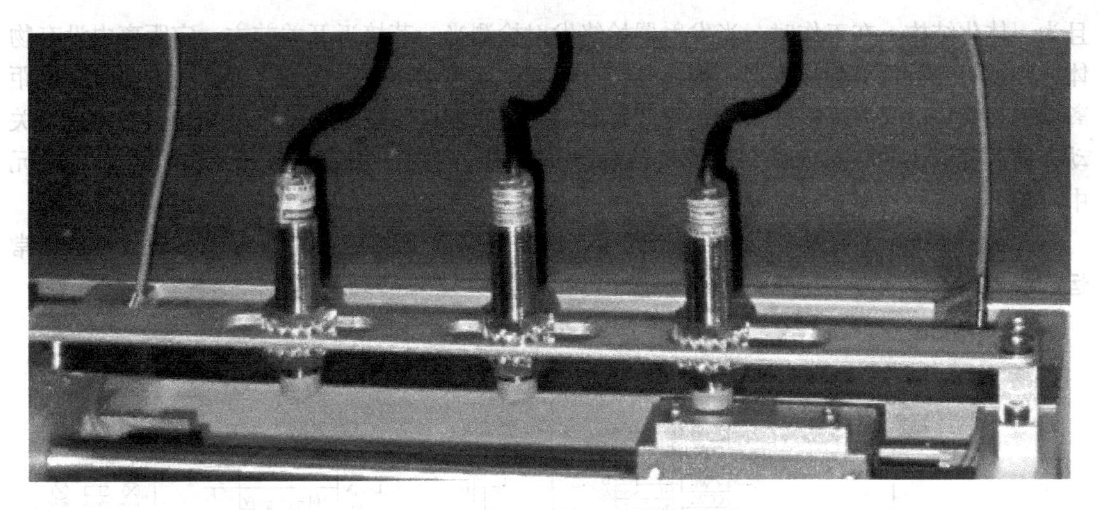

图 7-11　小车运动中的电感式传感器

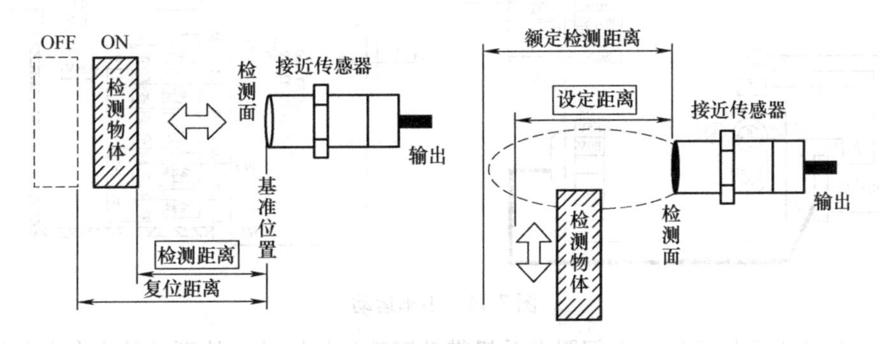

图 7-12　安装距离注意说明

变化，并转换为电气信号，进行输出。光电式接近开关大多使用可视光(主要为红色，也用绿色、蓝色来判断颜色)和红外光。

按照接收器接收光的方式的不同，光电式接近开关可分为对射式、反射式和漫射式三种，如图 7-13 所示。

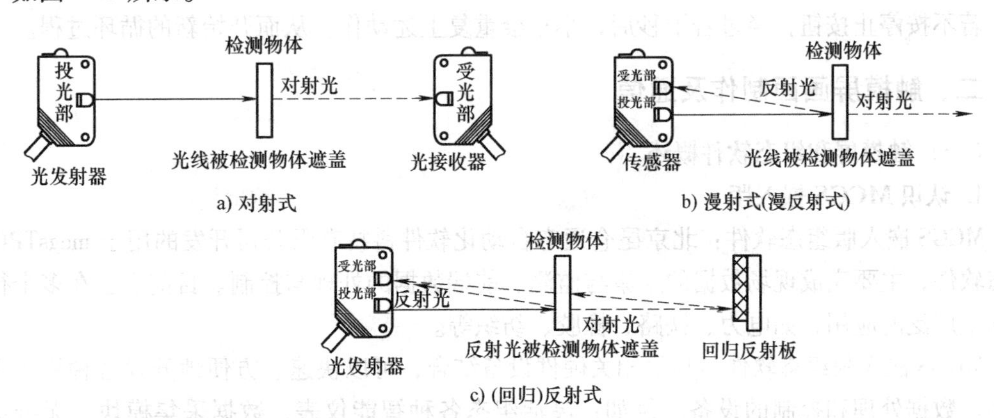

图 7-13　光电式接近开关的类型

漫射式光电开关是利用光照射到被测物体上后反射回来的光线而工作的，由于物体反射的光线为漫射光，故称为漫射式光电接近开关。它的光发射器与光接收器处于同一侧位置，

且为一体化结构。在工作时，光发射器始终发射检测光，若接近开关前方一定距离内没有物体，则没有光被反射到接收器，接近开关处于常态而不动作；反之若接近开关的前方一定距离内出现物体，只要反射回来的光强度足够，则接收器接收到足够的漫射光就会使接近开关动作而改变输出的状态。图 7-13b 为漫射式光电接近开关的工作原理示意图。小车运动单元中限位开关采用漫射式光电开关。

2. 动作说明(供参考)　如果设备无误，按图 7-14 所示接线，按下起动按钮，设备正常运行。

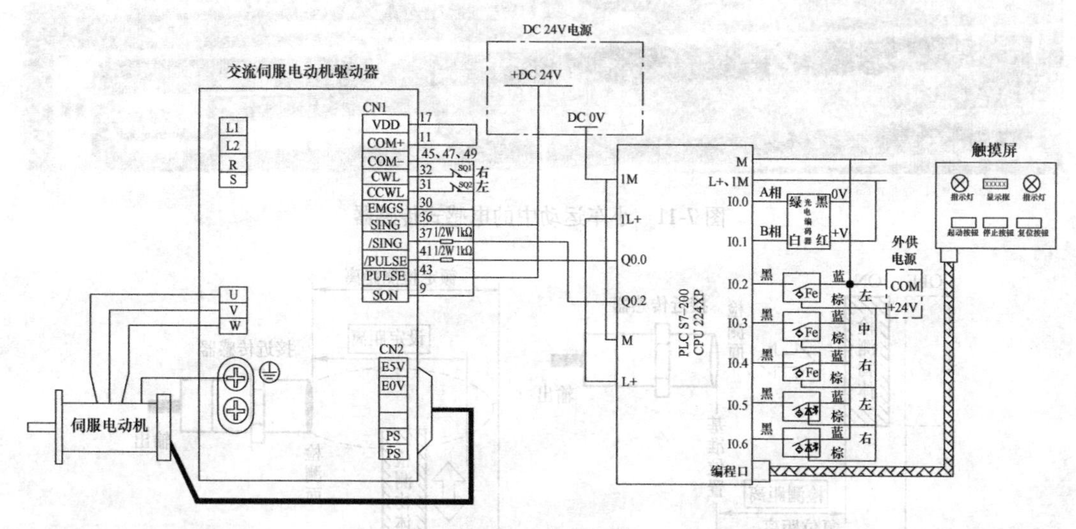

图 7-14　小车运动

小车从初始端开始运行，由伺服电动机带动滚珠丝杠转动，从而推动小车向前运行，在到达第一个接近开关时，当接近开关检测到小车时，小车会停止运行，经过若干秒延时，小车又重新运行，到达第二个接近开关、第三个接近开关时，现象都与第一个接近开关一样。小车到达行程右端的限位开关后停住，经过若干秒的延时，小车重新由原路返回，在此运行过程中，接近开关会检测到小车，但小车不会停止运行，小车会一直运行到初始位置并停止，若不按停止按钮，经过若干秒后，小车会重复上述动作，从而开始新的循环过程。

二、触摸屏画面制作及通信

（一）触摸屏和组态软件概述

1. 认识 MCGS 嵌入版

MCGS 嵌入版组态软件：北京昆仑通态自动化软件科技有限公司开发的用于 mcgsTPC 的组态软件，主要完成现场数据的采集与监测、前端数据的处理与控制。目前它已在多个行业得到了广泛的应用，如电力、铁路、橡胶、纺织等。

MCGS 嵌入版组态软件与其他相关硬件设备结合，可以快速、方便地开发各种用于现场采集、数据处理和控制的设备。例如：灵活组态各种智能仪表、数据采集模块、无纸记录仪、无人值守的现场采集站、人机界面等专用设备。

主要功能：简单灵活的可视化操作界面；实时性强、有良好的并行处理性能；丰富、生动的多媒体画面；完善的安全机制；强大的网络功能；多样化的报警功能；支持多种硬件设备。

2. MCGS 嵌入版组态软件的组成

MCGS 嵌入版组态软件组成如图 7-15 所示

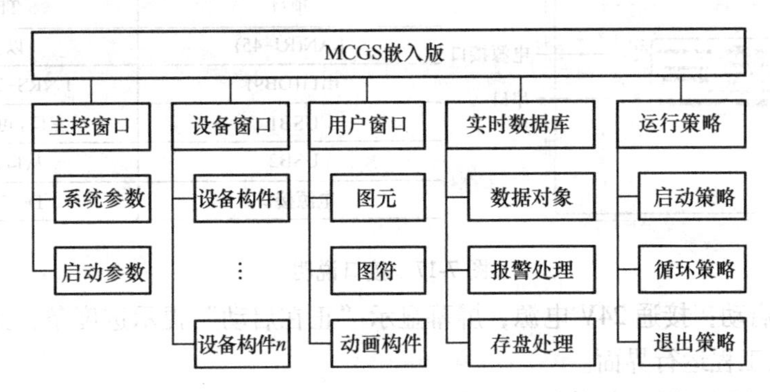

图 7-15　MCGS 嵌入版组态软件组成

主控窗口：构造应用系统的主框架，确定工业控制中工程作业的总体轮廓，以及运行流程、特性参数和起动特性等内容。

设备窗口：是 MCGS 嵌入版系统与外部设备联系的媒介，专门用来放置不同类型和功能的设备构件，实现对外部设备的操作和控制。设备窗口通过设备构件把外部设备的数据采集进来，送入实时数据库，或把实时数据库中的数据输出到外部设备。

用户窗口：实现了数据和流程的“可视化”，在用户窗口中可以放置三种不同类型的图形对象：图元、图符和动画构件。通过在用户窗口内放置不同的图形对象，用户可以构造各种复杂的图形界面，用不同的方式实现数据和流程的“可视化”。

实时数据库：是 MCGS 嵌入版组态软件的核心，相当于一个数据处理中心，同时也起到公共数据交换区的作用。从外部设备采集来的实时数据送入实时数据库，系统其他部分操作的数据也来自于实时数据库。

运行策略：是对系统运行流程实现有效控制的手段，是系统提供的一个框架，其里面放置由策略条件构件和策略构件组成的“策略行”，通过对运行策略的定义，使系统能够按照设定的顺序和条件操作任务，实现对外部设备工作过程的精确控制。

3. 认识 TPC7062K 触摸屏

TPC 是北京昆仑通态自动化软件科技有限公司自主生产的嵌入式一体化触摸屏系列型号。

优势：高清、真彩、可靠、环保、时尚

接线：仅限 DC24V，建议电源的输出功率为 15W。

电源插头示意图及引脚定义如图 7-16 所示，其接线步骤如下：

步骤 1：将开关电源 24V+端插入 TPC 电源插头接线 1 端中；

步骤 2：将开关电源 24V－端插入 TPC 电源插头接线 2 端中；

步骤 3：使用一字螺钉旋具将 TPC 电源插头螺钉锁紧。

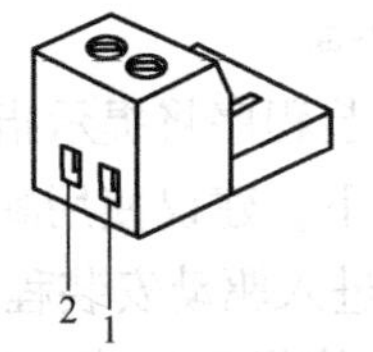

PIN	定义
1	+
2	–

图 7-16　电源插头示意图及引脚定义

TPC7062K 触摸屏的接口说明如图 7-17 所示。

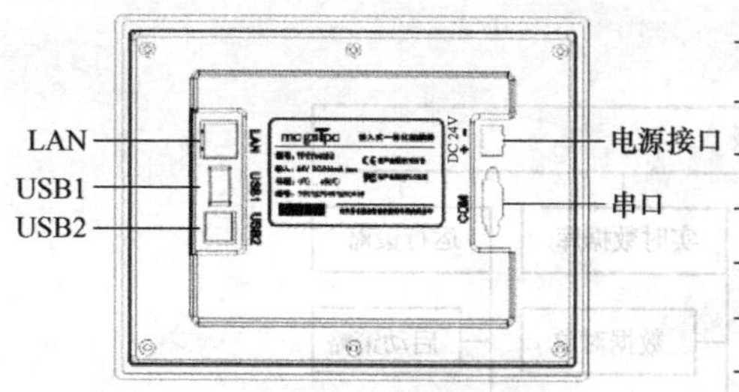

项目	TPC7062K
LAN(RJ-45)	以太网接口
串口(DB9)	1×RS-232，1×RS-485
USB1	主口，可用于U盘、键盘
USB2	从口，用于下载工程
电源接口	DC 24V×(1±20%)

图 7-17　接口说明

TPC7062K 启动：接通 24V 电源，屏幕显示“正在启动”提示进度条，此时无需任何操作系统自动进入工程运行界面。

4. TPC7062K 与 PLC 的接线(见图 7-18)

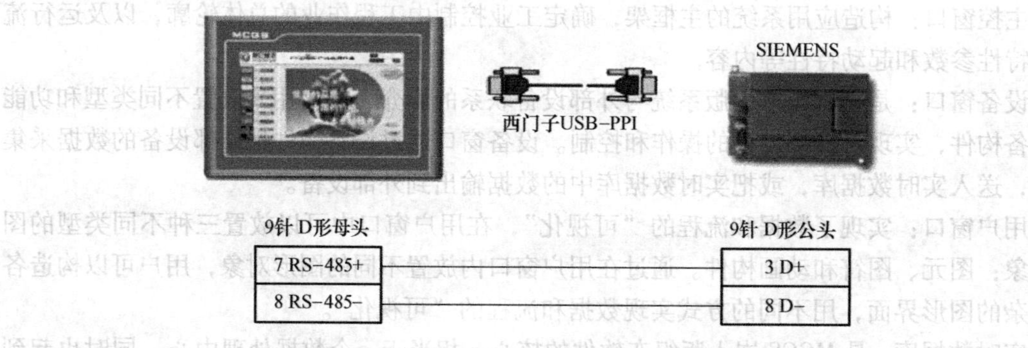

图 7-18　TPC7062K 与 S7-200PLC 的通信连接

（二）MCGS 嵌入版组态软件安装

1）在安装程序界面中单击“安装组态软件”按钮，弹出安装程序，如图 7-19 所示。单击“下一步”按钮，启动安装程序，如图 7-20 所示。

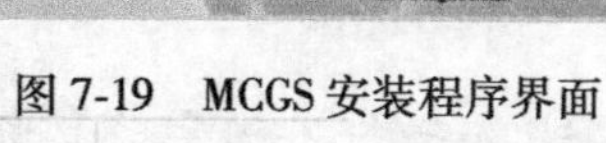

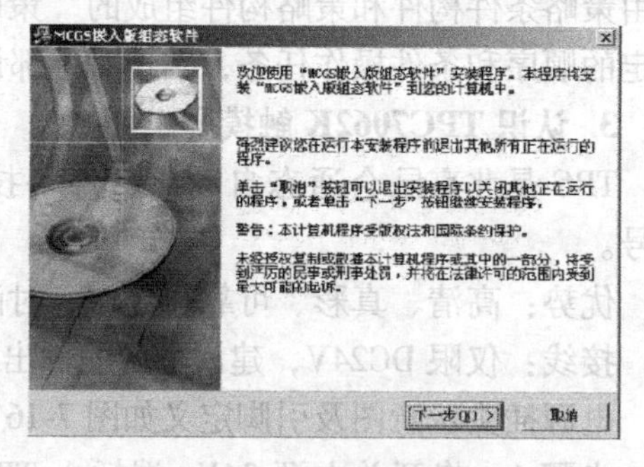

图 7-19　MCGS 安装程序界面　　　图 7-20　启动安装程序

按提示步骤操作，随后，安装程序将提示指定安装目录。若不指定安装目录，则系统默认安装到“D：\ MCGSE”目录下，建议使用默认目录，系统安装大约需要几分钟。

2）单击“下一步”按钮，进入驱动安装程序，选中“所有驱动”复选框，单击“下一步”按钮进行安装。选择好后，按提示操作，需要几分钟。安装过程完成后，将弹出对话框提示“完成安装，是否重新起动计算机，”选择重启后，完成安装。

3）安装完成后，桌面上添加了两个快捷方式图标，分别用于起动 MCGS 嵌入版组态环境和模拟运行环境，如图 7-21 所示。

图 7-21　组态环境和模拟运行环境快捷方式图标

(三) 建立工程与下载工程

1. 新建工程

选择“文件”菜单中的“新建工程”命令，弹出“新建工程设置”对话框。TPC 类型选择为“TPC7062K”，单击“确认”按钮。

选择“文件”菜单中的“工程另存为”命令，弹出“文件保存”对话框，在文件名一栏内输入“常用构件使用”，单击“保存”按钮，工程创建完毕。

2. 窗口组态

在工作台中激活用户窗口，单击“新建窗口”按钮，建立新画面“窗口 0”，如图 7-22 所示。单击“窗口属性”按钮，弹出“用户窗口属性设置”对话框，在“基本属性”选项卡中，将“窗口名称”修改为“常用构件使用”，单击“确认”按钮进行保存，如图 7-23 所示。

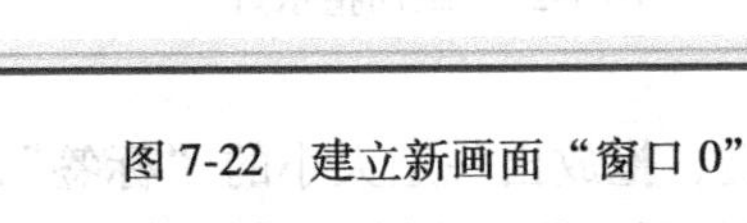

图 7-22　建立新画面“窗口 0”

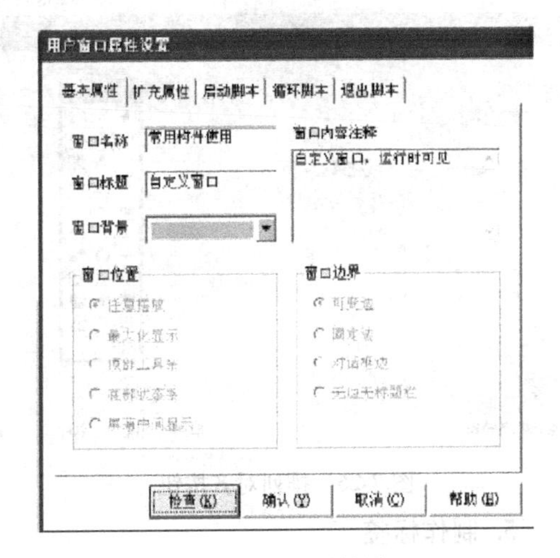

图 7-23　窗口属性设置

3. 绘制按钮

回到工具箱中单击“标准按钮”构件，在窗口编辑位置按住鼠标左键拖动出一定大小后，松开鼠标左键，这样一个按钮构件就绘制在窗口中，如图 7-24 所示。

接下来双击该按钮，弹出“标准按钮构件属性设置”对话框，在“基本属性”选项卡中，将“文本”修改为“指示灯 1”，单击“确认”按钮保存，如图 7-25 所示。按照同样

的操作绘制另一个按钮，其中，应将“文本”修改为“指示灯2”。

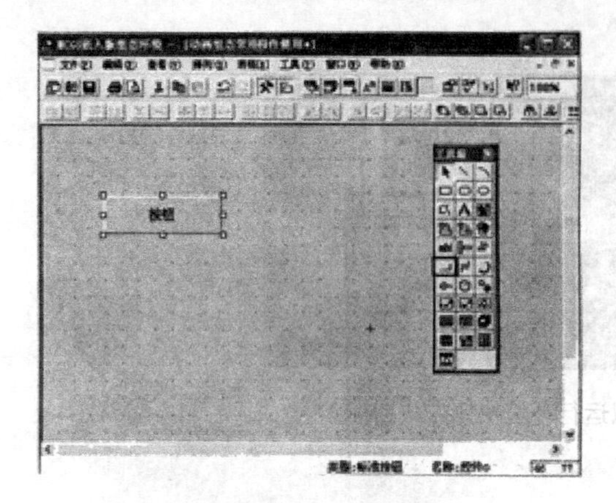

图7-24　按钮制作

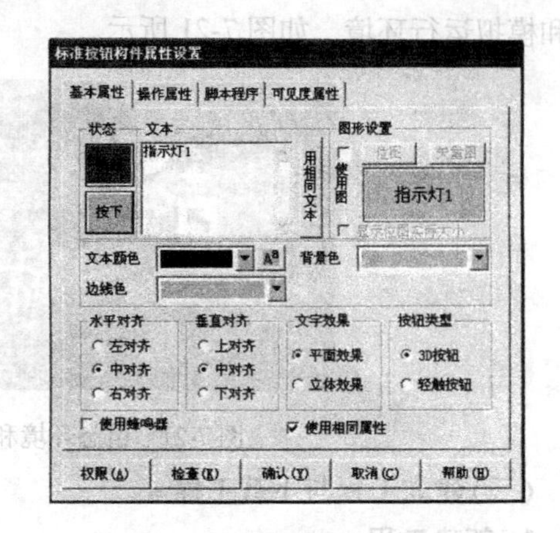

图7-25　标准按钮构件属性设置

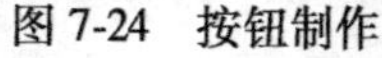

按住键盘的【Ctrl】键，同时选中两个按钮，使用工具栏中的等高宽、左（右）对齐和纵向等间距对两个按钮进行排列对齐，如图7-26所示。

4. 添加指示灯

单击工具箱中的“插入元件”构件，弹出“对象元件库管理”对话框，选中图形对象库指示灯中的一款，单击“确认”按钮添加到窗口中，并调整到合适大小，然后用同样的方法再添加另一个指示灯，摆放在窗口中按钮旁边的位置，如图7-27所示。

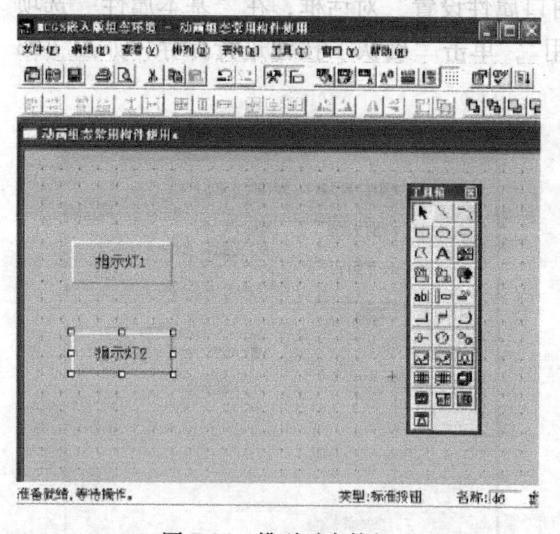

图7-26　排列对齐按钮

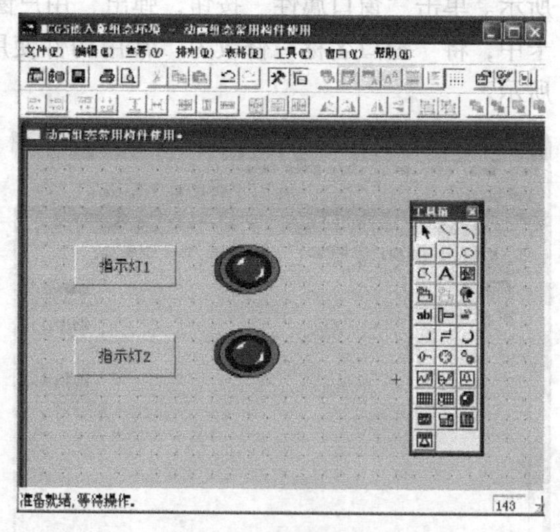

图7-27　添加指示灯

5. 制作标签

单击工具箱中的“标签”构件，在窗口按住鼠标左键，拖放出一定大小的“标签”，如图7-28所示。然后双击该标签，弹出“标签动画组态属性设置”对话框，在“扩展属性”选项卡中的“文本内容输入”文本框中输入“状态显示1:”，单击“确认”按钮，如图7-29所示。按照同样的方法，添加另一个标签，在“文本内容输入”文本框中输入“状态显示2:”。

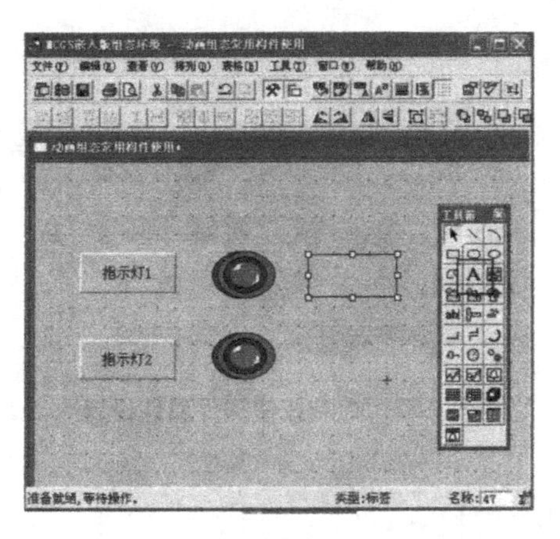

图 7-28 制作标签

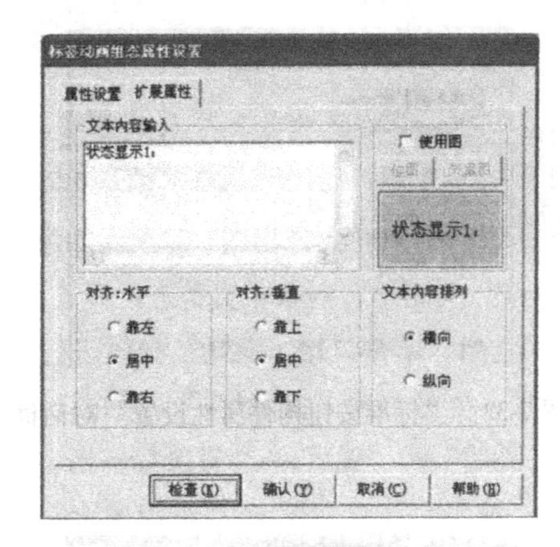

图 7-29 标签动画组态属性设置

6. 制作输入框

单击工具箱中的“输入框”构件，在窗口中按住鼠标左键，拖放出两个一定大小的“输入框”，分别摆放在“状态显示 1:”、“状态显示 2:”标签的旁边位置，如图 7-30 所示。选择两个输入框，利用等高宽、左(右)对齐命令对齐，如图 7-31 所示。

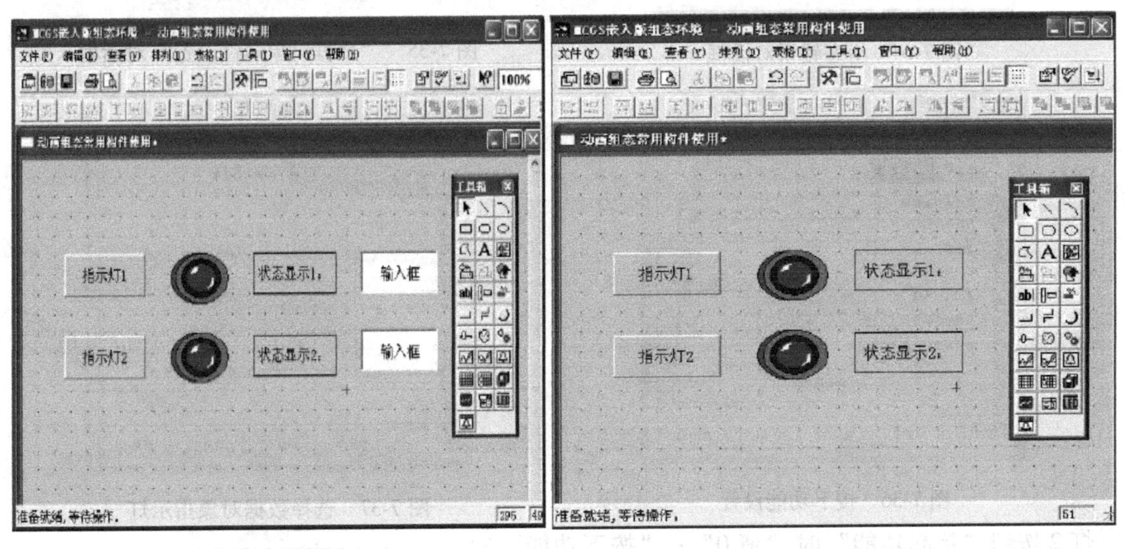

图 7-30 制作输入框

图 7-31 排列输入框

7. 建立数据链接

(1) 按钮　双击“点动控制”按钮，弹出“标准按钮构件属性设置”对话框，如图 7-32 所示，在“操作属性”选项卡中，默认“抬起功能”按钮为按下状态，选中“数据对象值操作”复选框，选择“清 0”选项，建议变量名为“指示灯 1”，即在取反控制按钮抬起时，对 指示灯 l 进行清零，如图 7-33 所示。

输入指示灯 1 时会弹出图 7-34 所示的组态错误对话框，单击“是”按钮，弹出“数据对象属性设置”对话框，对数据类型进行设置，如图 7-35 所示，单击“确认”按钮。

返回图 7-32 所示的对话框中，单击“按下功能”按钮进行设置，选中“数据对象值操作”复选框，选择“置 1”选项，变量名为“指示灯 1”，如图 7-36 所示。同理，设置指示

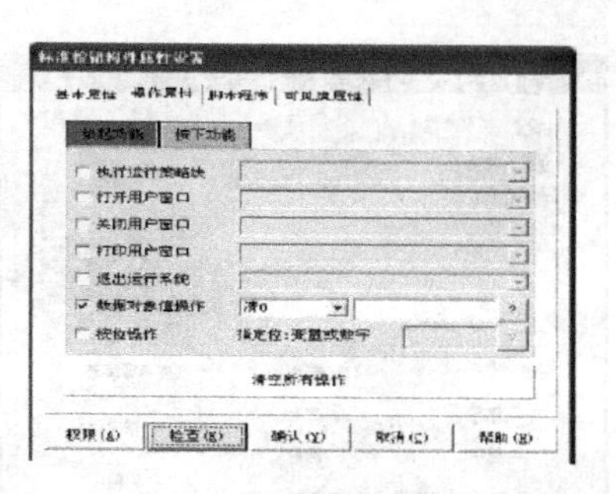

图 7-32　“标准按钮构件属性设置”对话框

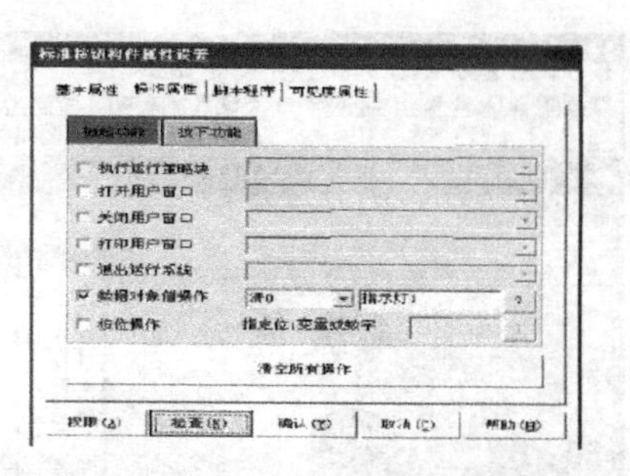

图 7-33　控制按钮构件属性设置

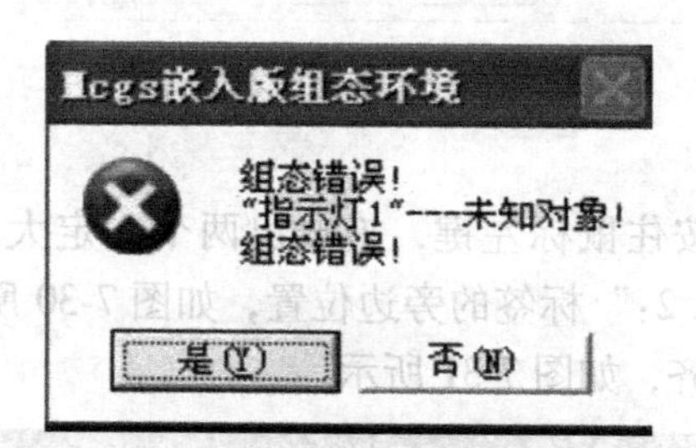

图 7-34　组态错误对话框

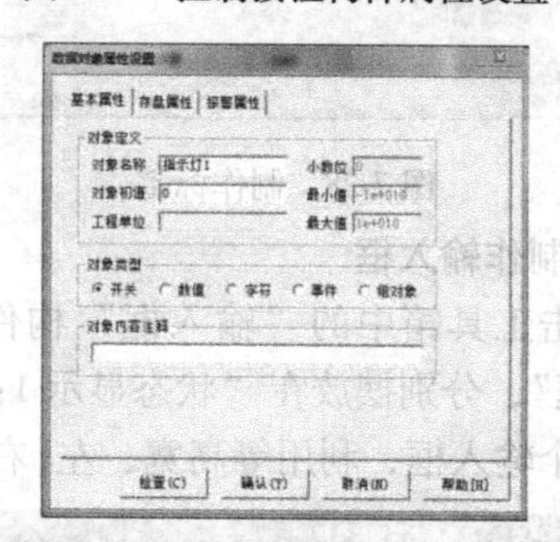

图 7-35　“数据对象属性设置”对话框

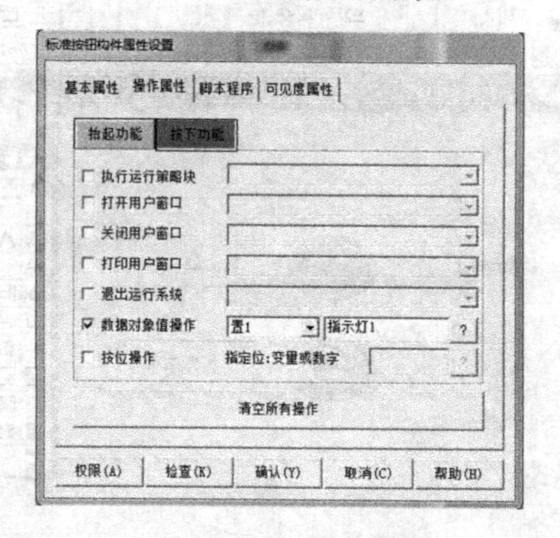

图 7-36　按下功能设置

图 7-37　选择数据对象指示灯

灯 2 按钮“抬起功能”时“清 0”；“按下功能”时“置 1”。

（2）指示灯　双击“指示灯 1”按钮旁边的指示灯，弹出“单元属性设置”对话框，在“数据对象”选项卡中，单击选择数据对象指示灯 1，如图 7-37 所示。

（3）输入框　双击状态显示 1 旁边的输入框，弹出“输入框构件属性设置”对话框，在“操作属性”选项卡中，单击?按钮弹出“变量选择”对话框，选择“指示灯 1”选项，如图 7-38 所示，设置完成后单击“确认”按钮。

图 7-38　指示灯 1 属性设置

8. 工程下载到 TPC7062K

将标准 USB2.0 打印机线(见图 7-39)的扁平接口插到计算机的 USB 接口，微型接口插到 TPC 端的 USB2.0 接口，连接 TPC7062K 和 PC。

单击工具条中的下载按钮，进行下载配置。单击“连机运行”按钮，如图 7-40 所示。选择“USB 通信”连接方式，然后单击“通信测试”按钮，通信测试正常后，单击“工程下载”按钮。

9. TPC 模拟运行

组态程序下载到触摸屏后就可以进行模拟运行。触摸“指示灯 1”按钮后，“指示灯 1”变绿；“状态显示 1:”为“1”，松手后恢复；触摸“指示灯 2”按钮后。“指示灯 2”变绿；“状态显示 2:”为“1”，松手后恢复。

10. 计算机上模拟运行

除了可以下载到 TPC 进行模拟测试外，还可以在计算机上进行模拟运行。单击“模拟运行”按钮后再单击“工程下载”按钮进入运行环境。如图7-41 和图 7-42 所示。

图 7-39　标准 USB2.0 打印线

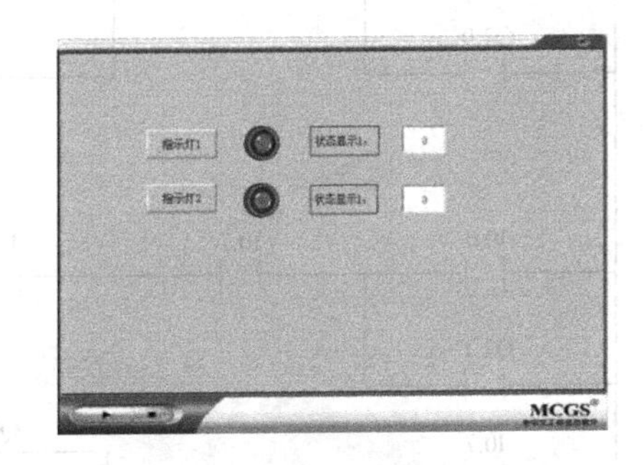

图 7-41　触摸“指示灯 1”按钮

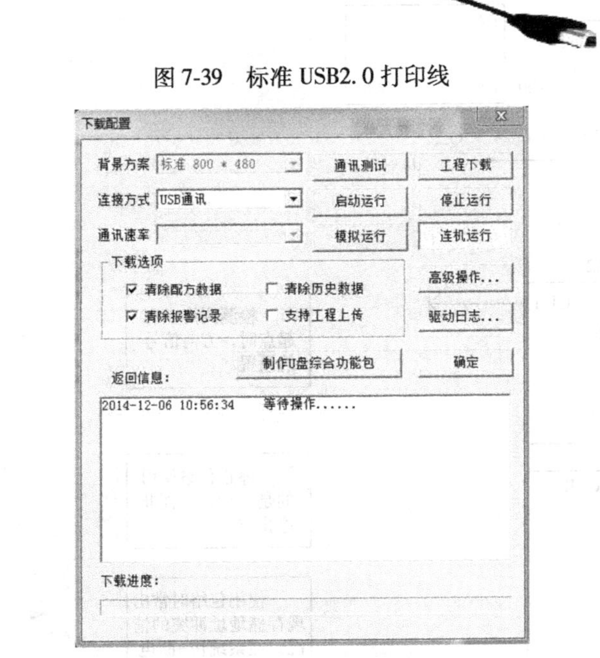

图 7-40　选择“连机运行”和“通信测试”

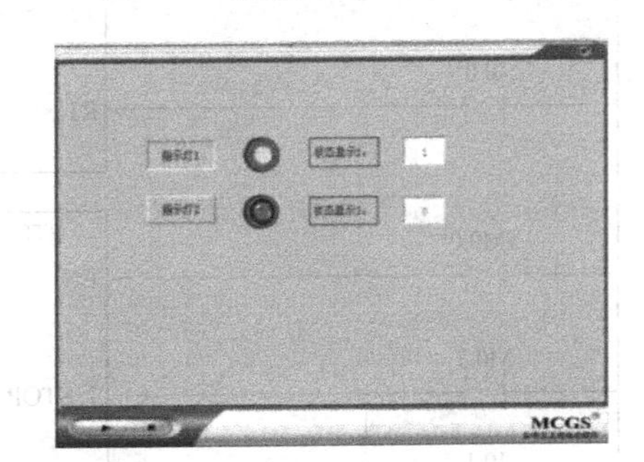

图 7-42　触摸“指示灯 2”按钮

将测试结果填入表 7-7 中。

表 7-7　功能测试表

观察结果	指示灯 1	指示灯 2	状态显示 1	状态显示 2
按下指示灯按钮 1				
松开指示灯按钮 1				
按下指示灯按钮 2				

【项目运行】

一、整体程序编写

按照控制要求编写的程序如图 7-43 所示。

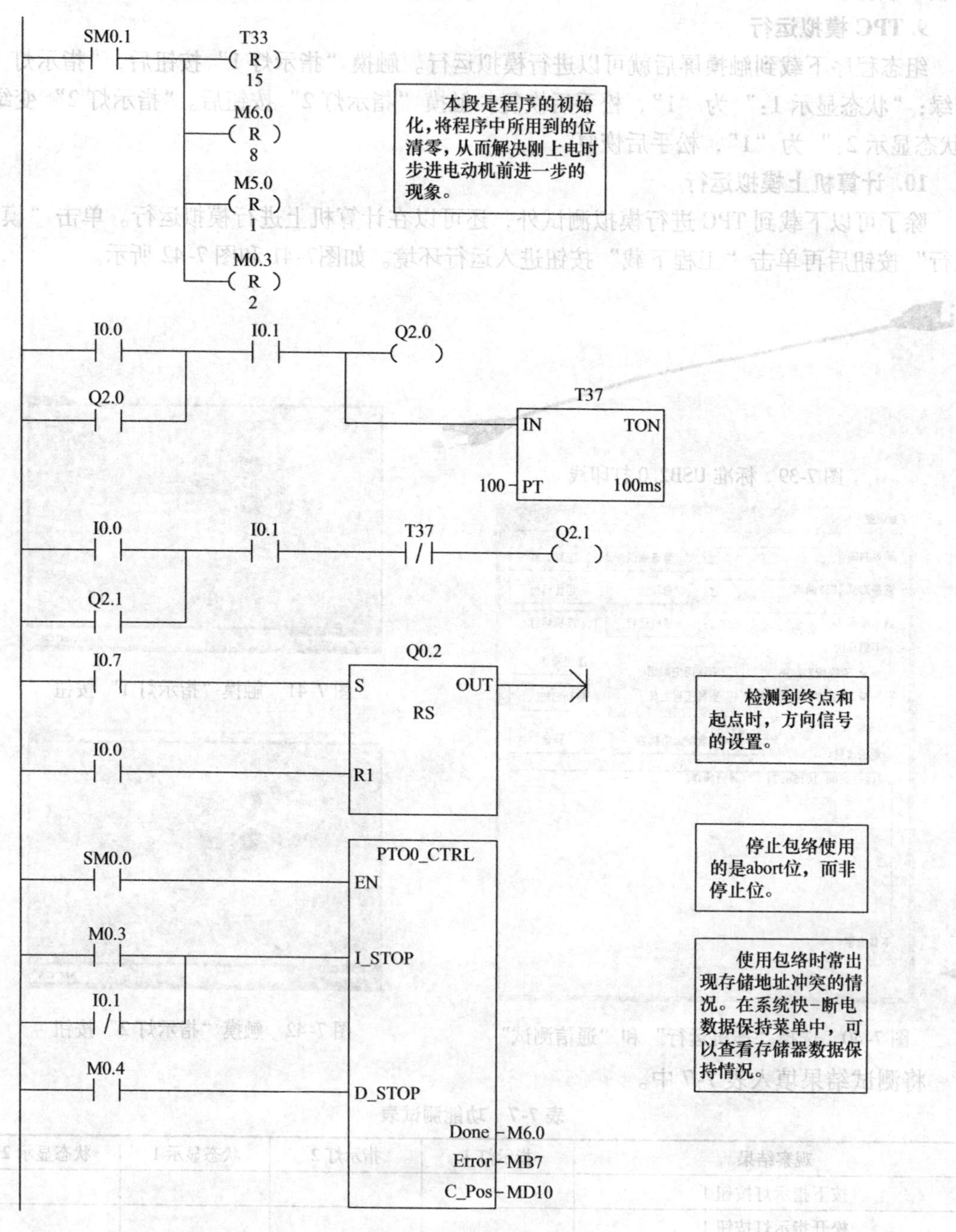

图 7-43　项目程序梯形图

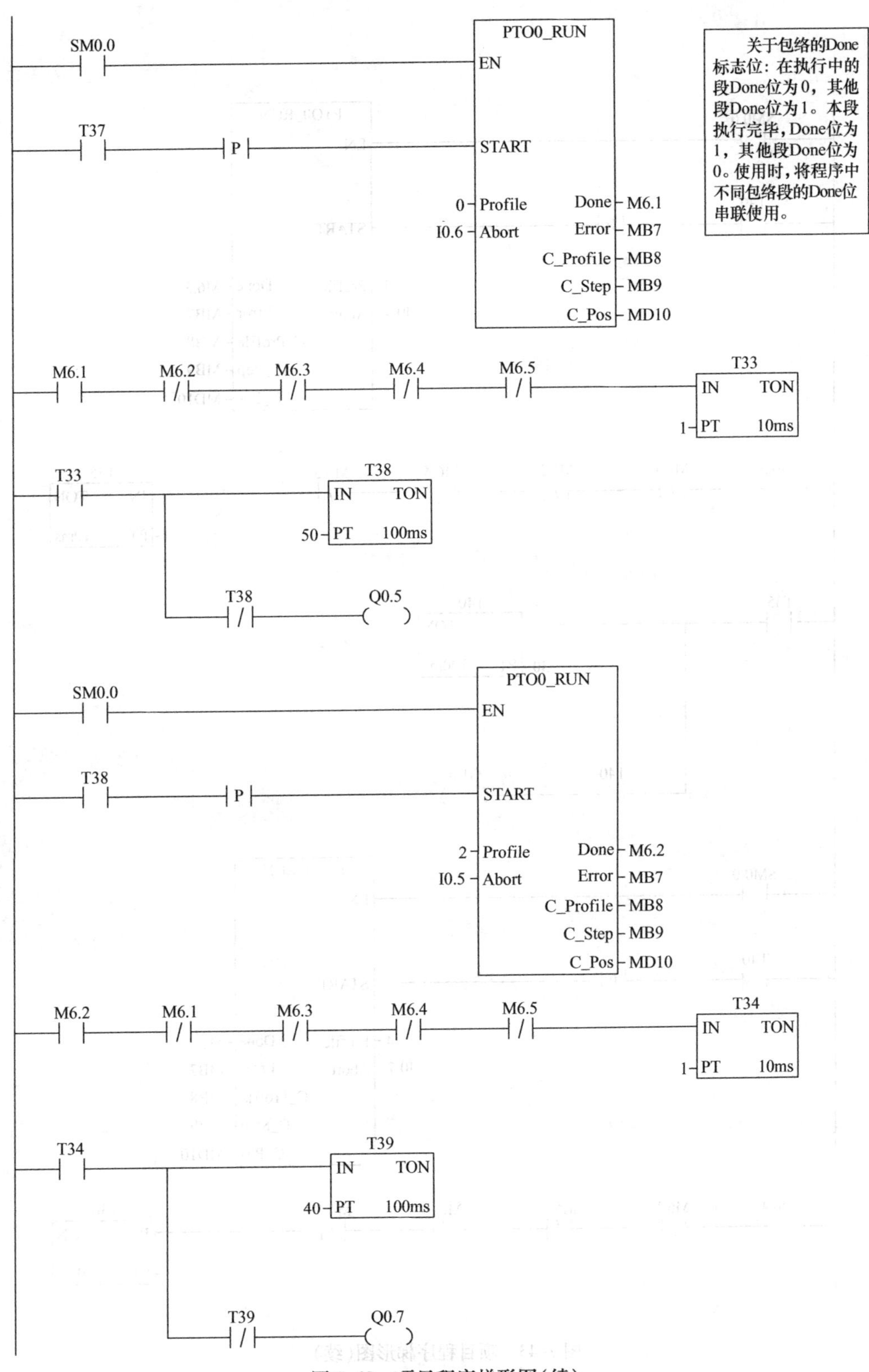

图 7-43　项目程序梯形图(续)

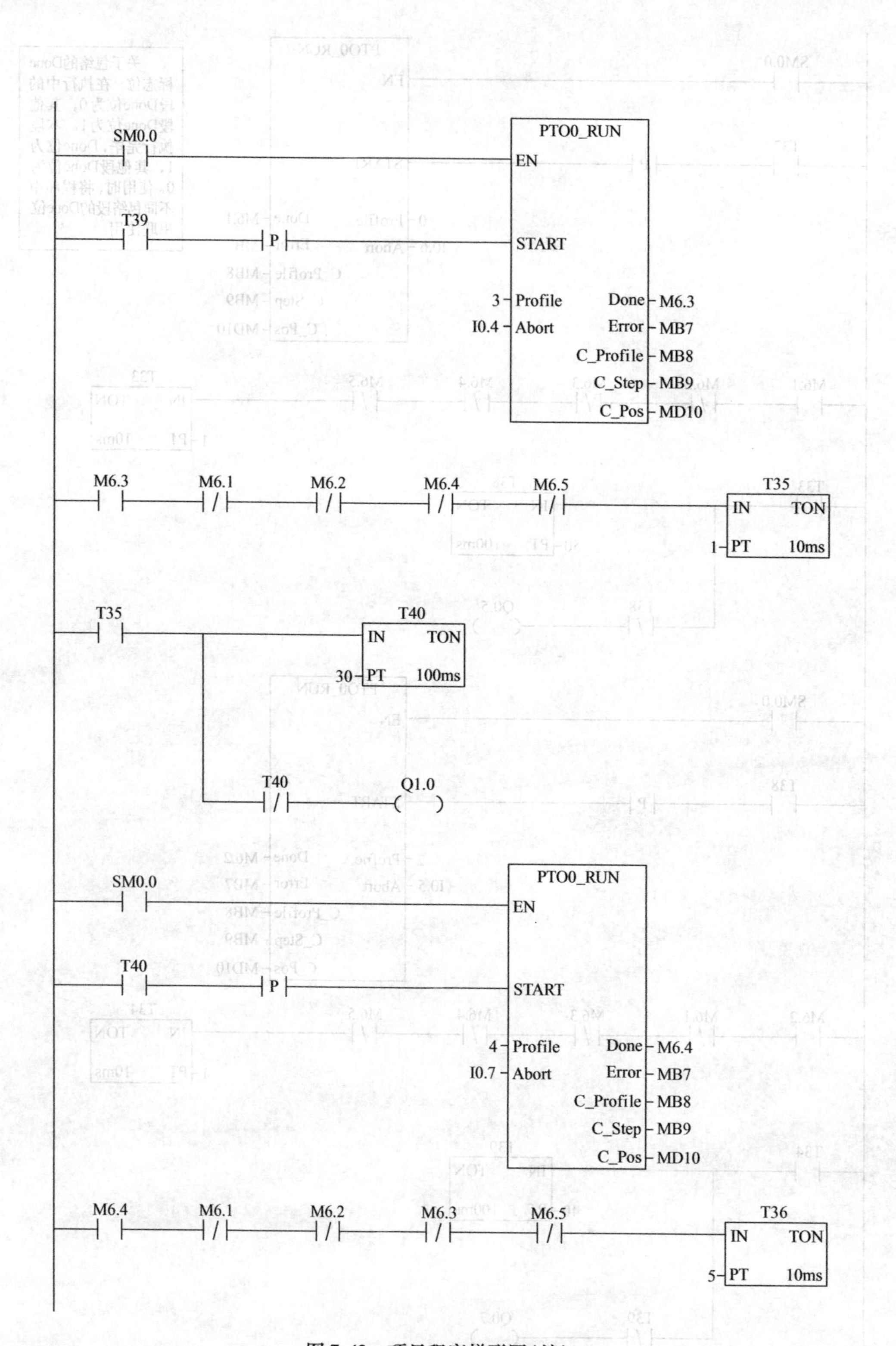

图 7-43　项目程序梯形图(续)

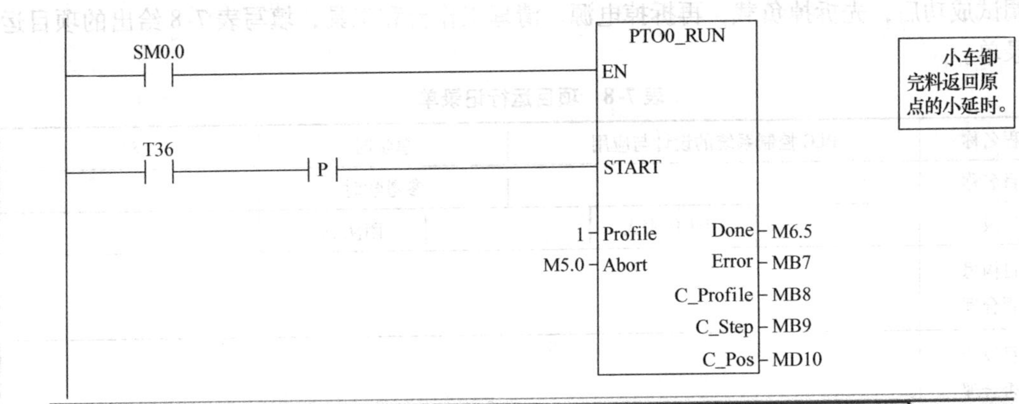

	Symbol	Var Type	Data Type	Comment
	EN	IN	BOOL	
L0.0	I_STOP	IN	BOOL	立即停止当前运动
L0.1	D_STOP	IN	BOOL	减速停止当前运动
		IN		
		IN_OUT		

此指令由 PTO/PWM 向导生成，用于输出点 Q0.0。

	Symbol	Var Type	Data Type	Comment
	EN	IN	BOOL	
L0.0	START	IN	BOOL	如果 PTO 不忙向其发送命令
LB1	Profile	IN	BYTE	需要运行的运动包络号
L2.0	Abort	IN	BOOL	取消 RUN (运行) 命令
		IN		

此指令由 PTO/PWM 向导生成，用于输出点 Q0.0。PTOx_RUN (运行运动包络) 指令用于命令线性 PTO 操作执行在向导配置中指定的运动包络。以下是为此项操作定义的运动包络：

包络 "格式0_0" 定义一个速度为每秒 400 个脉冲的单速运动
包络 "格式0_1" 定义一个 1 步相对运动
包络 "格式0_2" 定义一个速度为每秒 400 个脉冲的单速运动
包络 "格式0_3" 定义一个速度为每秒 400 个脉冲的单速运动
包络 "格式0_4" 定义一个速度为每秒 400 个脉冲的单速运动

	Symbol	Var Type	Data Type	Comment
	EN	IN	BOOL	
L0.0	RUN	IN	BOOL	RUN/STOP (运行/停止) 加速至目标速度和目标位置
LD1	Speed	IN	DINT	目标速度
		IN		
		IN_OUT		

此指令由 PTO/PWM 向导生成，用于输出点 Q0.0。PTOx_MAN (手动模式) 指令用于以手动模式控制线性 PTO。在手动模式中，可用不同的速度操作 PTO。使能 PTOx_MAN 指令时，只允许使用 PTOx_CTRL 指令。

图 7-43　项目程序梯形图(续)

二、程序下载及调试

按照图 7-4 完成电路接线，按照本书项目一项目运行内容完成 PLC 与计算机的通信安装及设置，完成 PLC 程序的录入，开始调试运行。

调试前先检查所有元器件的技术参数设置是否合理，若不合理则重新设置。

先空载调试，此时不接电动机，观察 PLC 输入及输出端子对应的指示灯是否亮及接触器是否吸合。

然后带负载调试，接上电动机，观察电动机运行情况。

调试成功后，先拆掉负载，再拆掉电源。清理工作台和工具，填写表 7-8 给出的项目运行记录单。

表 7-8　项目运行记录单

课程名称	PLC 控制系统的设计与应用		总学时		84
项目名称			参考学时		
班级		团队负责人		团队成员	
项目构思是否合理					
项目设计是否合理					
项目实现遇到了哪些问题					
项目运行时故障点有哪些?					
调试运行是否正常					
备注					

三、项目验收

项目完成后，应对各组完成情况进行验收和评定，具体验收指标见表 7-9。

1）硬件设计。包括 I/O 点数确定、PLC 选型及接线图的绘制。

2）软件设计。

3）程序调试。

4）整机调试。

表 7-9　三相交流异步电动机单向运行的 PLC 控制考核要求及评分标准

序号	考核内容	考核要求	评分标准	配分	扣分	得分
1	硬件设计（I/O 点数确定）	根据继电器-接触器控制电路确定 PLC 点数	(1)点数确定得过少，扣 10 分 (2)点数确定得过多，扣 5 分 (3)不能确定点数，扣 10 分	25 分		
2	硬件设计（PLC 选型、接线图的绘制及接线）	根据 I/O 点数选择 PLC 型号，画接线图并接线	(1)PLC 型号选择不能满足控制要求，扣 10 分 (2)接线图绘制错误，扣 5 分 (3)接线错误，扣 10 分	25 分		
3	软件设计（程序编制）	根据控制要求编制梯形图程序	(1)程序编制错误，扣 10 分 (2)程序繁琐，扣 5 分 (3)程序编译错误，扣 10 分	25 分		

（续）

序号	考核内容	考核要求	评分标准	配分	扣分	得分
4	调试（程序调试和整机调试）	用软件输入程序监控调试；运行设备整机调试	(1)程序调试监控错误，扣10分 (2)整机调试一次不成功，扣5分 (3)整机调试二次不成功，扣5分	25分		
5	安全文明生产	按生产规程操作	违反安全文明生产规程，扣10~30分			
6	定额工时	4h	每超5分钟（不足5分钟以5分钟计）扣10分			
起始时间			合计	100分		
结束时间			教师签字	年　月　日		

【知识拓展】

认知步进电动机及驱动器。

1. 步进电动机简介

步进电动机是将电脉冲信号转换为相应的角位移或直线位移的一种特殊执行电动机。每输入一个电脉冲信号，电动机就转动一个角度，它的运动形式是步进式的，所以称为步进电动机。

1）步进电动机的工作原理。下面以一台最简单的三相反应式步进电动机为例，简单介绍步进电动机的工作原理。

图7-44是一台三相反应式步进电动机的原理图。定子铁心为凸极式，共有三对（六个）磁极，每两个空间相对的磁极上绕有一相控制绕组。转子用软磁性材料制成，也是凸极结构，只有四个齿，齿宽等于定子的极宽。

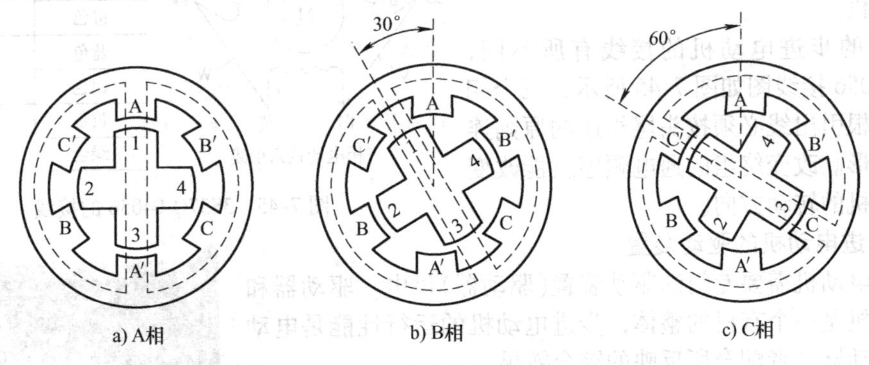

图7-44　三相反应式步进电动机的原理图

当A相控制绕组通电，其余两相均不通电时，电动机内建立以定子A相极为轴线的磁场。由于磁通具有力图走磁阻最小路径的特点，使转子齿1、3的轴线与定子A相极轴线对齐，如图7-44a所示。若A相控制绕组断电、B相控制绕组通电，转子在反应转矩的作用下，逆时针转过30°，使转子齿2、4的轴线与定子B相极轴线对齐，即转子走了一步，如图7-44b所示。若再断开B相，使C相控制绕组通电，转子逆时针方向又转过30°，使转子齿1、3的轴线与定子C相极轴线对齐，如图7-44c所示。如此按A—B—C—A的顺序轮流通电，转子就会一步一步地按逆时针方向转动。其转速取决于各相控制绕组通电与断电的频率，旋转方向取决于控制绕组轮流通电的顺序。若按 A—C—B—A 的顺序通电，则电动机按顺时针方向转动。

上述通电方式称为三相单三拍。“三相”是指三相步进电动机；“单三拍”是指每次只有一相控制绕组通电；控制绕组每改变一次通电状态称为一拍，“三拍”是指改变三次通电状态为一个循环。把每一拍转子转过的角度称为步距角。三相单三拍运行时，步距角为30°。显然，这个角度太大，不能付诸实用。

如果把控制绕组的通电方式改为 A→AB→B→BC→C→CA→A，即一相通电接着二相通电间隔地轮流进行，完成一个循环需要经过六次改变通电状态，称为三相单、双六拍通电方式。当 A、B 两相绕组同时通电时，转子齿的位置应同时考虑到两对定子极的作用，只有 A 相极和 B 相极对转子齿所产生的磁拉力相平衡的中间位置，才是转子的平衡位置。这样，单、双六拍通电方式下转子平衡位置增加了一倍，步距角为 15°。

进一步减少步距角的措施是采用定子磁极带有小齿、转子齿数很多的结构，分析表明，这样结构的步进电动机，其步距角可以做得很小。一般来说，实际的步进电动机产品，都采用这种方法实现步距角的细分。例如输送单元所选用的 Kinco 三相步进电动机 3S57Q-04056，它的步距角是在整步方式下为 1.8°，半步方式下为 0.9°。

除了步距角外，步进电动机还有例如保持转矩、阻尼转矩等技术参数，这些参数的物理意义请参阅步进电动机的相关资料。3S57Q-04056 部分技术参数见表 7-10。

表 7-10　3S57Q-04056 部分技术参数

参数名称	步距角	相电流/A	保持扭矩	阻尼扭矩	电动机惯量
参数值	1.8°	5.8	1.0N·m	0.04N·m	0.3kg·cm^2

2）步进电动机的使用，一是要注意正确安装，二是正确接线。

安装步进电动机，必须严格按照产品说明的要求进行。步进电动机是一个精密装置，安装时注意不要敲打它的轴端，更不要拆卸电动机。

不同的步进电动机的接线有所不同，3S57Q-04056 接线图如图 7-45 所示，三个相绕组的六根引出线必须按头尾相连的原则连接成三角形。改变绕组的通电顺序就能改变步进电动机的转动方向。

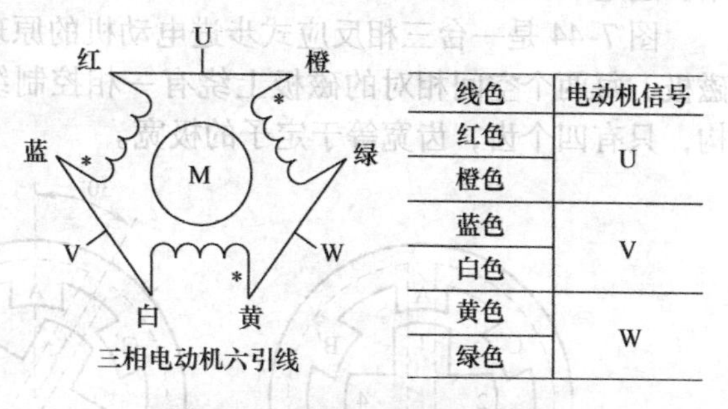

图 7-45　3S57Q-04056 的接线

2. 步进电动机的驱动装置

步进电动机需要专门的驱动装置(驱动器)供电，驱动器和步进电动机是一个有机的整体，步进电动机的运行性能是电动机及其驱动器二者配合所反映的综合效果。

一般来说，每一台步进电动机大都有其对应的驱动器，例如，Kinco 三相步进电动机 3S57Q-04056 与之配套的驱动器是 Kinco 3M458 三相步进电动机驱动器。图 7-46 和图 7-47 分别是它的外观图和典型接线图。图中，驱动器可采用直流 24～40V 电源供电。YL-335B 中，该电源由输送单元专用的开关稳压电源(DC24V 8A)供给。输出电流和输入信号规格如下。

图 7-46　Kinco3M458 外观

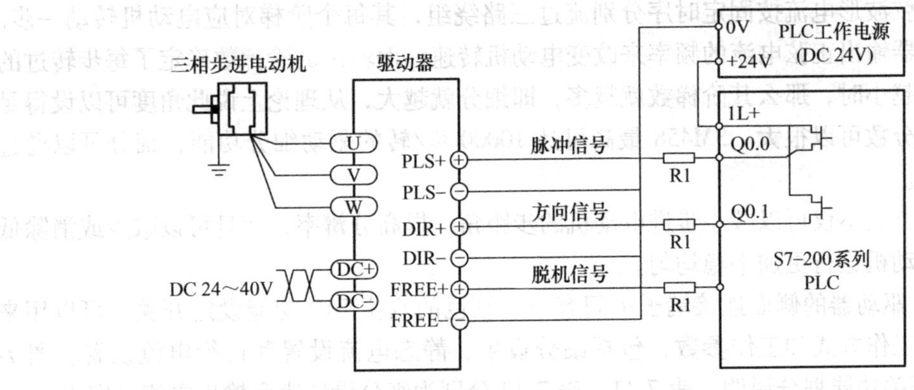

图 7-47　Kinco 3M458 的典型接线图(上位控制器 NPN 型晶体管输出)

1）输出相电流为 3.0~5.8A，输出相电流通过拨动开关设定；驱动器采用自然风冷的冷却方式。

2）控制信号输入电流为 6~20mA，控制信号的输入电路采用光耦合器隔离。输送单元 PLC 输出端使用的是 DC24V 工作电源，所使用的限流电阻 R1 为 2kΩ。

由图 7-47 可见，步进电动机驱动器的功能是接收来自控制器(PLC)的一定数量和频率的脉冲信号以及电动机旋转方向的信号，为步进电动机输出三相功率脉冲信号。

步进电动机驱动器的组成包括脉冲分配器和脉冲放大器两部分，主要解决向步进电动机的各相绕组分配输出脉冲和功率放大两个问题。

脉冲分配器是一个数字逻辑单元，它接收来自控制器的脉冲信号和转向信号，把脉冲信号按一定的逻辑关系分配到每一相脉冲放大器上，使步进电动机按选定的运行方式工作。由于步进电动机各相绕组是按一定的通电顺序并不断循环来实现步进功能的，因此脉冲分配器也称为环形分配器。实现这种分配功能的方法有多种，例如，可以由双稳态触发器和门电路组成，也可以由可编程逻辑器件组成。

脉冲放大器的作用是进行脉冲功率放大。因为从脉冲分配器能够输出的电流很小(毫安级)，而步进电动机工作时需要的电流较大，因此需要进行功率放大。此外，输出的脉冲波形、幅度、波形前沿陡度等因素对步进电动机运行性能有重要的影响。3M458 驱动器采取如下一些措施，大大改善了步进电动机的运行性能：

① 内部驱动直流电压达 40V，能提供更好的高速性能。

② 具有电动机静态锁紧状态下的自动半流功能，可大大降低电动机的发热。而为了调试方便，驱动器还有一对脱机信号输入线 FREE+和 FREE-(见图 7-47)，当这一信号为 ON 时，驱动器将断开输入到步进电动机的电源回路。YL-335B 没有使用这一信号，目的是使步进电动机在上电后，即使静止时也保持自动半流的锁紧状态。

③ 3M458 驱动器采用交流伺服驱动原理，把直流电压通过脉宽调制技术变为三相阶梯式正弦波形电流，如图 7-48 所示。

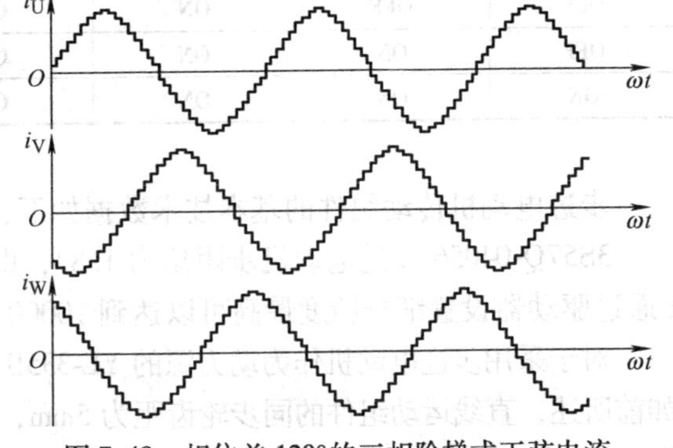

图 7-48　相位差 120°的三相阶梯式正弦电流

阶梯式正弦波形电流按固定时序分别流过三路绕组，其每个阶梯对应电动机转动一步。通过改变驱动器输出正弦电流的频率来改变电动机转速，而输出的阶梯数确定了每步转过的角度，当角度越小时，那么其阶梯数就越多，即细分就越大，从理论上说此角度可以设得足够小，所以细分数可以很大。3M458 最高可达 10000 步/转的驱动细分功能，细分可以通过拨动开关设定。

细分驱动方式不仅可以减小步进电动机的步距角，提高分辨率，而且可以减少或消除低频振动，使电动机运行更加平稳均匀。

在 3M458 驱动器的侧面连接端子中间有一个红色的八位 DIP 功能设定开关，可以用来设定驱动器的工作方式和工作参数，包括细分设置、静态电流设置和运行电流设置。图 7-49 是该 DIP 开关功能划分说明，表 7-11、表 7-12 分别为细分设置表和输出电流设定表。

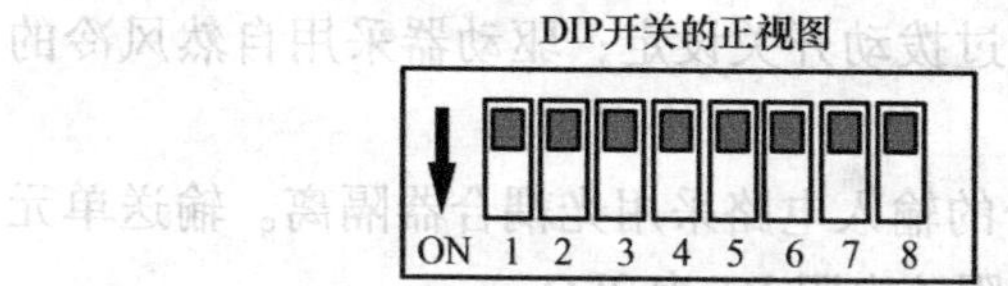

开关序号	ON功能	OFF功能
DIP1～DIP3	细分设置用	细分设置用
DIP4	静态电流全流	静态电流半流
DIP5～DIP8	电流设置用	电流设置用

图 7-49　3M458 DIP 开关功能划分说明

表 7-11　细分设置表

DIP1	DIP2	DIP3	细分/(步/转)
ON	ON	ON	400
ON	ON	OFF	500
ON	OFF	ON	600
ON	OFF	OFF	1000
OFF	ON	ON	2000
OFF	ON	OFF	4000
OFF	OFF	ON	5000
OFF	OFF	OFF	10000

表 7-12　输出电流设定表

DIP5	DIP6	DIP7	DIP8	输出电流/A
OFF	OFF	OFF	OFF	3.0
OFF	OFF	OFF	ON	4.0
OFF	OFF	ON	ON	4.6
OFF	ON	ON	ON	5.2
ON	ON	ON	ON	5.8

步进电动机传动组件的基本技术数据如下：

3S57Q-04056 步进电动机步距角为 1.8°，即在无细分的条件下 200 个脉冲电动机转一圈（通过驱动器设置细分精度最高可以达到 10000 个脉冲电动机转一圈）。

对于采用步进电动机作为动力源的 YL-335B 系统，出厂时驱动器细分设置为 10000 步/转。如前所述，直线运动组件的同步轮齿距为 5mm，共 12 个齿，旋转一周搬运机械手位移 60mm。即每步机械手位移 0.006mm；电动机驱动电流设为 5.2A；静态锁定方式为静态半流。

3. 使用步进电动机应注意的问题

控制步进电动机运行时，应注意考虑在防止步进电动机运行中失步的问题。

步进电动机失步包括丢步和越步。丢步时，转子前进的步数小于脉冲数，越步时，转子前进的步数多于脉冲数。丢步严重时，将使转子停留在一个位置上或围绕一个位置振动；越步严重时，设备将发生过冲。

使机械手返回原点的操作，可能会出现越步情况。当机械手装置回到原点时，原点开关动作，使指令输入 OFF。但如果到达原点前速度过高，惯性转矩将大于步进电动机的保持转矩而使步进电动机越步。因此回原点的操作应确保足够低速为宜；当步进电动机驱动机械手装配高速运行时紧急停止，出现越步情况不可避免，因此急停复位后应采取先低速返回原点重新校准，再恢复原有操作的方法。(注:所谓保持转矩是指电动机各相绕组通额定电流,且处于静态锁定状态时,电动机所能输出的最大转矩,它是步进电动机最主要的参数之一)

由于电动机绕组本身是感性负载，输入频率越高，励磁电流就越小。频率高，磁通量变化加剧，涡流损耗加大，因此，输入频率增高，输出力矩降低。最高工作频率的输出力矩只能达到低频转矩的 40%~50%。进行高速定位控制时，如果指定频率过高，会出现丢步现象。

此外，如果机械部件调整不当，会使机械负载增大。步进电动机不能过负载运行，哪怕是瞬间，都会造成失步，严重时停转或不规则原地反复振动。

【工程训练】

以小组为单位完成以下项目。

××加工设备控制要求说明

1. 技术要求

××加工设备，控制电路由三相双速交流异步电动机控制电路、带速度继电器控制的三相单速交流异步电动机控制电路、变频器控制的三相单速交流异步电动机三速段变速控制电路、步进驱动器控制的步进电动机控制电路(步进电动机为三相式)组成。

项目要求以电动机轴方向看过去，电动机旋转以“顺时针旋转为正向，逆时针为反向”为准。人机对话界面设计示意图如图 7-50 所示。

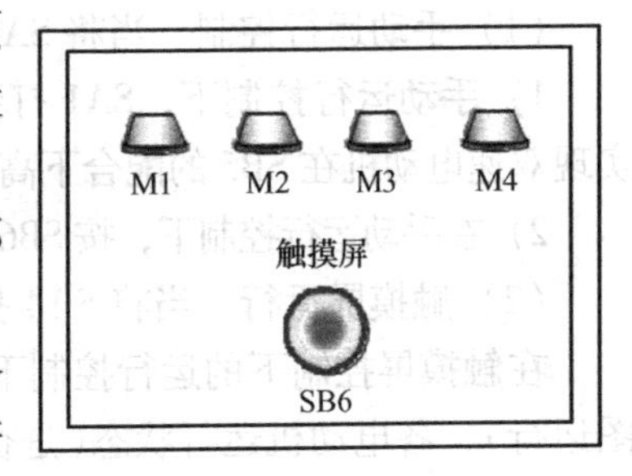

图 7-50　人机对话界面设计示意图

1）整个动作实现过程采用无人工干预的方式，全部由 PLC 控制实现。

2）整个动作实现过程应考虑任何特殊情况下(如设备停电、重新起动时)，运行应在任何位置退回 S1 点，重新按程序正常运行。

3）使用触摸屏设置的界面作为起动(SB6)的控制方式，指示灯分别为 HL1、HL2、HL3、HL4，分别代表电动机 M1、M2、M3、M4 的运行状态。

4）整个控制电路(含主电路与控制电路)，必须按图样连接实现。

5）所编 PLC 控制程序和触摸屏界面按要求输入到相应器件。

6）所设定参数应符合控制要求。

7）系统安装接线符合工艺要求，操作安全、规范。

8）人身与设备防护要符合电工作业要求。

9）工作现场有序、合理，工作结束清理现场。

2. 系统工作过程描述

定义的转换开关各挡位功能说明见表7-13。面板各按钮的定义如图7-51所示。

表7-13　定义的转换开关各挡位功能说明

<table>
<tr><th>代号</th><th>位置</th><th>功能简述</th><th>代号</th><th>位置</th><th>功能简述</th><th>代号</th><th>位置</th><th>功能简述</th></tr>
<tr><td rowspan="4">SA1</td><td rowspan="3">左挡位</td><td rowspan="3">分步调试</td><td rowspan="3">SA2</td><td rowspan="2">左挡位</td><td rowspan="2">双速电动机调试</td><td rowspan="2">SA3</td><td>左挡位</td><td>按SB5实现双速电动机低速点动调试运行</td></tr>
<tr><td>右挡位</td><td>按SB5实现双速电动机高速点动调试运行</td></tr>
<tr><td>右挡位</td><td colspan="4">按自己定义的输入主令开关，实现电动机的正、反转等手动运行调试</td></tr>
<tr><td>右挡位</td><td colspan="7">联动运行，按SB6整个电气系统能按时序图的要求完整地实现全部加工过程</td></tr>
<tr><td rowspan="2">SA4</td><td>左挡位</td><td colspan="7">手动运行控制</td></tr>
<tr><td>右挡位</td><td colspan="7">触摸屏运行控制</td></tr>
</table>

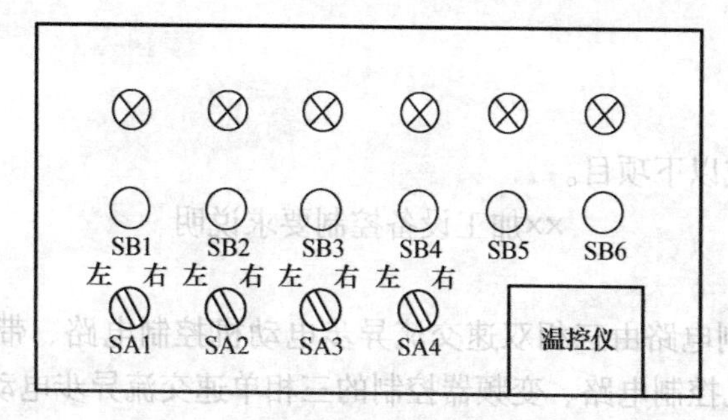

图7-51　面板各按钮的定义

（1）手动运行控制　当将SA4打到左挡位时，应能实现手动运行控制。

1）手动运行控制下，SA1打到左挡位应能实现分步调试控制，在SA2、SA3的配合下，实现双速电动机在SB5的配合下高低速调试具体要求见表7-13；实现电动机正反转等的调试。

2）在手动运行控制下，按SB6能实现电气系统的联动运行(按图7-53所示的时序图运行)。

（2）触摸屏运行　当将SA4打到右挡位时，应能实现触摸屏控制下的运行控制。

在触摸屏控制下的运行控制下，按触摸屏上的SB6能实现电气系统的联动运行(按时序图运行)，各电动机运行状态(是否在运行)在触摸屏上用指示灯显示。

系统的运行过程参见图7-54给出的时序图。

3. 系统主要器件的参数设置

设备部分运行参数，如变频器各速段频率、运行时间、加减速时间可在时序图中读出。但步进电动机到各配合位置(与时间配合)的脉冲数、脉冲频率、驱动器细分，需要通过计算来完成。绘出相应的曲线。

热保护继电器均设定为0.4A。

工作滑台及各传感器的布置如图 7-52 所示，电气控制工作时序图如图 7-53 所示。

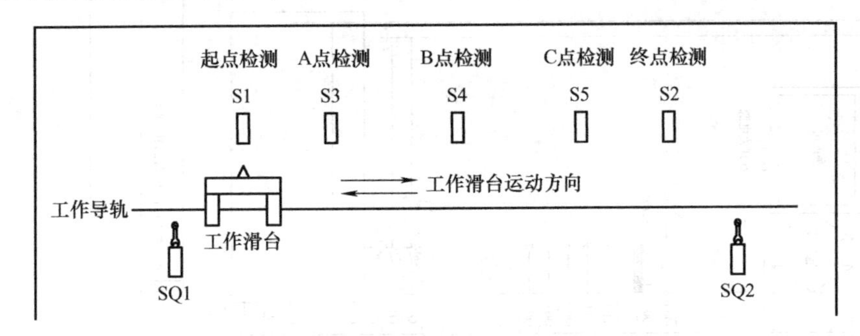

图 7-52　工作滑台及各传感器的布置示意图

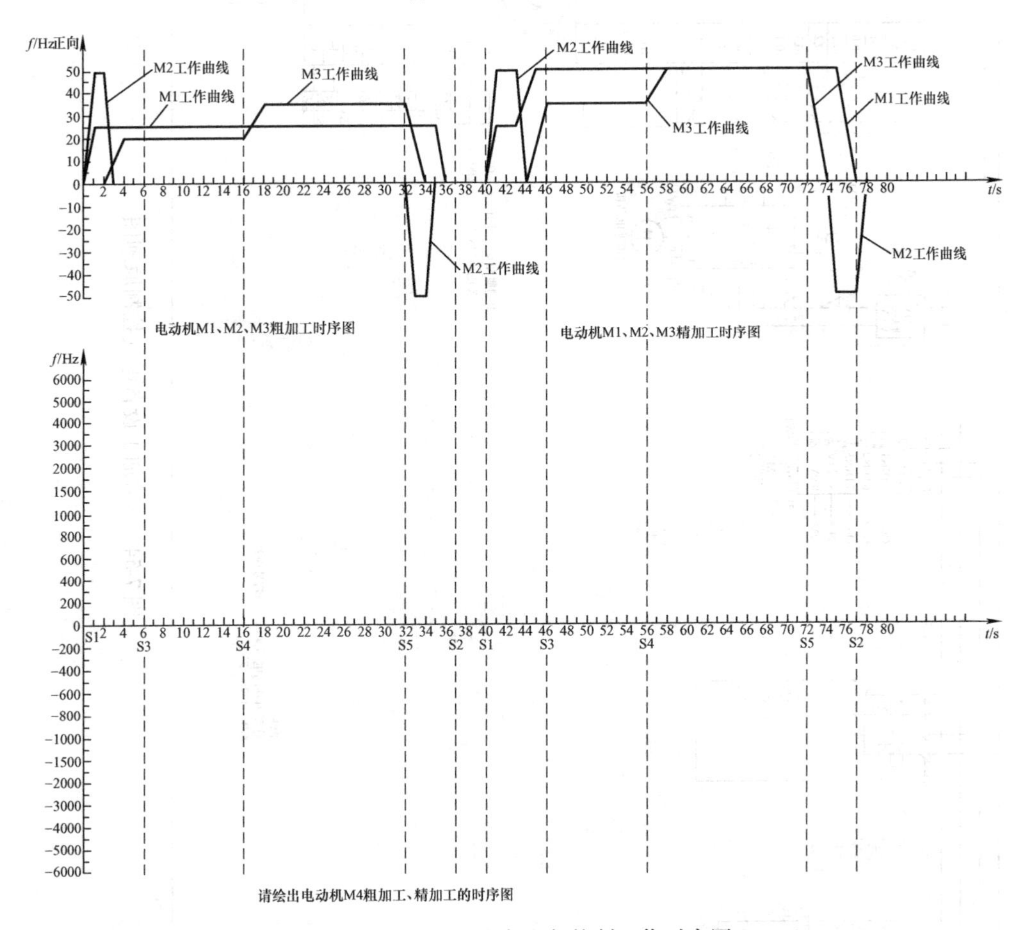

图 7-53　××加工设备电气控制工作时序图

提示：

请根据螺距(4mm/1 周)、各传感器的位置（必要时可以调整位置)、驱动器细分计算出各时间段的脉冲数量和频率，作图时按频率和时间的对应关系绘出电动机 M4 粗加工、精加工的时序图。其中 S2、S1（37~40s)区间为快速返回，也就是说，从 S2 点返回到 S1 见“工作滑台运行示意图(图 7-52)”。坐标中的负值是指反向运行，作图频率误差不大于 200 个脉冲，也可以标注在所绘制曲线的上方。所用脉冲数值不够时，可以考虑增加数值，并合理标注。

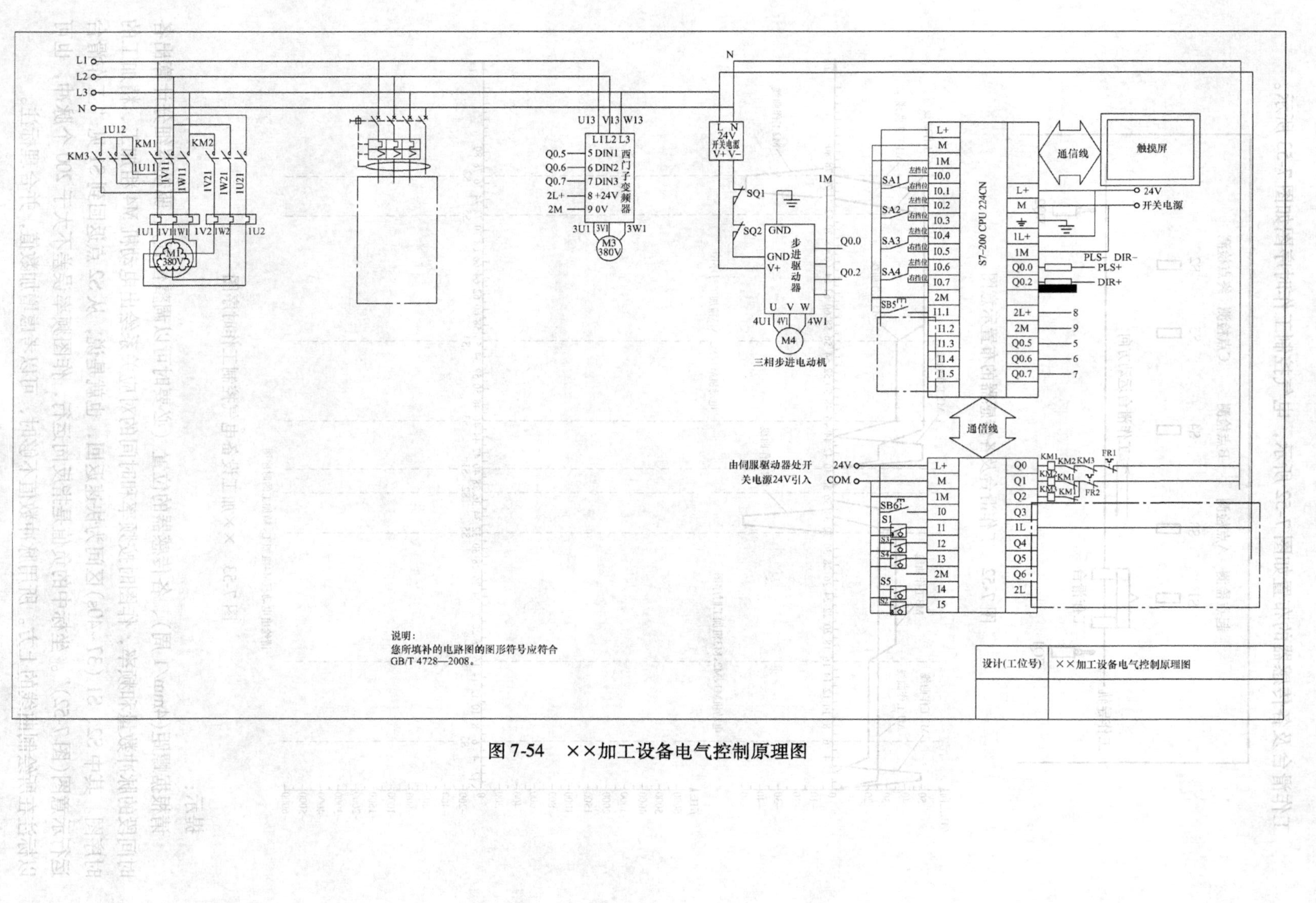

图 7-54 ××加工设备电气控制原理图

附 录

附录 A　高职院校“电气控制系统安装与调试”技能大赛竞赛方案

一、竞赛目的

通过此项比赛，检验参赛队的团队协作能力、计划组织能力、电气系统安装与调试能力、工程实施能力、职业素养、效率、成本和安全意识。根据职业岗位对职业能力的要求，引导高职院校机电类专业强化专业基本技能训练和综合实训教学改革发展方向，促进工学结合人才培养模式的改革与创新，系统培养机电类专业高端技能型人才。

二、竞赛内容和方式

1. 竞赛装置介绍

竞赛装置采用中国·亚龙科技集团 YL-158GA 电气控制技术实训考核装置。

YL-158GA 电气控制技术实训考核装置是在原 YL-158、YL-158G 的基础上进行兼容性升级，适度增加了部分器件和功能，简化了部分电路，凡已拥有 YL-158 或 YL-158G 设备的院校，通过系统化和针对性训练可以参加竞赛。

该装置具有电气控制系统的电路设计、安装和布线，传感器接线与调整，PLC 编程，模拟量模块应用，人机界面组态，电动机驱动(含变频器及对应电动机、伺服驱动器及伺服电动机、步进电动机及驱动器、继电控制与保护、三相晶闸管直流调速系统、温度控制器、增量型编码器)参数设定，以及系统统调、运行、典型机床控制电路故障排除等功能。

2. 竞赛目的

考核选手的电气控制系统的分析、安装、接线、编程、调试、运行、故障诊断等能力。

3. 竞赛内容

按照任务书的要求，完成亚龙 YL-158GA 电气控制系统的安装和调试；电气识图、系统分析和接线图设计；安装布线；编程与参数设置；系统安装、调试与运行；测控与故障诊断。

4. 竞赛方式

1）竞赛采用团队比赛形式进行，以一所院校 2 名学生选手组成参赛队现场参赛，设 1 名指导教师和 1 名领队。指导教师不参与竞赛任务的完成，每校安排一个代表队参赛。

2）大赛提供西门子、三菱或汇川可编程序控制器和变频器可供选择。

3）比赛规定时间 5 小时。

5. 评分标准

(1) 项目评分　依据选手完成工作任务的情况，参照国家职业资格“高级维修电工(国家三级)”的要求和内容、合理兼顾“维修电工技师(国家二级)”的内容和知识技能的要求，按照技能大赛技术裁判组制定的考核标准进行评分。评价方式采用过程评价与结果评价相结合，工艺评价与功能评价相结合，能力评价与职业素养评价相结合。满分为 100 分。

配分比例：

控制系统电路设计 15 分；控制系统电路布线、排错、连接工艺及调试 25 分；工作单元独立功能完成情况 30 分；控制系统整体功能完成情况 20 分；职业素养与安全意识 10 分。

（2）违规扣分　选手有下列情形，需从参赛成绩中扣分：

在完成工作任务的过程中，因操作不当导致事故，扣 10~20 分，情况严重者取消比赛资格。因违规操作损坏赛场提供的设备，污染赛场环境等不符合职业规范的行为，视情节扣 5~10 分。扰乱赛场秩序，干扰裁判员工作，视情节扣 5~10 分，情况严重者取消比赛资格。

（3）成绩评定　按比赛成绩从高分到低分排列参赛队的名次。在竞赛成绩相同时，按完成工作任务所耗时少的名次在前；在竞赛成绩和完成工作任务用时均相同时，按控制系统电路布线、连接工艺及调试成绩高的名次在前；再次，职业素养项的成绩高的名次在前。

三、参赛选手要求

参赛选手必须是符合规定要求的高等职业院校学生，请各高职院校严格把好选手资格审查关。如发现参赛选手资格不符，大赛组委会将取消其参赛资格，对赛后发现者将取消其获奖荣誉并追回奖品和证书，同时对相关责任人员及单位进行通报批评。

四、关于竞赛设备亚龙 YL-158GA 的说明

1. 亚龙 YL-158GA 电气控制技术实训考核装置的结构

亚龙 YL-158GA 电气控制技术实训考核装置是由实训柜体、门板电气控制元件(组件)、仪表等，实训考核单元挂板、典型机床电路挂板、电动机单元、运动单元、温度控制组件、网孔挂板等组成。其外观如图 A-1 所示。

亚龙 YL-158GA 电气控制技术实训考核装置是通过相应的挂板组件组成多种简单或复杂的电气控制系统完成教学和实训。

图 A-1　亚龙 YL-158GA 正反面外观图

2. 亚龙 YL-158GA 电气控制技术实训考核装置主要组成及功能

（1）主令电器及仪表单元　主令电器及仪表单元挂板是 YL-158GA 中的控制信号和显示(指示)单元，在整个电气控制系统中，起着向系统中的其他单元提供控制信号的作用，包括进线电源控制与保护、主令电器控制元件、指示灯、触摸屏、显示仪表、紧急停止按钮等器件。

（2）PLC 控制单元挂板　PLC 控制单元挂板是亚龙 YL-158GA 中电气系统程序控制的主要控制单元，在整个系统中，起着对输入信号处理和电气控制信号输出等重要作用，包括 PLC、模拟量模块、扩展模块，0～20mA 标准恒流源、0～10V 标准恒压源、数字式显示仪表、变频器、伺服驱动器、步进驱动器等器件。

（3）继电控制单元挂板　继电控制单元挂板是亚龙 YL-158GA 中实现的电动机拖动控制的一个单元，在整个电气自动控制系统中，起着对 PLC 控制信号放大和执行的作用，同时可实现独立的继电拖动功能，包括断路器、熔断器、接触器、中间继电器、热保护继电器、行程开关、时间继电器等。同时还安装由伺服电动机、步进电动机驱动的(可相互转换)小车运动装置，并且安装有传感器、微动开关、滚珠丝杠、增量型编码器等。

（4）电力电子单元挂板　电力电子单元挂板为一个相对独立的三相晶闸管全控桥整流的直流调速系统和测功、测矩、测速数字显示仪表，通过外部电路可实现对其的转速控制和起动停止控制，能实现开环控制、单闭环控制(电流环)、双闭环控制(电流环及速度环)功能，同时还可以进行故障设置，通过使用万用表和示波器等仪器对故障现象分析，并用计算机进行故障排除。

电力电子单元挂板由三相晶闸管全控桥整流的直流调速系统(电流环及速度环)、测功仪(含测功、测矩、测速)、三相整流变压器和同步变压器、磁盘电位器负载、直流电动机机组、故障设置单元及励磁电源等组成。

（5）典型机床电路智能考核单元挂板　该单元通过对典型机床电路故障现象的分析和判断，测量和检查故障点，使用计算机智能考核软件排除故障，完成机床电路的故障检查和排除。

主要组成：包括铣床电路、镗床电路，计算机智能考核等。

表 A-1～表 A-5 给出了本技能竞赛的主要装置配置表及可编程控制系统主要部件。

表 A-1　亚龙 YL-158GA 型电气控制系统实训考核装置主要配置表

序号	名　　称	型号及规格	数量	制造商	备　　注
1	实训柜	850mm × 800mm × 1700mm	1 台	亚龙	钢结构，带自锁脚轮，作为电气控制系统的机械和电气设备的安装载体，设备可自由、灵活地布置、安装
2	主令电器及仪表单元	YL-158GA-BM1 YL-158GA-BM2	各 1 套	亚龙	包括进线电源控制与保护、主令电器控制元件、指示灯、触摸屏、显示仪表、紧急停止按钮等器件 每门一组，配置不同。如触摸屏和温控模块只在 YL-158GA-BM1 中才会配置

（续）

序号	名　称	型号及规格	数量	制造商	备　注
3	PLC控制单元挂板	YL-158GA-B1	1套	亚龙	包括PLC、模拟量模块、扩展模块，0~20mA标准恒流源、0~10V标准恒压源、数字式显示仪表、台达伺服驱动器、步科步进驱动器等器件
4	继电控制单元挂板	YL-158GA-B2	1套	亚龙	包括断路器、熔断器、接触器、中间继电器、热保护继电器、行程开关、时间继电器等。同时还安装由伺服伺服电动机、步进电动机驱动的(可相互转换)，同时由传感器、微动开关、滚珠丝杠、增量型编码器组成的小车运动装置
5	电力电子单元挂板	YL-158GA-B3	1套	亚龙	包括三相晶闸管全控桥整流的直流调速系统(电流环及速度环)、测功仪(含测功、测矩、测速)、三相整流变压器和同步变压器、磁盘电位器负载、直流电动机机组等
6	典型机床电路智能考核单元挂板	WK007 WK008	1套	亚龙	包括铣床电路、镗床电路。计算机智能考核软件
7	可编程序控制器	PLC(三种品牌可选一种)	1套	西门子、三菱、汇川	
8	变频器	和PLC主机配型	1套		
9	触摸屏		1台	昆仑通泰	7寸彩屏TPC7062K
10	电脑推车		1张	亚龙	
11	工具		1套		含绿杨YB4326型20M模拟双踪示波器

表A-2　PLC配置：亚龙YL-158GA设备的西门子可编程控制系统主要部件

序号	名称	型号/规格/编号	单位	数量	制造商
1	可编程序控制器(PLC)	S7-200-224CN DC/DC/DC 14输入/10输出 AC220V供电	台	1	西门子
2	数字量输入/输出模块	EM 222CN 8输出继电器	块	1	西门子
3	模拟量输入/输出模块	EM 235 4输入/1输出	块	1	西门子

表A-3　亚龙YL-158GA设备的三菱可编程控制系统主要部件

序号	名称	型号/规格/编号	单位	数量	制造商
1	PLC主机	FX2N-32MT	台	1	三菱
2	A-D转换模块	FNON-3A	块	3	三菱
3	扩展模块	FX2N-16EYR	块	1	三菱
4	通信模块	FX2N-485-BD	块	1	三菱

表 A-4　亚龙 YL-158GA 设备的汇川可编程控制系统主要部件

序号	名称	型号/规格/编号	单位	数量	制造商
1	PLC 主机	H2U-1616MT	台	1	汇川
2	扩展模块	H2U-0016ERN	块	3	汇川
3	模拟量模块	H2U-4AM(H2U 系列本地模拟量混合模块)	块	1	汇川

表 A-5　变频器配置

序号	名称	型号/规格/编号	单位	数量	制造商
1	西门子变频器	MM420(带 BOP 操作面板)	台	1	西门子
2	三菱变频器	FR-D720 0.75kW	台	1	三菱
3	汇川变频器	MD280NT0.7GB 380V，0.75kW	台	1	汇川

3. 亚龙 YL-158GA 电气控制技术实训考核装置的技术参数

工作电源：三相五线制，AC 380 V(1±10%)，50 Hz；

设备外形尺寸：长×宽×高＝850mm×800mm×1700mm；

电脑桌外形尺寸：长×宽×高＝600mm×530mm×1000mm；

台架材料：柜式钢结构；

整机消耗视在功率：≤1 kV · A；

安全保护措施：具有接地保护、漏电过载过电流保护功能，具有误操作保护功能；安全性符合相关的国标标准，所有材质均符合环保标准。

附录 B　CDIO 项目报告模板

哈尔滨职业技术学院
《PLC 控制系统的设计与应用》
CDIO 项目报告

项目名称：________________________________

专　业：________________________________

班级及组号：________________________________

组长姓名：________________________________

组员姓名：________________________________

指导教师：________________________________

时间：________________________________

1. 项目目的与要求

2. 项目计划

3. 项目内容

4. 心得体会

5. 主要参考文献

参 考 文 献

[1] 李军，崔兴艳．机床电气设备及升级改造[M]．天津：天津大学出版社，2011.

[2] 李山兵．机床电气控制技术[M]．北京：电子工业出版社，2012.

[3] 王振臣，齐占庆．机床电气控制技术[M]．北京：机械工业出版社，2013.

[4] 许翏．电气控制与 PLC 应用[M]．北京：机械工业出版社，2005.

[5] 何利民．电气制图与读图[M]．北京：机械工业出版社，2008.

[6] 劳动和社会保障部．维修电工[M]．北京：地质出版社，2003.

[7] 劳动和社会保障部．常用机床电气检修[M]．北京：中国劳动社会保障出版社，2006.

[8] 郁汉琪．机床电气及可编程序控制器实验、课程设计指导书[M]．北京：高等教育出版社，2001.

[9] 李乃夫．可编程控制原理应用实验[M]．北京：中国轻工业出版社，1998.

[10] 黄净．电气控制与可编程序控制器[M]．北京：机械工业出版社，2004.

[11] 程玉华．西门子 S7-200 工程应用实例分析[M]．北京：电子工业出版社，2008.